普通高等教育环境与市政类"十三五"规划教材

水质工程学
（上）

主　编　龚为进

副主编　彭赵旭　刘　玥　程　静
　　　　陈启石　赵富旺　栗静静

中国水利水电出版社
www.waterpub.com.cn
·北京·

内 容 提 要

本书分上下两册，上册1~6章，下册7~14章，上册主要内容为水质标准与水处理概论，格栅，混凝，沉淀、澄清和气浮，过滤，消毒。下册主要内容为污水生物处理——活性污泥法，污水脱氮除磷技术，污水生物处理——生物膜法，污水生物处理——稳定塘与人工湿地，污水厌氧生物处理技术，污水深度处理技术，污泥的处理与处置和水厂的设计。

本书不仅介绍给水、污水和废水处理的基本原理与方法，更注重其在水处理工程实践中的应用。书中将基本原理、基本知识和专业规范、设计手册以及工程实例紧密结合起来，每章均附有例题和练习题。

本书可作为给排水科学与工程专业、环境工程等相关专业教材，也可作为相关专业工程技术人员和决策、管理人员的参考书。

图书在版编目（ＣＩＰ）数据

水质工程学. 上 / 龚为进主编. -- 北京：中国水利水电出版社，2016.9
普通高等教育环境与市政类"十三五"规划教材
ISBN 978-7-5170-4767-4

Ⅰ．①水… Ⅱ．①龚… Ⅲ．①水质处理－高等学校－教材 Ⅳ．①TU991.21

中国版本图书馆CIP数据核字(2016)第233167号

书　　名	普通高等教育环境与市政类"十三五"规划教材 **水质工程学（上）** SHUIZHI GONGCHENGXUE
作　　者	主编　龚为进
出版发行	中国水利水电出版社 （北京市海淀区玉渊潭南路1号D座　100038） 网址：www. waterpub. com. cn E-mail：sales@waterpub. com. cn 电话：（010）68367658（营销中心）
经　　售	北京科水图书销售中心（零售） 电话：（010）88383994、63202643、68545874 全国各地新华书店和相关出版物销售网点
排　　版	中国水利水电出版社微机排版中心
印　　刷	北京纪元彩艺印刷有限公司
规　　格	184mm×260mm　16开本　11.75印张　294千字
版　　次	2016年9月第1版　2016年9月第1次印刷
印　　数	0001—3000册
定　　价	**32.00元**

QIANYAN 前 言

随着我国社会经济水平的不断发展，水资源短缺和水环境污染问题日益严重，并且已经成为我国经济发展的重要制约因素之一。水危机问题的解决不仅需要国家从政治、经济各个方面投入大量的人力、财力和物力，而且需要水行业从业者不断研究、开发水处理技术，提高水环境治理的效果和水资源利用的效率。

"水质工程学"是给排水科学与工程专业核心主干课程，主要介绍给水、污水和废水处理的基本原理与方法。通过本课程的学习，使学生能够掌握水质指标的分类和含义、各种用水水质标准和污水排放标准的分类和适用对象，掌握各种水处理工艺单元（物理处理方法、化学处理方法和生物处理方法）的基本原理、基本知识和基本概念，并能根据水源水质、用水要求和排放标准设计水处理工艺流程，并能进行各种水处理工艺单元的设计计算。

本书在编写过程中参考了大量经典教材和文献，并结合水处理相关的国家标准和设计规范，强调理论联系实际，在介绍基本原理、基本概念的同时，注重其在水处理工程实践中的应用。将基本原理、基本知识和专业规范、设计手册以及工程实例紧密结合起来，每章均附有例题和练习题。

本书共分14章，分别为：水质标准与水处理概论，格栅，混凝，沉淀、澄清和气浮，过滤，消毒，污水生物处理——活性污泥法，污水脱氮除磷技术，污水生物处理——生物膜法，污水生物处理——稳定塘与人工湿地，污水厌氧生物处理技术，污水深度处理技术，污泥的处理与处置和水厂的设计。其中，第1、2、4、14章由中原工学院龚为进编写，第2、4章部分章节由山东建筑大学栗静静编写，第3、5章由中原工学院赵富旺编写，第6、12章由中原工学院刘玥编写，第7章由中原工学院陈启石编写，第8、9章由武汉理工大学程静编写，第10、11、13章由郑州大学彭赵旭编写。

本书在编写过程中汲取了许多同类优秀书籍的精华，引用了大量的文献资料，由于资料庞杂，文献名未能一一列出，特向这些文献作者们表示衷心感谢。

本书的出版得到国家自然科学基金项目（项目编号：U1404523；51308561），河南省科技攻关项目（项目编号：122102310561），及河南省高等学校重点科研项目计划（编号：15A560002）的资助，以及中国水利水电出版社的大力支持，在此表示由衷的感谢。

由于编者水平有限，疏漏和错误之处在所难免，恳请同行及读者给予批评指正。

编　者

2016 年 3 月

MULU 目录

第1章 水质标准与水处理概论

1.1 给水水源与用水标准

1.1.1 给水水源的分类

给水水源可分为地下水和地表水两大类。地下水水源包括潜水、自流水（承压水）和泉水。地下水具有水质清澈、无色无味、水温恒定、不易受到污染等特点，但它的径流量小，矿化度和硬度较高。地表水主要指江河、湖泊、水库的水。由于受流域内的自然环境影响较大，水质往往有很大的差异。例如，地表水的浑浊度与水温变化幅度都较大，水易受到污染，但是，水的矿化度、硬度较低，含铁量及其他物质含量较小，径流量较大，但季节变化性较强。

1.1.2 典型给水水源的特点

1. 江河水

因不同地区的自然条件和对水资源的利用情况不同，江河水的水质差别很大，即使同一条河流，也常常因上游和下游、夏季和冬季、雨天和晴天，水质有所不同。一般华东、中南和西南地区因为土质和气候条件较好，草木丛生，水土流失较少，江河水浊度较低，只在雨季较浑浊，年平均浊度在 100～400NTU 之间或更低。东北地区河流的悬浮物含量也不大，一般浊度在数百浊度单位以下。华北和西北的河流，特别是黄土地区，悬浮物含量高，变化幅度大，暴雨时携带大量泥砂，水中悬浮物含量在短短几小时内，可由每升水几百毫克骤增至几万毫克。最突出的是黄河，冬季河水浊度只有几十浊度单位，夏季悬浮物含量可达每升水几万毫克，甚至几十万毫克。

江河水的含盐量和硬度都比较低。含盐量一般在 70～900mg/L 之间，硬度常在 50～400mg/L（以 $CaCO_3$ 计）之间。

2. 湖泊、水库水

湖泊、水库水主要由江河水供给，水质特点与江河水类似。但是由于其流动性较小，且经过长期自然沉淀，浊度一般较低。水的流动性小和透明度低给水中的浮游生物，特别是藻类的生长繁殖创造了有利条件，尤其在受到生活污水污染的情况下，氮、磷等物质为浮游生物的生长提供了充分的营养源，促进其大量繁殖。湖泊、水库水的富营养化已成为严重的水源污染问题。

由于湖泊、水库较大的水面产生的蒸发，水中的矿物质不断浓缩，一般含盐量和硬度较江河水高。

3. 海水

海面约占地球表面积的 71%。海水总体积约 137 亿 km^3，是一取用不尽的资源，它不仅具有航运交通作用，而且经过淡化就能大量供给工业使用。海水的主要特点是含盐量高，在 7.5～43g/L 之间。含量最多的是氯化钠（NaCl），约占 83.7%，其他盐类还有 $MgCl_2$、

CaSO$_4$ 等。

4. 地下水

地下水通过地层时经过过滤，所以地下水没有悬浮物，通常是透明的。同时在通过土壤和岩层时溶解了其中的各种可溶性矿物质，所以含盐量、硬度等比地表水高。含盐量一般在 100～5000mg/L 之间，硬度在 100～500mg/L（以 CaCO$_3$ 计）之间。地下水的水质和水温一般终年稳定，较少受外界影响。

受水体流经地区的地质条件、地形地貌以及气候条件的影响，地表水的水质会有较大差异。例如，一些流经森林、沼泽地带的天然水中腐殖质含量较高，流域的地表植被不好、水土流失严重，会使水的浊度较高且变化大。就地区而言，一般北方地下水的 Ca^{2+}、Mg^{2+} 及重碳酸盐含量高于南方地下水，因而北方地区地下水大多为硬度高的结垢型的水；而南方地区地表水中的 Cl$^-$、SO$_4^{2-}$ 含量含量高于北方地区，水的腐蚀性较强。

1.1.3　给水水源的主要污染物

取自任何水源的水都不同程度地含有各种各样的污染物。这些污染物一方面来源于自然过程，如地层矿物质在水中的溶解、水中微生物的繁殖与死亡以及地表径流带入的泥砂等；另一方面来源于人为因素，如工业废水、生活污水以及农业污水的污染等。这些杂质按尺寸的大小可以分为溶解物、胶体颗粒和悬浮物 3 种，见表 1－1。

表 1－1　水中杂质的尺寸与外观特征

杂质	溶解物 （低分子、离子）	胶体	悬浮物	
颗粒尺寸	0.1nm　1nm	10nm　100nm	1μm　10μm　100μm	1mm
分辨工具	电子显微镜可见	超显微镜可见	显微镜可见、	肉眼可见
水的外观	透明	浑浊	浑浊	

悬浮物主要是泥砂类无机物质和动植物生存过程中产生的物质或死亡后的腐败产物等有机物。这类杂质由于尺寸较大，在水中不稳定，常常悬浮于水流中，当水静置时，相对密度小的会上浮于水面，相对密度大的会下沉，因此容易被除去。

胶体颗粒主要是细小的泥砂、矿物质等无机物和腐殖质等有机物。胶体颗粒由于比表面积很大，显示出明显的表面活性，常吸附有较多离子而带电，从而由于胶体带有同性电荷而相互排斥，以微小的颗粒稳定地存在于水中。

溶解物主要是呈真溶液状态的离子和分子，如 Ca^{2+}、Mg^{2+}、Cl$^-$ 等离子，HCO$_3^-$、SO$_4^{2-}$ 等酸根，O$_2$、CO$_2$、H$_2$S、SO$_2$、NH$_3$ 等溶解气体分子。从外观上看，含有这些杂质的水与无杂质的清水没有区别。

1.1.4　用水水质标准

水质标准是用水对象（包括饮用和工业用水对象等）所要求的各项水质参数应达到的限值。水质参数是用以表示水环境（水体）质量优劣程度和变化趋势的水中各种物质的特征指标。各种用户对水质有特定的要求，就产生了各种用水的水质标准。水质标准是水处理的参考和依据。此外，水质标准同其他标准一样，可分为国际标准、国家标准、地区标准、行业标准和企业标准等不同等级。

1.1.4.1　世界各国生活饮用水卫生标准

世界各国对饮用水的水质标准极为关注，很多国家和地区都有不同的饮用水水质标准。

而最具有代表性和权威性的是世界卫生组织（WHO）水质准则，它是世界各国制定本国饮用水水质标准的基础和依据。另外，比较有影响的还有欧共体饮用水指令（EEC Directive）和美国安全饮用水法案（Safe Drinking Water Act）。

WHO 于 1992 年在日内瓦举行会议，讨论提出了《饮用水水质指南》第 2 版"（Guidelines for Drinking Water Quality 2nd Ed），包括与健康有关的水质指标 135 项，其中微生物学指标 2 项，化学物质指标 131 项（无机物 36 项、有机物 31 项、农药 36 项、消毒剂及副产物 28 项），放射性 2 项，有些指标暂未提出指导值，有指导值的指标共 98 项，135 项指标中由于感官可能引发消费者不满的指标 31 项。

欧洲共同制定的饮用水水质标准称为 EEC 饮用水指令。1998 年修订的指令（98/83/EEC）列出了 48 项水质参数，分为微生物学参数（2 项）、化学物质参数（26 项）、指示参数（18 项）和放射性参数（2 项），作为欧共体各国制定本国水质标准的重要参考，要求各成员国在 2003 年 12 月 25 日前确保饮用水水质达到标准的规定（溴仿、铅和三卤甲烷除外）。

美国联邦环境保护局（USEPA）于 1986 年颁布了《安全饮用水法案修正案》，规定了实施饮用水水质规则的计划，制定了《国家一级饮用水规程》和《国家二级饮用水规程》（NPDWRs）。该规程即为现行美国饮用水水质标准，对饮用水中的污染物规定了最大污染物浓度（MCL）和最大污染物浓度目标值（MCLG）。最大污染物浓度是指饮用水中污染物的最大允许浓度，是强制性标准；最大污染物浓度目标值是指饮用水中的污染物不会对人体健康产生未知或不利影响的最大浓度，是非强制性健康指标。《国家一级饮用水规程》是强制性标准，公共供水系统必须要满足该标准的要求。《国家二级饮用水规程》是非强制性的指导标准，主要制订了会引起皮肤或感官问题的参数。

世界各国（地区）基本上以上述 3 种水质标准为基础，制定本国（地区）的国家（地区）标准，如日本和南非参考了 WHO、EEC、EPA 这 3 种标准，欧洲共同体国家参考 EEC 标准，中国香港以 WHO 为标准。在制定本国国家标准的过程中，各国根据实际情况作了相应的调整，从而各具特色。

1.1.4.2 我国生活饮用水卫生标准

生活饮用水卫生标准是从保护人群身体健康和保证人类生活质量出发，对饮用水中与人群健康的各种因素（物理、化学和生物），以法律形式作的量值规定，以及为实现量值所作的有关行为规范的规定，经国家有关部门批准，以一定形式发布的法定卫生标准。

我国先后多次发布和修改饮用水卫生标准。1927 年上海市公布了第一个地方性饮用水标准，称为《上海市饮用水清洁标准》，从而上海成为我国最早制定地方性饮用水标准的城市之一；1937 年北京市自来水公司制定了《水质标准表》，包含有 11 项水质指标；1950 年上海市颁布了《上海市自来水水质标准》，有 16 项指标；1956 年我国颁布了第一部《饮用水水质标准》，有 15 项指标；1976 年我国颁布了《生活饮用水卫生标准》（TJ 20—76），有 23 项水质指标，以上标准着重技术要求，均未列为强制性卫生标准。

1985 年卫生部组织饮水卫生专家结合国情，吸取了 WHO 饮用水质量标准和发达国家饮用水卫生标准中的先进部分，制定了《生活饮用水卫生标准》（GB 5749—85），将水质指标由 23 项增至 35 项，由卫生部以国家强制性卫生标准发布，增加了饮用水卫生标准的法律效力。该标准于 1985 年 8 月 16 日颁布，1986 年 10 月 10 日实施，共五章 22 条。

2001 年 6 月，卫生部颁布了《生活饮用水卫生标准》（GB 5749—2001），自 2007 年 7 月 1 日起实施。它是在《生活饮用水卫生标准》（GB 5749—85）的基础上修改而成，其中水质指标共 96 项，常规检测项目 34 项，非常规检测项目 62 项。2006 年《生活饮用水卫生标准》（GB 5749—85）修订为《生活饮用水卫生标准》（GB 5749—2006），2006 年 12 月 29 日由国家标准委和卫生部联合发布。同时发布的还有 13 项生活饮用水卫生检验方法国家标准。新标准水质项目和指标值的选择，充分考虑了我国实际情况，并参考了世界卫生组织的《饮用水水质准则》，参考了欧盟、美国、俄罗斯和日本等国饮用水标准。新标准中加强了对水质有机物、微生物和水质消毒等方面的要求，新标准中的饮用水水质指标由原标准的 35 项增至 106 项，增加了 71 项。其中微生物学指标由 2 项增至 6 项，增加了对蓝氏贾第虫、隐孢子虫等易引起腹痛等肠道疾病、一般消毒方法很难全部杀死的微生物的检测。饮用水消毒剂由 1 项增至 4 项，毒理学指标中无机化合物由 10 项增至 22 项，增加了对净化水质时产生二氯乙酸等卤代有机物质、存于水中藻类植物微囊藻毒素等的检测。有机化合物由 5 项增至 53 项，感官性状和一般理化指标由 15 项增至 21 项，并且还对原标准 35 项指标中的 8 项进行了修订。同时，鉴于加氯消毒方式对水质安全的负面影响，新标准还在水处理工艺上重新考虑安全加氯对供水安全的影响，增加了与此相关的检测项目。新标准适用于各类集中式供水的生活饮用水，也适用于分散式供水的生活饮用水。

1.1.4.3　我国其他用水的水质标准

1. 其他饮用净水水质标准

随着人民生活水平的提高，对水质的要求越来越高，出现了小区直饮水、灌装水（桶装水、瓶装水）等各种高质饮水。我国先后颁布了《瓶装饮用纯净水》（GB 17323—1998）、《瓶（桶）装饮用水卫生标准》（GB 19298—2003）、《瓶（桶）装饮用纯净水卫生标准》（GB 17324—2003）以及《饮用净水水质标准》（CJ 94—2005）等标准。这些饮水的水质标准在生活饮用水水质标准的基础上又有所提高。但是由于饮用净水种类繁多，标准选择往往存在较多问题。2014 年 12 月，《食品安全国家标准包装饮用水》（GB 19298—2014）正式颁布，并于 2015 年 5 月 24 日正式实施。本标准适用于直接饮用的包装饮用水，原有的《瓶装饮用纯净水》（GB 17323—1998）、《瓶（桶）装饮用水卫生标准》（GB 19298—2003）、《瓶（桶）装饮用纯净水卫生标准》（GB 17324—2003）全部作废。此次新国标明确规定，包装饮用水名称只有"饮用纯净水""天然矿泉水"和"其他饮用水"三大类。在"其他饮用水"中，仅允许通过脱气、曝气、倾析、过滤、臭氧化作用或紫外线消毒杀菌过程等有限的处理方法，不改变水的基本物理、化学特征的自然来源饮用水。

2. 城市杂用水水质标准

城市杂用水是城市和人们日常生活经常涉及的一类用水，主要包括厕所便器冲洗、城市绿化、洗车、扫除、建筑施工及有同样水质要求的其他用途的水。

过去传统上采用城市管网水作为城市杂用水，对水质不另做规定。随着人们对水危机的忧患意识增强，节水措施逐步得到落实，污水资源化的兴起，人们越来越多地以城市污水再生回用或按水质要求的不同将城市管网水施行循序利用，作为城市杂用水。虽然城市杂用水的水质要求没有饮用水那样高，但是也应满足使用中的一定要求，做到既利用污水资源，又能切实保证安全与适用。为此，我国制定了《城市杂用水水质标准》（GB/T 18920—2002）。

3. 游泳池用水

游泳池用水与人体直接接触，也关系到人的身体健康，因此对水质也有严格的要求。我国建设部 2007 年 3 月 8 日批准发布了《游泳池水质标准》（CJ 244—2007）城镇建设行业标准，于 2007 年 10 月 1 日起实施。

4. 工业用水水质标准

工业种类繁多，对用水的要求也不尽相同。例如，电子工业对水质要求极为严格，要求使用纯水、超纯水；而一般工业冷却用水对水质要求则十分宽松。因此各工业行业从保证产品质量和保障生产正常运行的角度，制定相应的水质标准。

1.2 污水的性质与排放标准

1.2.1 污水的分类与性质

污水，通常指受一定污染的、来自生活和生产的废弃水。污水根据其来源一般可以分为生活污水、工业废水和初期雨水。

1. 生活污水

生活污水主要来自家庭、商业、机关、学校、医院、城镇公共设施及工厂的餐饮、卫生间、浴室、洗衣房等，包括厕所冲洗水、厨房洗涤水、洗衣排水、淋浴排水及其他排水等。城市每人每日排出的生活污水量为 150～400L，其量与生活水平有密切关系。生活污水中含有大量有机物，如纤维素、淀粉、糖类和脂肪、蛋白质等；也常含有病原菌、病毒和寄生虫卵；无机盐类的氯化物、硫酸盐、磷酸盐、碳酸氢盐和钠、钾、钙、镁等。总的特点是含氮、含硫和含磷高，在厌氧细菌作用下，易生恶臭物质。

2. 工业废水

工业废水是指工业生产过程中产生的废水、污水和废液，其中含有随水流失的工业生产用料、中间产物和产品以及生产过程中产生的污染物。一般而言，工业废水污染比较严重，往往含有有毒有害物质，有的含有易燃、易爆、腐蚀性强的污染物，需局部处理达到要求后才能排入城镇排水系统，是城镇污水中有毒有害污染物的主要来源。随着工业的迅速发展，废水的种类和数量迅猛增加，对水体的污染也日趋广泛和严重，威胁人类的健康和安全。

3. 初期雨水

初期雨水，顾名思义，就是降雨初期时的雨水。但是，由于降雨初期，雨水溶解了空气中的大量酸性气体、汽车尾气、工厂废气等污染性气体，降落地面后，又由于冲刷沥青油毡屋面、沥青混凝土道路、建筑工地等，使得前期雨水中含有大量的有机物、病原体、重金属、油脂、悬浮固体等污染物质，因此前期雨水的污染程度较高，通常超过了普通的城市污水的污染程度。如果将前期雨水直接排入自然承受水体，将会对水体造成非常严重的污染。

1.2.2 水体污染与水质指标

1.2.2.1 水体污染

水体污染，从不同的角度可以划分为各种污染类别。

环境污染物的来源称为污染源。从污染源划分，可分为点污染源和面污染源。点污染是指污染物质从集中的地点（如工业废水及生活污水的排放口门）排入水体。它的特点是排污经常，其变化规律服从工业生产废水和城市生活污水的排放规律，它的量可以直接测定或者定量化，其影响可以直接评价。而面污染则是指污染物质来源于集水面积的地面上（或地下），如农田施用化肥和农药，灌排后常含有农药和化肥的成分，城市、矿山在雨季，雨水冲刷地面污物形成的地面径流等。面源污染的排放是以扩散方式进行的，时断时续，并与气象因素有联系。

从污染的性质划分，可分为物理性污染、化学性污染和生物性污染。物理性污染是指水的浑浊度、温度和水的颜色发生改变，水面的漂浮油膜、泡沫以及水中含有的放射性物质增加等；化学性污染包括有机化合物和无机化合物的污染，如水中溶解氧减少、溶解盐类增加、水的硬度变大、酸碱度发生变化或水中含有某种有毒化学物质等；生物性污染是指水体中进入了细菌和污水微生物等。

1.2.2.2　水质指标

水质指标是指水样中除去水分子外所含杂质的种类和数量，它是描述水质状况的一系列标准。污水中所含的污染物质千差万别，可以通过水质指标来评价水体的污染程度，即用分析和检测的方法对污水中的污染物质做出定性、定量的检测以反映污水的水质。国家对水质的分析和检测制定有许多标准，其指标可分为物理性指标、化学性指标和生物性指标三类。

1. 物理性指标

表示污水物理性质的污染指标主要有温度、色度、嗅和味以及固体物质等。

（1）温度。水温影响水中的化学反应，包括生化反应、水生物的生命活动、可溶性盐类的溶解度、可溶性有机物的溶解度、溶解氧在水中的溶解度、水体自净及其速率、细菌等微生物的繁殖与生长能力及速度。

许多工业企业排出的污水都有较高的温度，排放这些污水会使水体水温升高，引发水体的热污染。氧在水中的饱和溶解度随水温升高而减少，较高的水温又加速耗氧反应，可导致水体缺氧与水质恶化。

（2）色度。色度是一项感官性指标。纯净的天然水是清澈透明无色的，如果水带颜色或有异味，多是由于水中杂质引起的，有时还是水中存在有毒物质的标志，比如带有黄色或黄褐色的水，多是由腐殖质有机物所引起，各种藻类可以使水呈绿色、棕褐色、暗褐色，勃土使水呈黄色，氯化铁使水呈黄褐色，硫使水呈浅蓝色等。

水的颜色深浅，通常用色度来表示，色度的单位采用铂钴标准，它是将一定量的氯化铂酸钾和氯化钴溶液混合，其颜色（黄褐色）为 1 度，作为色度的基本单位。清洁天然水色度一般在 15～25 度，含较多腐殖质的湖水、水库水色度可以达到 50 度以上。

（3）嗅和味。嗅和味同色度一样也是感官性指标。天然水是无臭无味的，当水体受到污染后会产生异样的气味。水的异臭来源于还原性硫和氮的化合物、挥发性有机物和氯气等污染物质。盐分会给水带来异味，如氯化钠带咸味、硫酸镁带苦味、铁盐带涩味、硫酸钙略带甜味等。

（4）固体物质。水中所有残渣的总和称为总固体（TS），总固体包括溶解性固体（DS）和悬浮固体（在国家标准和规范中又称悬浮物，用 SS 表示）。水样经过滤后，滤液蒸干所得的固体即为溶解性固体（DS），滤渣脱水烘干后即是悬浮固体（SS）。

固体残渣根据挥发性能可分为挥发性固体（VS）和固定性固体（FS）。将固体在 600℃的温度下灼烧，挥发掉的量即是挥发性固体，灼烧残渣则是固定性固体。溶解性固体一般表示盐类的含量，悬浮固体表示水中不溶解的固态物质含量，挥发性固体反映固体的有机成分含量。

2. 化学性指标

表示污水化学性质的指标可分为有机物指标和无机物指标。

生活污水和某些工业废水中所含的碳水化合物、蛋白质、脂肪等有机化合物在微生物作用下最终分解为简单的无机物质、二氧化碳和水等。这些有机物在分解过程中需要消耗大量的氧，故属耗氧污染物。耗氧有机污染物是使水体产生黑臭的主要原因之一。

污水的有机污染物的组成较复杂，现有技术难以分别测定各类有机物的含量，通常也没有必要。从水体有机污染物看，其主要危害是消耗水中溶解氧。在实际工作中一般采用生化需氧量（BOD）、化学需氧量（COD、OC）、总有机碳（TOC）、总需氧量（TOD）等指标来反映水中需氧有机物的含量。

（1）生化需氧量。生化需氧量，是水体中的好氧微生物在一定温度下将水中有机物分解成无机质，这一特定时间内的氧化过程中所需要的溶解氧量。以 mg/L、百分率或 ppm 表示。它是反映水中有机污染物含量的一项综合指标。它说明水中有机物出于微生物的生化作用进行氧化分解，使之无机化或气体化时所消耗水中溶解氧的总数量。其值越高，说明水中有机污染物质越多，污染也就越严重。加以悬浮或溶解存在于生活污水和制糖、食品、造纸、纤维等工业废水中的碳氢化合物、蛋白质、油脂、木质素等均为有机污染物，可经好氧菌的生物化学作用而分解，由于在分解过程中消耗氧气，故亦称需氧污染物质。若这类污染物质排入水体过多，将造成水中溶解氧缺乏，同时，有机物又通过水中厌氧菌的分解引起腐败现象，产生甲烷、硫化氢、硫醇和氨等恶臭气体，使水体变质发臭。

有机污染物被好氧微生物氧化分解的过程，一般可分为两个阶段。第一阶段为碳氧化阶段，第二阶段为硝化阶段。第一阶段主要是有机物被转化成二氧化碳、水和氨；第二阶段主要是氨被转化为亚硝酸盐和硝酸盐。污水的生化需氧量通常指第一阶段有机物生物氧化所需的氧量。微生物的活动与温度有关，测定生化需氧量时以 20℃ 作为测定的标准温度。生活污水中的有机物一般需 20d 左右才能基本上完成第一阶段的分解氧化过程，即测定第一阶段的生化需氧量至少需 20d 时间，这在实际应用中周期太长。目前以 5d 作为测定生化需氧量的标准时间，简称 5 日生化需氧量（用 BOD_5 表示）。根据试验研究，生活污水 5 日生化需氧量约为第一阶段生化需氧量的 70% 左右。

（2）化学需氧量。水样在一定条件下，以氧化 1L 水样中还原性物质所消耗的氧化剂的量为指标，折算成每升水样全部被氧化后需要的氧的毫克数，以 mg/L 表示。它反映了水中受还原性物质污染的程度。水中的还原性物质有各种有机物、亚硝酸盐、硫化物、亚铁盐等，但主要的是有机物。因此，化学需氧量又往往作为衡量水中有机物质含量多少的指标。化学需氧量越大，说明水体受有机物的污染越严重。一般测量化学需氧量所用的氧化剂为高锰酸钾或重铬酸钾，使用不同的氧化剂得出的数值也不同，因此需要注明检测方法。为了具有可比性，各国都有一定的监测标准。根据所加强氧化剂的不同，分别称为重铬酸钾耗氧量（习惯上称为化学需氧量，测得的值称 COD_{Cr}，或简称 COD）和高锰酸钾耗氧量（习惯上称为耗氧量，测得的值称 COD_{Mn} 或简称 OC，也称为高锰酸盐指数）。

高锰酸钾（$KMnO_4$）法的氧化率较低，但比较简便，在测定水样中有机物含量的相对比较值时可以采用。重铬酸钾（$K_2Cr_2O_7$）法的氧化率高，再现性好，适用于测定水样中有机物的总量。有机物对工业水系统的危害很大。严格来说，化学需氧量也包括水中存在的无机性还原物质。通常，因废水中有机物的数量大大多于无机物的量，因此，一般用化学需氧量来代表废水中有机物的总量。在测定条件下水中不含氮的有机物易被高锰酸钾氧化，而含氮的有机物就比较难分解。因此，耗氧量适用于测定天然水或含容易被氧化的有机物的一般废水，而成分较复杂的有机工业废水则常测定化学需氧量。

在污水处理中，通常采用重铬酸钾法。如果污水中有机物的组成相对稳定，则化学需氧量和生化需氧量之间应有一定的比例关系。一般而言，生化需氧量和化学需氧量的比值能说明水中的难以生化分解的有机物占比，微生物难以分解的有机污染物对环境造成的危害更大。通常认为废水中这一比值大于 0.3 时适合使用生化处理。

（3）总有机碳与总需氧量。目前应用的 5 日生化需氧量测试时间长，不能快速反映水体被有机物污染的程度。可以采用总有机碳和总需氧量的测定，并寻求它们与 5 日生化需氧量的关系，实现快速测定。

总有机碳包括水样中所有有机污染物的含碳量，也是评价水样中有机污染物的一个综合参数。有机物中除含有碳外，还含有氢、氮、硫等元素，当有机物全都被氧化时，碳被氧化为二氧化碳，氢、氮及硫则被氧化为水、一氧化氮、二氧化硫等，此时需氧量称为总需氧量。

总需氧量和总有机碳的测定都是燃烧化学氧化反应，前者测定结果以碳表示，后者则以氧表示。总需氧量、总有机碳的耗氧过程与生物化学需氧量的耗氧过程有本质不同，而且由于各种水样中有机物质的成分不同，生化过程差别也较大。各种水质之间总需氧量或总有机碳与生物化学需氧量不存在固定的相关关系。在水质条件基本相同的条件下，生物化学需氧量与总需氧量或总有机碳之间存在一定的相关关系。

（4）pH 值。pH 值主要指示水样的酸碱性。pH<7 呈酸性，pH >7 呈碱性。一般要求处理后污水的 pH 值在 6~9 之间。天然水体的 pH 值一般近中性，当受到酸碱污染时 pH 值发生变化，可杀灭或抑制水体中生物的生长，妨碍水体自净，还可腐蚀船舶。若天然水体长期遭受酸、碱污染，将使水质逐渐酸化或碱化，从而对正常生态系统产生严重影响。

（5）植物营养元素氮、磷。污水中的氮、磷为植物营养元素，从农作物生长角度看，植物营养元素是宝贵的养分，但是大量的氮、磷、钾等元素排入到流速缓慢、更新周期长的地表水体，会破坏水生生态平衡的过程，进而会导致富营养化。

富营养化是指生物所需的氮、磷等营养物质大量进入湖泊、河口、海湾等缓流水体，引起藻类及其他浮游生物迅速繁殖，水体溶氧量下降，鱼类及其他生物大量死亡的现象。大量死亡的水生生物沉积到湖底，被微生物分解，消耗大量的溶解氧，使水体溶解氧含量急剧降低，水质恶化，以至影响到鱼类的生存，大大加速了水体的富营养化过程。水体出现富营养化现象时，由于浮游生物大量繁殖，往往使水体呈现蓝色、红色、棕色、乳白色等，这种现象在江河湖泊中叫水华（水花），在海中叫赤潮。在发生赤潮的水域里，一些浮游生物暴发性繁殖，使水变成红色，因此叫"赤潮"。这些藻类有恶臭、有毒，鱼不能食用。藻类遮蔽阳光，使水底生植物因光合作用受到阻碍而死去，腐败后放出氮、磷等植物的营养物质，再供藻类利用。这样年深月久，造成恶性循环，藻类大量繁殖，水质恶化而又腥臭，水中缺氧，造成鱼类窒息死亡。

水体富营养化过程与氮、磷的含量及氮磷含量的比率密切相关。反映营养盐水平的指标总氮、总磷，反映生物类别及数量的指标叶绿素 a 和反映水中悬浮物及胶体物质多少的指标透明度作为控制湖泊富营养化的一组指标。有文献报道，当总磷浓度超过 0.1mg/L（如果磷是限制因素）或总氮浓度超过 0.3mg/L（如果氮是限制因素）时，藻类会过量繁殖。

(6) 重金属。重金属原义是指相对密度大于 5 的金属（一般来讲指密度大于 $4.5g/cm^3$ 的金属），包括金、银、铜、铁、铅等，重金属在人体中累积达到一定程度，会造成慢性中毒。对什么是重金属，其实目前尚没有严格的统一定义，在环境污染方面所说的重金属主要是指汞（水银）、镉、铅、铬以及类金属砷等生物毒性显著的重元素。重金属不能被生物降解，相反却能在食物链的生物放大作用下，成千百倍地富集，最后进入人体。重金属在人体内能与蛋白质和酶等发生强烈的相互作用，使它们失去活性，也可能在人体的某些器官中累积，造成慢性中毒。

重金属是构成地壳的物质，在自然界分布非常广泛。重金属在自然环境的各部分均存在着本底含量，在正常的天然水中重金属含量均很低，汞的含量介于 $0.001\sim0.01mg/L$ 之间，铬含量小于 $0.001mg/L$，在河流和淡水湖中铜的含量平均为 $0.02mg/L$，钴为 $0.0043mg/L$，镍为 $0.001mg/L$。重金属在人类的生产和生活方面有广泛的应用。这一情况使得在环境中存在着各种各样的重金属污染源。采矿、冶炼、电镀、芯片制造是向环境中释放重金属的主要污染源。这些企业通过污水、废气、废渣向环境中排放重金属，因而能在局部地区造成严重的污染后果。

3. 生物性指标

表示污水生物性质的污染指标主要有细菌总数、大肠菌群和病毒。

(1) 细菌总数。水中通常存在的细菌大致可分为 3 类：①天然水中存在的细菌，普通的是荧光假单孢杆菌、绿脓杆菌，一般认为这类细菌对健康人体是非致病的；②土壤细菌，当洪水时期或大雨后地表水中较多，它们在水中生存的时间不长，在水处理过程中容易被去除，腐蚀水管的铁细菌和硫细菌也属此类；③肠道细菌，它们生存在温血动物的肠道中，故粪便中大量存在。水体中发现这类细菌，可以认为已受到粪便的污染。致病性肠道细菌有沙门氏杆菌（伤寒和副伤寒菌）、B 型炭疽菌、痢疾志贺氏菌和霍乱弧菌等。

水中细菌总数反映了水体受细菌污染的程度，可作为评价水质清洁程度和考核水净化效果的指标，一般细菌总数越多，表示病原菌存在的可能性越大。细菌总数不能说明污染的来源，必须结合大肠菌群数来判断水的污染来源和安全程度。

(2) 大肠菌群。大肠菌群不代表某一个或某一属细菌，指的是具有某些特性的一组与粪便污染有关的细菌，这些细菌在生化及血清学方面并非完全一致，其定义为：需氧及兼性厌氧、在 37℃能分解乳糖产酸产气的革兰氏阴性无芽胚杆菌。一般认为该菌群细菌可包括大肠埃希氏菌、柠檬酸杆菌、产气克雷伯氏菌和阴沟肠杆菌等。

大肠菌群被视为最基本的粪便污染指示菌群。大肠菌群的值可表明水被粪便污染的程度，间接表明有肠道病菌（伤寒、痢疾、霍乱等）存在的可能性。

(3) 病毒。由于肝炎、小儿麻痹症等多种病毒性疾病可通过水体传染，水体中的病毒已引起人们的高度重视。目前已有 100 多种血清型肠道病毒，均在水体中检出。其中包括：脊髓灰质病毒，是最常见的一种病毒，严重时可导致脊髓灰质炎（小儿麻痹症）；柯萨奇病毒，可引起胸痛、脑膜炎等疾病；致肠细胞病变人孤儿病毒（埃可病毒），可引起胃肠炎、脑膜炎等疾病；非特异性病毒，有的病毒可引起呼吸道疾病和急性出血结膜炎，有的病毒可引起无菌性脑膜炎和脑炎等；腺病毒，能引起呼吸道疾病、眼部感染、胃肠炎等；甲型肝炎病毒，可引起病毒性肝炎，是一种典型且重要的水传染病毒疾病。目前因缺乏完善的经常性检测技术，水质卫生标准对病毒还没有明确的规定。

1.2.3 污水排放标准

我国于 1973 年召开了全国环境保护工作会议，确定了"全面规划、合理布局、综合利用、化害为利、依靠群众、保护环境、造福人民"的 28 字方针，并颁布了第一个环境保护标准《工业"三废"排放标准》（CBJ 4—73）。此后，开始有组织地制定了一系列的环境保护政策、法规和标准，相继发布了《污水综合排放标准》（GB 8978）和一批行业污水排放标准，形成了比较完整的水环境保护法规体系。

1973 年的《工业"三废"排放标准》（GBJ 4—73）仅对 19 项污染物进行了规定，主要控制的污染物为重金属、酚和氰等有毒物质。1988 年对上述标准进行了修改，发布了《污水综合排放标准》（GB 8978—1988），增加到对 40 项污染物进行控制，并从仅控制工业污染源扩大到含生活污水在内的所有污染源。1996 年又再次修订推出了新的《污水综合排放标准》（GB 8978—1996），规定凡有国家行业水污染物排放标准的行业执行行业标准（如造纸工业、纺织染整工业、肉类加工工业、钢铁工业等），其他一切污水排放均执行综合排放标准；将污染物控制项目总数增加到 69 项，其中包括增加了 25 项难降解有机污染物和放射性指标，强调对难降解有机污染物和"三致"物质等优先控制的原则。

我国污水排放标准是水环境标准体系的组成部分，分为国家污水排放标准和地方污水排放标准。国家污水排放标准是根据国家水环境质量标准，以及适用的污染控制技术，并考虑经济承受能力，对排放环境的污水和产生污染的各种因素所做的限制性规定，是对污染源控制的标准。对国家污水排放标准中未做规定的项目可以制定地方污水排放标准；国家污水排放标准中已规定的项目，可以制定严于国家标准的地方污水控制标准，两者都属于强制性标准。

国家污水排放标准又分为跨行业综合性排放标准和行业性排放标准，两者不交叉执行。

1.2.3.1 国家污水排放标准

1. 综合性排放标准

国家污水排放标准按照污水排放去向，规定了水污染物最高允许排放浓度，适用于排污单位水污染物的排放管理，以及建设项目的环境影响评价、建设项目环境保护设施设计、竣工验收及其投产后的排放管理。我国现行的国家综合性排放标准主要有《污水综合排放标准》（GB 8978—1996）、《污水排入城市下水道水质标准》（CJ 3082—199.9）等。

2. 行业性排放标准

根据行业排放废水的特点和治理技术发展水平，国家对部分行业制定了行业性污水排放标准，如《城镇污水处理厂污染物排放标准》（GB 18918—2002）、《制浆造纸工业水污染物排放标准》（GB3544—2008）、《兵器工业水污染物排放标准火炸药》（GB 14470.1—2002）、《兵器工业水污染物排放标准火工药剂》（GB 14470.2—2002）、《兵器工业水污染物排放标准弹药装药》（GB 14470.3—2002）、《畜禽养殖业污染物排放标准》（GB 18596—2001）、《电池工业污染物排放标准》（GB 30484—2013）、《电镀污染物排放标准》（GB 21900—2008）、《淀粉工业水污染物排放标准》（GB 25461—2010）、《发酵类制药工业水污染物排放标准》（GB 21903—2008）、《化学合成类制药工业水污染物排放标准》（GB 21904—2008）、《混装制剂类制药工业水污染物排放标准》（GB 21908—2008）、《生物工程类制药工业水污染物排放标准》（GB 21907—2008）、《中药类制药工业水污染物排放标准》（GB 21906—2008）、《发酵酒精和白酒工业水污染物排放标准》（GB 27631—2011）、《合成氨工业水污染物排放标准》（GB 13458—2013）、《合成革与人造革工业污染物排放标准》（GB 21902—

2008)、《酵母工业水污染物排放标准》（GB 25462—2010）、《炼焦化学工业污染物排放标准》（GB 16171—2012）、《磷肥工业水污染物排放标准》（GB 15580—2011）、《制浆造纸工业水污染物排放标准》（GB 3544—2008）、《生活垃圾填埋场污染控制标准》（GB 16889—2008）等。

1.2.3.2 地方污水排放标准

省、自治区和直辖市等根据经济发展水平和管辖地水体污染控制需要，可以依据《中华人民共和国环境保护法》、《中华人民共和国水污染防治法》制定地方污水排放标准。如河南省制定的地方污水排放标准：《盐业、碱业氯化物排放标准》（DB 41/276—2011）、《合成氨工业水污染物排放标准》（DB 41/538—2008）、《铅冶炼工业污染物排放标准》（DB 41/684—2011）；山东省制定的地方污水排放标准：《氧化铝工业污染物排放标准》（DB 37/1919—2011）、《山东省半岛流域水污染物综合排放标准》（DB 37/676—2007）、《淀粉加工工业水污染物排放标准》（DB 37/595—2006）、《生活垃圾填埋水污染物排放标准》（DB 37/535—2005）、《纺织染整工业水污染物排放标准》（DB 37/533—2005）。

1.3 水 体 自 净

污水排入水体后，对水体产生污染，但水体本身有一定的净化污水的能力，即经过水体的物理、化学与生物的作用，使污水中污染物的浓度得以降低，经过一段时间后，水体往往能恢复到受污染前的状态，并在微生物的作用下进行分解，从而使水体由不洁恢复为清洁，这一过程称为水体的自净过程。

水体自净的定义有广义与狭义两种：广义的定义指受污染的水体，经过水中物理、化学与生物作用，使污染物浓度降低，并基本恢复或完全恢复到污染前的水平；狭义的定义指水体中的微生物氧化分解有机物而使得水体得以净化的过程。

水体自净主要通过 3 个方面作用来实现，即物理作用、化学作用和生物作用。

物理作用包括可沉性固体逐渐下沉，悬浮物、胶体和溶解性污染物稀释混合，浓度逐渐降低。其中稀释作用是一项重要的物理净化过程。化学作用是指污染物质由于氧化、还原、酸碱反应、分解、化合、吸附和凝聚等作用使污染物质的存在形态发生变化和浓度降低。生物作用是指由于各种生物（藻类、微生物等）的活动特别是微生物对水中有机物的氧化分解作用使污染物降解。它在水体自净中起非常重要的作用。水体中的污染物的沉淀、稀释、混合等物理过程，氧化还原、分解化合、吸附凝聚等化学和物理化学过程以及生物化学过程等，往往是同时发生，相互影响，并且相互交织进行。一般说来，物理和生物化学过程在水体自净中占主要地位。

水体中有机物的自净过程一般分为 3 个阶段。第一阶段是易被氧化的有机物所进行的化学氧化分解。该阶段在污染物进入水体以后数小时之内即可完成。第二阶段是有机物在水中微生物作用下的生物化学氧化分解。该阶段持续时间的长短随水温、有机物浓度、微生物种类与数量等而不同。一般要延续数天，但被生物化学氧化的物质一般在 5d 内可全部完成。第三阶段是含氮有机物的硝化过程。这个过程最慢，一般要延续一个月左右。

有机物在生化分解过程中，需要消耗水中的氧。因此可以用两个相关的水质指标来描述水体的自净过程：一个是生化需氧量（BOD），该值越高说明有机物含量越多，水体受污染程度越严重；另一个是水中溶解氧（DO），它是维持水生物生态平衡和有机物能够进行生化分解的条件，DO 越高说明水中有机污染物越少。正常情况下，清洁水中 DO 值接近饱和状态。水体中 BOD 值与 DO 值呈高低反差关系。在单一污染源的情况下，BOD 与 DO 变化曲线如图 1-1 所示。

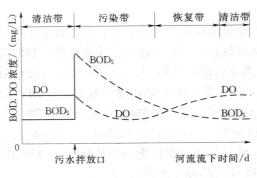

图 1-1　BOD 和 DO 变化曲线

对图 1-1 中的曲线可以作以下分析：假设在污水排放口上游，水体中的 BOD 值低于最高允许量，DO 接近于饱和，水体是清洁的；在排放口处 BOD 值急剧上升，DO 被有机物降解所消耗，逐渐降低至允许含量以下，水质受到污染，随之 BOD 逐渐降低，DO 值得到补充并回升，水质逐渐恢复，经过较长的历时流程，水体中的有机物和细菌经生物化学作用，恢复到原水体的生态平衡状态，水质又复洁净。通常将图中的 DO 曲线形象地称为氧垂曲线。

水体的自净能力是有限的，如果排入水体的污染物数量超过某一界限时，将造成水体的永久性污染，这一界限称为水体的自净容量或水环境容量。影响水体自净的因素很多，主要有受纳水体的地理条件、水文条件、微生物的种类与数量、水温、复氧能力以及水体和污染物的组成、污染物浓度等。

1. 水文要素

流速、流量直接影响到移流强度和紊动扩散强度。流速和流量大，不仅水体中污染物浓度稀释扩散能力随之加强，而且水汽界面上的气体交换速度也随之增大。河流中流速和流量有明显的季节变化，洪水季节，流速和流量大，有利于自净；枯水季节，流速和流量小，对自净不利。

河流中含沙量的多少与水中某些污染物浓度有一定关系。例如，研究发现中国黄河含沙量与含砷量呈正相关关系。这是因为泥沙颗粒对砷有强烈的吸附作用。一旦河水澄清，含砷量就大为减少。

水温不仅直接影响到水体中污染物质的化学转化的速度，而且能通过影响水体中微生物的活动对生物化学降解速度产生影响，随着水温的增加，BOD 的降低速度明显加快。但水温高却不利于水体富氧。

2. 太阳辐射

太阳辐射对水体自净作用有直接影响和间接影响两个方面。直接影响指太阳辐射能使水中污染物产生光转化；间接影响指可以引起水温变化和促进浮游植物及水生植物进行光合作用。太阳辐射对水深小的河流的自净作用的影响比对水深大的河流大。

3. 河床底质

河床底质能富集某些污染物质。河水与河床基岩和沉积物也有一定物质交换过程。这两方面都可能对河流的自净作用产生影响。例如，河底若有铬铁矿露头，则河水中含铬可能较高；又如汞易被吸附在泥沙上，随之沉淀而在底泥中累积，虽较稳定，但在水与底泥界面上存在十分缓慢的释放过程，使汞重新回到河水中，形成二次污染。此外，底质不同，底栖生物的种类和数量不同，对水体自净作用的影响也不同。

4. 水生物和水中微生物

水中微生物对污染物有生物降解作用。某些水生物对污染物有富集作用，这两方面都能降低水中污染物的浓度。因此，若水体中能分解污染物质的微生物和能富集污染物质的水生物品种多、数量大，对水体自净过程较为有利。

5. 污染物的性质和浓度

易于化学降解、光转化和生物降解的污染物显然最容易得以自净。例如，酚和氰，由于它们易挥发和氧化分解，并且又能为泥沙和底泥吸附，因此在水体中较易净化。难以化学降解、光转化和生物降解的污染物也难在水体中得以自净。例如，合成洗涤剂、有机农药等化学稳定性极高的合成有机化合物，在自然状态下需 10 年以上的时间才能完全分解，它们以水流作为载体，逐渐蔓延，不断积累，成为全球性污染的代表性物质。水体中某些重金属类污染物可能对微生物有害，从而降低了生物降解能力。

1.4　水处理方法与反应器

1.4.1　水处理方法

水处理是给水处理和废水处理的简称，它是水工业科学技术的一个重要组成部分。20世纪以前，给水处理和废水处理含义的划分是很清楚的。从天然水源取水，为供生活或工业的使用（特别是生活使用）而进行的处理，称为给水处理；为了安全排放，对于使用过而废弃的水所进行的处理，称为废水处理。

水处理的主要内容可概括为 3 种：①去除水中影响使用的杂质以及对污泥的处置，这是水处理的最主要内容；②为了满足用水的要求，在水中加入其他物质以改变水的性质，如食用水中加氟以防止龋齿病，循环冷却水中加缓蚀剂及阻垢剂以控制腐蚀及结垢等；③改变水的物理性质的处理，如水的冷却和加热等。本章只讨论去除水中杂质的方法。

废水中所含污染物的种类是多种多样的，不能预期只用一种方法就可以将所有的污染物都去除干净，因此水处理的方法也多种多样。根据不同的分类原则，通常对废水处理方法可做以下分类。

1. 按废水处理的程度分类

一般划分为一级处理、二级处理和三级处理（深度处理、高级处理）。一级处理主要是预处理，多采用物理方法或简单的化学方法（如初步中和酸碱度）去除废水中的悬浮固体、胶体、悬浮油类等污染物。一级处理的处理程度低，一般达不到规定的排放要求，尚须进行二级处理。

二级处理主要是清除可分解或氧化的呈胶状或溶解状的有机污染物，多采用较为经济的生物化学处理法。废水经过二级处理之后，一般可达到排放标准，但可能会残存有微生物以及不能降解的有机物和氮、磷等无机盐类，它们数量不多，通常对水体的危害不大。

三级治理又称深度治理，只在有特殊要求时方才采用。它是将二级治理后的废水，再用物理化学技术做进一步的处理，以便去除可溶性的无机物和不能分解的有机物，去除各种病毒、细菌、磷、氮和其他物质，最后达到地面水、工业用水或接近生活用水的水质标准。

2. 按水中污染物的化学性质是否改变分类

水处理方法可分为分离处理、转化处理和稀释处理三大类。

（1）分离处理。它是通过各种力的作用，使污染物从水中分离出来。一般来说，在分离过程中并不改变污染物的化学性质。

（2）转化处理。它是指通过化学的或生物化学的作用，将污染物转化为无害的物质，或转化为可分离的物质，然后再进行分离处理，在这一过程中污染物的化学性质发生了变化。

（3）稀释处理。既不把污染物分离出来，也不改变污染物的化学性质，而是通过稀释混合，降低污染物的浓度，从而使其达到无害的目的。

3. 按处理过程中发生的变化分类

水处理方法可分为物理处理法、化学处理法、物理化学法和生物处理法。

物理处理法是利用物理作用来分离水中的悬浮物，处理过程中只发生物理变化。常用的物理处理方法有格栅、筛滤、过滤、沉淀和气浮等。

化学处理法是利用化学反应的作用来处理水中的溶解物质或胶体物质。处理过程中发生的是化学变化。常用的化学处理方法有中和法、化学沉淀法、氧化还原法等。

物理化学法是运用物理和化学的综合作用使废水得到净化的方法。物理化学法处理废水既可以是独立的处理系统，也可以是与其他方法组合在一起使用。其工艺的选择取决于废水的水质、排放或回收利用的水质要求、处理费用等。如为除去悬浮和溶解的污染物而采用的混凝法和吸附法就是比较典型的物理化学处理法。常用的物理化学处理方法有吸附法、离子交换法及膜技术（电渗析、反渗透、超滤等）。

生物处理法则是利用微生物的作用去除水中胶体的和溶解的有机物质。常用的生物处理法有好氧活性污泥法、生物膜法、厌氧消化法等。按对氧的需求不同，将生物处理过程分为好氧处理和厌氧处理。好氧处理指可生物降解的有机物质在有氧介质中被微生物所消耗的过程。微生物为满足其能量的要求而耗氧，通过细胞分裂而繁殖（活性物质的合成）和内源呼吸（微生物细胞物质的逐渐自身氧化）而消耗自身的储藏物。厌氧处理又称为消化，指在无氧条件下利用厌氧微生物的生命活动，把有机物转化为甲烷和二氧化碳的过程。

生物处理法是水处理中应用广泛的一类方法，不仅应用于含有大量有机污染物的各种生活污水和工业废水处理，也可用于去除饮用水中的微量有机污染物。

1.4.2 反应器

水处理的许多单元环节是由化学工程移植、发展而来的，因此化学工程中的反应器理论也常常被用来研究水处理单元过程的特性。

1.4.2.1 反应器的类型

在化工生产过程中，都有一个发生化学反应的生产核心部分，发生化学反应的容器称为反应器。

化工生产中的反应器是多种多样的。按反应器内物料的形态可以分为均相反应器（homogeneous reactor）及多相反应器（heterogeneous reactor）。均相反应器的特点是反应只在一个相内进行，通常在一种气体或液体内进行。当反应器内必须有两相以上才能进行反应时，则称为多相反应器。

按反应器的操作情况可以分为间歇反应器（batch reactor）和连续流式反应器（continuous flow reactor）两大类。间歇反应器是按反应物"一罐一罐地"进行反应的，反应完成卸料后，再进行下一批的生产，这是一种完全混合式的反应器。当进料与出料都是连续不断地进行时，这类反应器则称为连续反应器。连续反应器是一种稳定流的反应器。

连续反应器有两种完全对立的理想类型，分别称为活塞流反应器（Plug Flow Reactor，PFR）和恒流搅拌反应器（Constant Flow Stirred Tank Reactor，CFSTR）。后者属于完全混合式的反应器。

为了有利于反应，反应器还具有其他的操作类型，如流化床反应器、滴洒床反应器等。

1. 间歇反应器

间歇反应器是在非稳态条件下操作的，所有物料一次加进去，反应结束以后物料同时放出来，所有物料反应的时间是相同的；反应物浓度随时间而变化，因此化学反应速度也随时间而变化；但是反应器内的成分却永远是均匀的。这是最早的一种反应器，和实验室里所用的烧瓶在本质上没有差别，对于小批量生产的单一液相反应较为适宜。

2. 活塞流反应器

活塞流反应器通常由管段构成，因此也称其为管式反应器（tubular reactor），其特征是流体是以列队形式通过反应器，液体元素在流动的方向也绝无混合现象（但在垂直流动的方向上可能有混合）。构成活塞流反应器的必要且充分的条件是：反应器中每一流体元素的停留时间都是相等的。由于管内水流较接近于这种理想状态，所以常用管子构成这种反应器，反应时间是管长的函数，反应物的浓度、反应速度沿管长而有变化；但是沿管长各点上反应物浓度、反应速度有一个确定不变的值，不随时间而变化。在间歇式反应器中，最快的反应速度是在操作过程中的某一个时刻；而在活塞流反应器中，最快的反应速度是在管长中的某一点。随着化工生产越来越趋向于大型化、连续化，连续操作的活塞流反应器在生产中使用得越来越多。

3. 恒流搅拌反应器

恒流搅拌反应器也称为连续搅拌罐反应器（Constant Continuous Stirred Tank Reactor，CCSTR），物料不断进出，连续流动。其特点是，反应物受到了极好的搅拌，因此反应器内各点的浓度是完全均匀的，而且不随时间而变化，因此反应速度也是确定不变的，这是该反应器的最大优点。这种反应器必然要设置搅拌器，当反应物进入后，立即被均匀分散到整个反应器容积内，从反应器连续流出的产物流，其成分必然与反应器内的成分一样。从理论上说，由于在某一时刻进到反应器内的反应物立即被分散到整个反应器内，其中一部分反应物应该立即流出来，这部分反应物的停留时间理论上为零。余下的部分则具有不同的停留时间，其最长的停留时间理论上可达无穷大。这样就产生了一个突出现象：某些后来进入反应器的成分必然要与先进入反应器内的成分混合，这就是返混作用。理想的活塞流反应器内绝对不存在返混作用，而 CCSTR 的特点则具有返混作用，所以又称其为返混反应器（back-mix reactor）。

4. 恒流搅拌反应器串联

将若干个恒流搅拌反应器串联起来，或者在一个塔式或管式的反应器内分若干个级，在级内是充分混合的，级间是不混合的。其优点是既可以使反应过程有一个确定不变的反应速度，又可以分段控制反应，还可以使物料在反应器内的停留时间相对地比较集中。因此，此种反应器综合了活塞流反应器和恒流搅拌反应器二者的优点。

1.4.2.2　反应器概念在水处理中的应用

从 20 世纪 70 年代起，反应器的概念被引入到了水处理工程中。但是在水处理中的过程有些与化工过程类似，也有些则完全不同。因此对化工过程反应器的概念应加以拓展，将水处理中进行过程处理的一切池子和设备都称为反应器，这不仅包括发生化学反应和生物化学反应的设备，也包括了发生物理过程的设备，如沉淀池，甚至冷却塔等设备。

按照上述反应器的定义，水处理反应器与传统的化学工程反应器存在多种差别，如化学工程反应器有很多是在高温高压下工作，水处理反应器较多在常温常压下工作；化学工程反应器多是以稳态为基础设计的，而水处理反应器的进料多是动态的（如处理水的水质、投加各种药剂的量等），因此各种装置的操作通常不能在稳态下进行，就必须考虑可能遇到的随机输入，把反应器设计成能在动态范围内进行操作；在化学工程中，采用间歇式和连续式两种反应器，而在水处理工程中通常都是采用连续式反应器。因此，在水处理工程中，既要借鉴化学工程反应器的理论，又要结合自身的特点进行应用。表 1-2 列出了一些水处理过程所对应典型的反应器类型。

表 1-2　　　　　　　　　　　水处理工程中若干反应器的类型

反应器	期望的反应器设计	反应器	期望的反应器设计
快速混合	完全混合	软化	完全混合
絮凝器	局部完全混合的活塞流	加氯	活塞流
沉淀	活塞流	污泥反应器	局部完全混合的活塞流
砂滤池	活塞流	生物滤池	活塞流
吸附	活塞流	化学澄清	完全混合
离子交换	活塞流	活性污泥	完全混合及活塞流

应用反应器理论，能够确定水处理装置的最佳形式，估算所需尺寸，确定最佳的操作条件。

1.5　水处理工艺流程

1.5.1　水处理工艺流程的概念

前述的每种水处理单元方法都有一定的局限性，只能去除某类特定的物质，如沉淀只能去除部分悬浮物和胶体杂质，氧化还原只能去除部分可氧化的物质。然而水中的杂质组成是多种多样的，要求通过水处理去除不需要的各种杂质，添加需要的各种元素，并调节各项水质参数达到规定的指标。显然，单一的水处理单元方法是难以满足上述要求的。为此，通常将多种基本单元过程互相配合，组成一个水处理工艺过程，称为水处理工艺流程。

经过某个特定的水处理流程处理后，待处理的水中杂质的种类与数量就会发生相应的变化，即水质发生变化，满足某种特定的要求，如作为饮用水、工业用水使用及向水体排放等。

针对不同的原水水质及处理后的水质要求，会形成各种不同的水处理工艺流程。选择水处理流程的基本出发点是以较低的成本、安全稳定的运行过程，获得满足水质要求的水。水处理设施所在的地区气候、地形地质、技术经济条件的差异，也会影响到水处理工艺流程的选择。

一般地，一个水处理工艺流程中会有一个主体处理工艺，如以去除有机污染物为主的生活污水生物处理过程会以活性污泥法为主处理工艺；通常在进入主处理工艺之前，会有一些预处理环节，其目的在于尽量去掉那些在性质上或大小上不利于主处理工艺过程的物质，如污水处理中的筛除、给水处理和污水处理中的除砂等。针对主要去除对象不同，有的单元环节在一个系统中可能是主处理工艺，在另一个系统中又可能是预处理工艺，如混凝沉淀环节在以澄清除浊为主要目的的生活给水处理系统中是主处理工艺，在锅炉给水处理中则成为预处理工艺，而软化除盐则又成为主处理工艺。

另外，与主处理工艺配合，还会有若干辅助工艺系统，如向水中投加混凝剂等药剂，就要有药剂的配制、投加系统；水处理过程中产生的排泥水、反冲洗废水要回收利用，要有废水处理回收系统；对水处理产生的污泥进行处置，要有污泥脱水系统等。为了保证水处理系统正常运转，还要有变配电及电力供应系统、工艺过程自动监控系统、通风和供热系统等。

1.5.2 典型给水处理工艺流程

给水处理的主要水源有地表水和地下水两大类。常规的给水处理以去除水中的混浊物质和细菌、病毒为主，水处理系统主要由混凝、沉淀、过滤和消毒工艺组成。典型给水处理流程如图1-2所示。

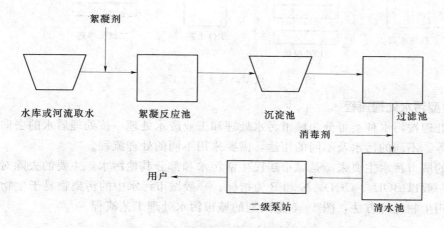

图1-2　典型给水处理流程

当水源受到有机污染较严重时，需要增加预处理或深度处理工艺，图1-3就是带有除污染工艺的典型给水处理流程。

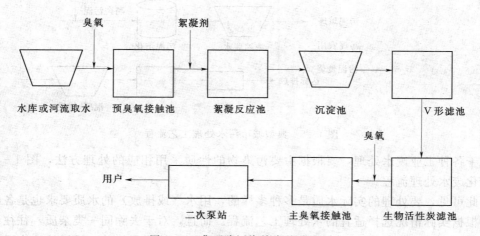

图1-3　典型除污染给水处理流程

对于工业用水，随着用水要求的不同，往往采用不同的处理流程。例如，电子工业需要高标准用水，则要在常规水处理工艺基础上进行深度处理，主要以膜分离工艺为主体，不仅去除水中的悬浮物、有机污染物，还要去除无机盐等离子，如图 1-4 所示。

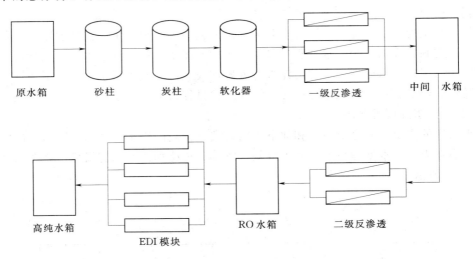

图 1-4　典型高纯水处理工艺流程

1.5.3　典型污水处理流程

污水处理按污水种类可分为城市污水处理和工业废水处理，按处理后水的去向可分为排放和回用等。不同的污水及不同的用途，需要采用不同的处理流程。

典型的城市污水主要来源是城市居民生活污水和部分其他污水，主要的去除对象是有机污染物，一般以 BOD_5、COD、N 和 P 为指标。一般城市污水中的污染物易于生物降解，所以主要采用生物处理方法，图 1-5 是典型的城市污水处理工艺流程。

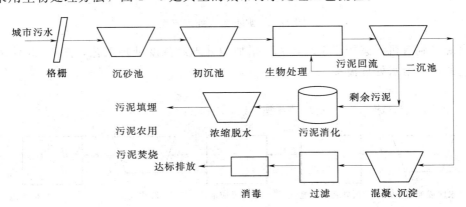

图 1-5　典型城市污水处理工艺流程

对于各种工业废水处理，要根据主要污染物的性质采用相应的处理方法，图 1-6 是典型的焦化废水处理流程。

由此可见，要处理的实际水质是多种多样的，用水（或排放）的水质要求也是各不相同的，应根据实际情况选择适宜的水处理工艺流程。而且，对于去除同一类杂质，往往有多种工艺方法可供选择，这就要通过技术经济比较，借鉴以往的工程经验，灵活地确定适宜的水

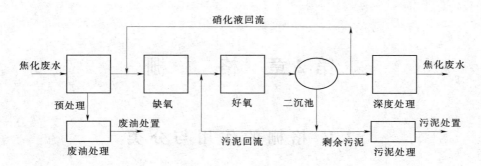

图 1-6　典型的焦化废水处理流程

处理工艺流程。这些内容将在后续章节中陆续讲述。

习　题

1. 简述给水水源的特点。
2. 简述 BOD 和 COD 的定义，BOD、COD 的大小在水处理工程设计时有什么意义？
3. 简述水体自净的过程和含义。
4. 简述污水排放标准的分类，如何正确选择污水排放标准？
5. 叙述不同水源给水处理工艺流程。
6. 污水综合排放标准和行业排放标准有何区别？

第2章 格　　栅

2.1 格栅的作用与分类

2.1.1 格栅的作用

格栅是由一组平行的金属栅条或筛网、格栅柜和清渣耙3部分组成，安装在污水渠道、泵房集水井的进口处或污水处理厂的端部。格栅主要作用是用以截留较大的悬浮物或漂浮物，如纤维、碎皮、毛发、木屑、果皮、蔬菜、塑料制品等，以便减轻后续处理构筑物的处理负荷，并便之正常运行。被截留的物质称为栅渣。栅渣的含水率为70%～80%，重度约为750kg/m³。

格栅设计的主要参数是确定栅条间隙宽度，栅条间隙宽度与污水的性质、污水处理规模及后续处理设备选择有关，一般以不堵塞水泵和污水处理的设备，保证整个污水处理系统正常运行为原则。

2.1.2 格栅的分类

按栅条净间隙大小分类，可分为粗格栅（50～100mm）、中格栅（10～40mm）、细格栅（1.5～10mm）3种。

按清渣方式不同分类，可分为人工除渣格栅和机械除渣格栅两种。

按形状分类，可分为平面格栅与曲面格栅两种。平面格栅在实际工程使用较多。

按构造特点不同分类，可分为回转式格栅、转鼓式格栅、钢丝绳牵引式格栅、高链式格栅、机械臂式格栅等。

1. 回转式格栅

回转式机械格栅是一种可以连续自动清除的格栅。它由许多个相同的耙齿机件交错平行组装成一组封闭的耙齿链，在电动机和减速机的驱动下，通过一组槽轮和链条组成连续不断的自上而下的循环运动，达到不断清除格栅的目的。当耙齿链运转到设备上部及背部时，由于链轮和弯轨的导向作用，可以使平行的耙齿排产生错位，使固体污物靠自重下落到渣槽内，脱落不干净时，这类格栅容易把污物带到栅后渠道中，如图2-1所示。

回转式机械格栅最大优点是自动化程度高、分离效率高、动力消耗小、无噪声、耐腐蚀性能好，在无人看管的情况下可保证连续稳定工作。设置了过载安全保护装置，在设备发生故障时会自动停机，可以避免设备超负荷工作。

该设备可以根据用户需要任意调节设备运行间隔，实现周期性运转；可以根据格栅前后液位差自动控制；并且有手动控制功能，以方便检修。用户可根据不同的工作需要任意选用。由于该设备结构设计合理，在设备工作时，自身具有很强的自净能力，不会发生堵塞现象，所以日常维修工作量很少。

2. 转鼓式格栅

转鼓式机械格栅又称细栅过滤器或螺旋格栅机，是一种集细格栅除污机、栅渣螺旋提升

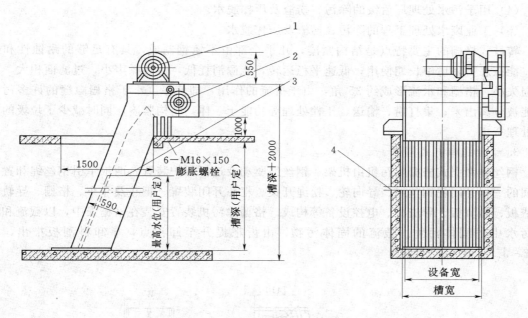

图 2-1 回转式机械格栅示意图

1—减速机；2—链条；3—机架；4—栅条

机和栅渣螺旋压榨机于一体的设备，是城市污水处理厂和工业废水处理过程中将水中漂浮物质、沉降物质及悬浮物质分离取出的理想设备，广泛用于城市生活污水处理厂、工业废水处理工程的固液分离、滤渣清洗、传输及压榨脱水。

转鼓式机械格栅由格栅片按栅间隙制成鼓形栅筐，待处理水从栅筐前流入，通过格栅过滤，流向水池出口，栅渣被截留在栅面上，当栅内外的水位差达到一定值时，安装在中心轴上的旋转齿耙回转清污，当清渣齿耙把污物扒集至栅筐顶点的位置时，开始卸渣（能靠自重下坠的栅渣卸入栅渣槽）；而后又后转 15°，被栅筐顶端的清渣齿板把粘附在耙齿上的栅渣自动刮除，卸入栅渣槽，见图 2-2。栅渣由槽底螺旋输送器提升，至上部压榨段压榨脱水后卸入输送带上或垃圾车里外运。被压榨脱水后的滤渣，固体含量可达 25%～45%，对于减少外运费用和防止二次污染发挥着重要作用。

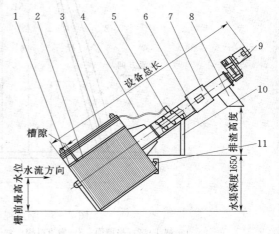

图 2-2 转鼓式格栅示意图

1—水下轴承；2—栅筐；3—清污耙；4—冲洗水装置；
5—螺旋轴；6—回水管路；7—输送压榨管；8—出料口；
9—驱动装置；10—水上安装支架；11—水下安装支架

转鼓式格栅的适用范围如下：

（1）生活污水处理设备的前道处理。

（2）工厂、医院、住宅小区，取水、排水口杂物的去除。

（3）矿产、造纸、化纤、纺织、印染等工业废水的物质分离。

（4）用于污水处理厂后级的除污、捞渣及压榨脱水。

（5）工业废水处理工程的除污、捞渣及压榨脱水。

转鼓式格栅的主要特点是结构紧凑，几乎全部由不锈钢制成，具有足够的耐蚀性和强度，能在恶劣环境中长期使用；低速平稳运转，能源消耗低，运转噪声小，过滤面积大，水力损失小；格栅和水流形成约 35°角，由于折流的作用，即使厚度小于格栅隙缝的许多污物也能被分离出来；集打捞、输送、压榨处理等功能于一体，结构紧凑，同时减少了垃圾的后续处理费用。

3. 钢丝绳牵引式格栅

钢丝绳牵引式格栅除污机由机架、钢丝绳驱动及过扭保护装置、两根牵引钢丝绳和置于中间的一根开闭耙钢丝绳、导向轮、松绳开关、耙斗开闭装置、耙斗及斗车、格栅、导轨及托渣板、撇渣板、导渣板、电控设备等构成。格栅除污机装置安装在格栅渠中，以截流和耙除污水中的固体污物。截流的固体污物，由齿耙提升至卸污点，靠卸料刮板推出，见图 2-3。

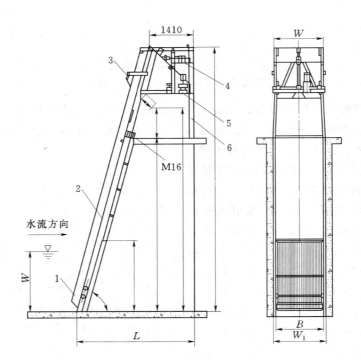

图 2-3 钢丝绳牵引格栅示意图

1—耙斗；2—格栅面；3—撇渣机构；4—耙斗启闭机构；5—起升机构；6—机架

工作循环过程如下：在发出工作指令后，钢丝绳驱动装置开动放绳，耙斗从最高位置（上一循环撇渣结束处）沿导轨下行，撇渣板在自重的作用下随耙斗下降。当撇渣板复位后，耙斗在开闭耙装置（电液推杆）的推动下通过中间钢丝绳的牵引张开并继续下行，直至抵达渠（井）底下限位，因限位杆阻挡，小车停动而钢丝绳松弛，松绳开关动作，启动电液推杆后缩，放松中间钢丝绳，使耙斗在自重的作用下闭合。待耙齿插入格栅间隙后，钢丝绳驱动装置开动收绳，进一步强制耙斗完全闭合后耙斗和斗车沿导轨上行，清除并输送被格栅拦截的栅渣，直至触及撒渣板，在两者相对运动的作用下，栅渣被撒出经导渣板落入盛渣桶（或输送机），完成了一个工作循环。

在工作过程中，如遇意外障碍导致钢丝绳驱动装置过扭，当其扭矩达到设定值时，即自行报警停机；如耙斗开闭装置过载，电液推杆液压上升达到设定值时，溢流阀动作，确保系统安全。

4. 高链式格栅

高链式格栅除污机是一种可以连续自动拦截并清除流体中各种形状杂物的水处理专用设备，可广泛地应用于城市污水处理、自来水行业、电厂进水口，同时也可以作为纺织、食品加工、造纸、皮革等行业废水处理工艺中的前级筛分设备，是目前我国最先进的固液筛分设备之一。

高链式格栅除污机是由一种独特的耙齿装配成一组回转格栅链。在电机减速器的驱动下，耙齿链进行逆水流方向回转运动。耙齿链运转到设备的上部时，由于槽轮和弯轨的导向，使每组耙齿之间产生相对自清运动，绝大部分固体物质靠重力下落。另一部分则依靠清扫器的反向运动把粘在耙齿上的杂物清扫干净，见图2-4。

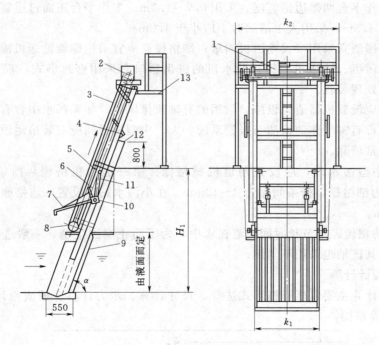

图2-4 高链式格栅示意图

1—三合一减速机；2—驱动链轮；3—主体链条；4—刮渣板；
5—主滚轮；6—齿耙缓冲装置；7—齿耙；8—从动链轮；
9—格栅；10—导轮；11—导轮轨道；
12—底板；13—平台

按水流方向耙齿链类同于格栅，在耙齿链轴上装配的耙齿间隙可以根据使用条件进行选择。当耙齿把流体中的固态悬浮物分离后可以保证水流畅通流过。整个工作过程是连续的，也可以是间歇的。

2.2　格栅的设计与计算

2.2.1　格栅的设计技术要求

（1）在污水处理系统或水泵前必须设置格栅。

（2）格栅栅条间隙宽度应符合下列要求：粗格栅，机械清除时宜为 16～25mm，人工清除时宜为 25～40mm，特殊情况下最大间隙可为 100mm；细格栅，宜为 1.5～10mm；水泵前，应根据水泵要求确定。

（3）污水过栅流速宜采用 0.6～1.0m/s。除转鼓式格栅除污机外，机械清除格栅的安装角宜为 60°～90°。人工清除格栅的安装角宜为 30°～60°。

（4）格栅除污机，底部前端距井壁尺寸，钢丝绳牵引除污机或移动悬吊葫芦抓斗式除污机应大于 1.5m；链动刮板除污机或回转式固液分离机应大于 1.0m。

（5）格栅上部必须设置工作平台，其高度应高出格栅前最高设计水位 0.5m，工作平台上应有安全和冲洗设施。

（6）格栅工作平台两侧边道宽度宜采用 0.7～1.0m。工作平台正面过道宽度，采用机械清除时不应小于 1.5m，采用人工清除时不应小于 1.2m。

（7）粗格栅栅渣宜采用带式输送机输送；细格栅栅渣宜采用螺旋输送机输送。

（8）格栅除污机、输送机和压榨脱水机的进出料口宜采用密封形式，根据周围环境情况，可设置除臭处理装置。

（9）格栅间应设置机器通风设施，常用的有轴流排风扇。如果污水中含有有毒气体，则格栅间应设置有毒有害气体的检测与报警系统。大、中型格栅间应安装吊运设备，便于设备检修和栅渣的日常清除。

（10）在大中型污水站，应设置两道机械格栅：第一道为粗格栅，栅条间隙为 10～40mm，第二道为细格栅，栅条间隙为 3～10mm。在小污水站，设置一道格栅即可，栅条间隙应为 3～15mm。

（11）格栅的耙齿、链节长时间浸泡在水中，为了防止腐蚀生锈，一般选用高强度塑料或不锈钢制成，其链轴也采用不锈钢。

2.2.2　格栅的设计计算

格栅的设计计算主要包括栅格形式选择、尺寸计算、水力计算、栅渣量计算等。图 2-5 所示为格栅计算草图。

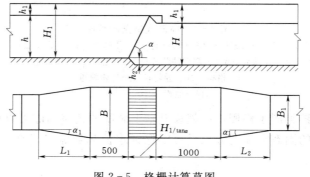

图 2-5　格栅计算草图

1. 栅槽宽度 B

$$B = s(n-1) + en \tag{2-1}$$

$$n = \frac{Q_{max} \sqrt{\sin\alpha}}{ehv} \tag{2-2}$$

式中　B——栅槽宽度，m；

　　　s——格条宽度，m；

　　　e——栅条净间隙，粗格栅 $e=50\sim100$mm，中格栅 $e=10\sim40$mm，细格栅 $e=3 \sim10$mm；

　　　n——格栅间隙数；

　　Q_{max}——最大设计流量，m³/s；

　　　α——格栅倾角，(°)；

　　　h——栅前水深，m；

　　　v——过栅流速，m/s，最大设计流量时为 $0.6\sim1.0$m/s，平均设计流量时为 0.3m/s；

$\sqrt{\sin\alpha}$——经验系数。

2. 过栅的水头损失 h_2

$$h_2 = kh_0 \tag{2-3}$$

$$h_0 = \xi \frac{v^2}{2g} \sin\alpha \tag{2-4}$$

式中　h_2——过栅水头损失，m；

　　　h_0——计算水头损失，m；

　　　g——重力加速度，取 9.81m/s²；

　　　k——系数，格栅受污物堵塞后，水头损失增大的倍数，一般 $k=3$；

　　　ξ——阻力系数，与栅条断面形状有关，$\xi = \beta\left(\dfrac{s}{e}\right)^{4/3}$，当为矩形断面时，$\beta=2.42$。

为避免造成栅前涌水，故将栅后槽底下降 h_1 作为补偿，见图 2-5。

3. 栅槽总高度 H

$$H = h + h_1 + h_2 \tag{2-5}$$

式中　H——栅槽总高度，m；

　　　h——栅前水深，m；

　　　h_1——栅前渠道超高，m，一般用 0.3m；

　　　h_2——格栅的水头损失，由式（2-3）计算确定。

4. 栅槽总长度 L

$$L = L_1 + L_2 + 1.0 + 0.5 + \frac{H_1}{\tan\alpha} \tag{2-6}$$

$$L_1 = \frac{B - B_1}{2\tan\alpha} \tag{2-7}$$

$$L_2 = \frac{L_1}{2} \tag{2-8}$$

$$H_1 = h + h_1 \tag{2-9}$$

式中 L——栅槽总长度，m；

H_1——栅前槽高，m；

L_1——进水渠道渐宽部分长度，m；

B_1——进水渠道宽度，m；

α——进水渠展开角，一般取 20°；

L_2——栅槽与出水渠连接渠的渐缩长度，m。

5. 每日栅渣量 W

$$W = \frac{Q_{max} W_1 \times 86400}{K_总 \times 1000} \qquad (2-10)$$

式中 W——每日栅渣量，m^3/d；

W_1——渣量（$m^3/10^3 m^3$ 污水），取 0.1～0.01，粗格栅用小值，细格栅用大值，中格栅用中值；

$K_总$——生活污水流量总变化系数，见表 2-1。

表 2-1   生活污水量总变化系数 $K_总$

平均日流量/(L/s)	4	6	10	15	25	40	70	120	200	400	750	1600
$K_总$	2.3	2.2	2.1	2.0	1.89	1.8	1.69	1.59	1.51	1.40	1.30	1.20

习 题

1. 在污水处理中格栅的主要作用是什么？

2. 简述格栅的分类以及各种常用格栅的工作原理。

3. 格栅设计的主要内容有哪些？

第3章 混 凝

3.1 混 凝 机 理

关于"混凝"一词的概念，目前尚无统一规范化的定义。"混凝"有时与"凝聚"和"絮凝"相互通用。不过，现在较多的专家学者一般认为水中胶体"脱稳"——胶体失去稳定性的过程称"凝聚"；脱稳胶体相互聚集称"絮凝"；"混凝"是凝聚和絮凝的总称。在概念上可以这样理解，但在实际生产中很难截然划分。

简而言之，"混凝"就是水中胶体粒子以及微小悬浮物的聚集过程。这一过程涉及3个方面问题：水中胶体粒子（包括微小悬浮物）的性质；混凝剂在水中的水解物种；胶体粒子与混凝剂之间的相互作用。

3.1.1 水中胶体稳定性

胶体稳定性指胶体粒子在水中长期保持分散悬浮状态的特性。从胶体化学角度而言，高分子溶液可说是稳定系统，黏土类胶体及其他憎水胶体都并非真正的稳定系统。但从水处理角度而言，凡沉降速度十分缓慢的胶体粒子以至微小悬浮物，均被认为是"稳定"的。例如，粒径为 $1\mu m$ 的黏土悬浮粒子，沉降 $10cm$ 约需 $20h$，在停留时间有限的水处理构筑物内不可能沉降下来，它们的沉降性可忽略不计。这样的悬浮体系在水处理领域即被认为是"稳定体系"。

胶体稳定性分动力学稳定和聚集稳定两种。

动力学稳定指颗粒布朗运动对抗重力影响的能力。大颗粒悬浮物如泥沙等，在水中的布朗运动很微弱甚至不存在，在重力作用下会很快下沉，这种悬浮物称为动力学不稳定；胶体粒子很小，布朗运动剧烈，本身质量小且所受重力作用小，布朗运动足以抵抗重力影响，故能长期悬浮于水中，称为动力学稳定。粒子越小，动力学稳定性越高。

聚集稳定指胶体粒子之间不能相互聚集的特性。胶体粒子很小，比表面积大从而表面能很大，在布朗运动作用下，有自发地相互聚集的倾向，但由于粒子表面同性电荷的斥力作用或水化膜的阻碍使这种自发聚集不能发生。不言而喻，如果胶体粒子表面电荷或水化膜消除，便失去聚集稳定性，小颗粒便可相互聚集成大的颗粒，从而动力学稳定性也随之破坏，沉淀就会发生。因此，胶体稳定性关键在于聚集稳定性。

对憎水胶体而言，聚集稳定性主要决定于胶体颗粒表面的动电位，即 ζ 电位，ζ 电位越高，同性电荷斥力越大。图 3-1 表示黏土胶体结构及双电层示意。胶体滑动面上（或称胶粒表面）的电位即为 ζ 电位，ϕ 为总电位。胶体运动中表现出来的是 ζ 电位而非 ϕ 电位。带负电荷的胶核表面与扩散于溶液中的正电荷离子正好电性中和，构成双电层结构。如果胶核带正电荷（如金属氢氧化物胶体），情况正好相反，构成双电层结构的溶液中离子为负离子。天然水中的胶体杂质通常是负电荷胶体，如黏土、细菌、病毒、藻类、腐殖质等。黏土胶体的 ζ 电位一般在 $-15\sim-40mV$ 范围内；细菌的 ζ 电位一般在 $-30\sim-70mV$ 范围内；藻类

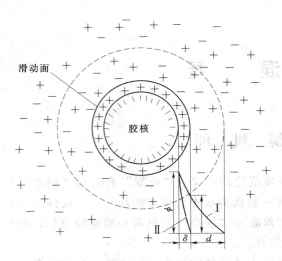

图 3-1　胶体双电层结构示意

的 ζ 电位一般在 $-10 \sim -15\text{mV}$ 范围内。由于水中杂质成分复杂，存在条件不同，同一种胶体所表现的 ζ 电位很不一致。例如，若黏土上吸附着细菌，其 ζ 电位值就高。以上所列 ζ 电位值数字，仅作为对天然地表水中某些杂质的一般 ζ 电位情况的了解。ζ 电位可采用传统电泳法及近代发明的激光多普勒电泳法等测定。后者可同时将电泳速度和 ζ 电位迅速测出。

虽然胶体的 ζ 电位是导致聚集稳定性的直接原因（对憎水胶体而言），但研究方法却可从两胶粒之间相互作用力及其与两胶粒之间的距离关系进行评价。德加根（Derjaguin）、兰道（Landon）、伏维（Verwey）和奥贝克（Overbeek）各自从胶粒之间相互作用能的角度阐明胶粒相互作用理论，简称 DLVO 理论。DLVO 理论认为，当两个胶粒相互接近以至双电层发生重叠时 ［图 3-2（a）］，便产生静电斥力。静电斥力与两胶粒表面间距 x 有关，用排斥势能 E_R 表示，则 E_R 随 x 增大而按指数关系减小，见图 3-2（b）。然而，相互接近的两胶粒之间除了静电斥力外，还存在范德华引力。此力同样与胶粒间距有关。用吸引势能 E_A 表示。球形颗粒的 E_A 与 x 成反比。将排斥势能 E_R 和吸引势能 E_A 相加即为总势能 E。相互接近的两胶粒能否凝聚决定于总势能 E。

由图 3-2 可知，$Oa < x < Oc$ 时，排斥势能占优势，$x = Ob$ 时，排斥势能最大，用 E_{max} 表示，称排斥能峰。当 $x < Oa$ 或 $x > Oc$ 时，吸引势能均占优势。不过，$x > Oc$ 时虽然两胶粒表现出相互吸引趋势，但由于存在着排斥能峰这一屏障，两胶粒仍无法靠近。只有当 $x < Oa$ 时，吸引势能随间距急剧增大，凝聚才会发生。要使两胶粒表面间距小于 Oa，布朗运动的动能首先要能克服排斥能峰 E_{max} 才行。然而，胶粒布朗运动的动能远小于 E_{max}，两胶粒之间距离无法靠近到 Oa 以内，故胶体处于分散稳定状态。

用 DLVO 理论阐述典型憎水胶体的稳定性及相互凝聚机理，与叔采—哈代（Schulze - Hardy）法则是一致的，并可进行定量计算。它的正确性已得到一些化学家的试验证明。

胶体的聚集稳定性并非都是由于静电斥力引

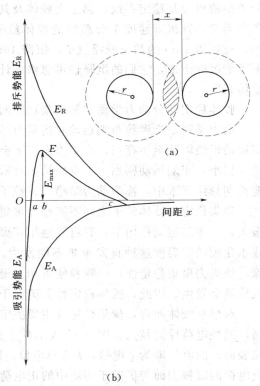

图 3-2　相互作用势能与粒间距离关系
(a) 双电层重叠；(b) 势能变化曲线

起的，胶体表面的水化作用往往也是重要因素。某些胶体（如黏土胶体）的水化作用一般是由胶粒表面电荷引起的，且水化作用较弱。因而，黏土胶体的水化作用对聚集稳定性影响不大。因为，一旦胶体ζ电位降至一定程度或完全消失，水化膜也随之消失。但对于典型亲水胶体（如有机胶体或高分子物质）而言，水化作用却是胶体聚集稳定性的主要原因。它们的水化作用往往来源于粒子表面极性基团对水分子的强烈吸附，使粒子周围包裹一层较厚的水化膜，阻碍胶粒相互靠近，因而使范德华力不能发挥作用。实践证明，虽然亲水胶体也存在双电层结构，但ζ电位对胶体稳定性的影响远小于水化膜的影响。因此，亲水胶体的稳定性尚不能用 DLVO 理论予以描述。

3.1.2 硫酸铝在水中的化学反应

硫酸铝是使用历史最久、目前应用仍较广泛的一种无机盐混凝剂。它的作用机理具有相当的代表性。故在阐述混凝机理以前，有必要将硫酸铝在水中的化学反应先介绍一下。

硫酸铝 $Al_2(SO_4)_3 \cdot 18H_2O$ 溶于水后，立即离解出铝离子，且常以$[Al(H_2O)_6]^{3+}$的水合形态存在。在一定条件下，Al^{3+}（略去配位水分子）经过水解、聚合或配合反应可形成多种形态的配合物或聚合物以及氢氧化铝 $Al(OH)_3$。各种物质组分的含量多少以至存在与否，决定于铝离子水解时的条件，包括水温、pH 值、铝盐投加量等。水解产物的结构形态主要决定于羟铝比 (OH)/(Al)——每摩尔铝所结合的羟基摩尔数。根据近年来有关专家研究结果，铝离子水解、聚合反应有表 3-1 所列的几种（略去配位水分子）。

表 3-1 铝离子水解平衡常数 (25℃)

反 应 式	平衡常数 lgK
$Al^{3+} + H_2O = [Al(OH)_2]^+ + H^+$	-4.97
$Al^{3+} + 2H_2O = [Al(OH)]^{2+} + H^+$	-9.3
$Al^{3+} + 3H_2O = Al(OH)_3 + 3H^+$	-15.0
$Al^{3+} + 4H_2O = [Al(OH)_4]^- + 4H^+$	-23.0
$2Al^{3+} + 2H_2O = [Al_2(OH)_2]^{4+} + 2H^+$	-7.7
$3Al^{3+} + 4H_2O = [Al_3(OH)_4]^{5+} + 4H^+$	-13.94
$Al(OH)_3$（无定形）$= Al^{3+} + 3OH^-$	-31.2

由反应式可知，铝离子通过水解产生的物质分成 4 类：未水解的水合铝离子；单核羟基配合物；多核羟基配合物或聚合物；氢氧化铝沉淀物。多核羟基配合物可认为是由单核羟基配合物通过羟基桥连形成的，如两个单核羟基铝通过两个羟基（OH）桥形成双核羟基铝的反应式为

$$2[Al(OH)(H_2O)_5]^{2+} \longrightarrow \left[(H_2O)_4Al\begin{pmatrix}OH\\OH\end{pmatrix}Al(H_2O)_4\right]^{4+} \tag{3-1}$$

各种水解产物的相对含量与水的 pH 值和铝盐投加量有关，见图 3-3。由图可知，当 pH<3 时，水中的铝以$[Al(H_2O)_6]^{3+}$形态存在，即不发生水解反应。随着 pH 值的提高，羟基配合物及聚合物相继产生，但各种组分的相对含量与总的铝盐浓度有关。例如，当 pH=5 时，在铝的总浓度为 0.1mol/L [图 3-3 (a)] 时，$[Al_{13}(OH)_{32}]^{7+}$为主要产物，而在铝总浓度为 10^{-5}mol/L 时 [图 3-3 (b)]，主要产物为 Al^{3+} 及$[Al(OH)_2]^+$等。按照给水处理中一般铝盐投加量，在 pH=4~5 时，水中将产生较多的多核羟基配合物，如

$[Al_2(OH)_2]^{4+}$、$[Al_3(OH)_4]^{5+}$ 等。当 pH 在 6.5～7.5 的中性范围内，水解产物将以 Al（OH）$_3$ 沉淀物为主。在碱性条件下（pH＞8.5），水解产物将以负离子形态 $[Al(OH)_4]^-$ 出现。

根据已有报道，铝离子水解产物除了表 3-1 中所列几种外，还可能存在其他形态。随着研究的不断深入，新的水解、聚合产物将不断被发现，并由此推动混凝理论和混凝技术的发展。

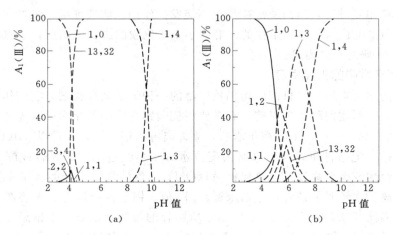

图 3-3　不同 pH 值下铝离子水解产物 $[Al_x(OH)_y]^{(3x-y)+}$ 的相对含量
（曲线旁数字分别表示 x 和 y）
（a）铝总浓度为 0.1mol/L；（b）铝总浓度为 10^{-5}mol/L（水温 25℃）

3.1.3　混凝机理

水处理中的混凝现象比较复杂。不同种类混凝剂以及不同的水质条件，混凝剂作用机理都有所不同。多年来，水处理专家们从铝盐和铁盐混凝现象开始，对混凝剂作用机理进行了不断研究，理论也获得不断发展。DLVO 理论的提出，使胶体稳定性及在一定条件下的胶体凝聚的研究取得了巨大进展。但 DLVO 理论并不能全面解释水处理中的一切混凝现象。当前，看法比较一致的是，混凝剂对水中胶体粒子的混凝作用有 3 种，即电性中和、吸附架桥和卷扫作用。这 3 种作用究竟以何者为主，取决于混凝剂种类和投加量、水中胶体粒子性质、含量以及水的 pH 值等。这 3 种作用有时会同时发生，有时仅其中 1～2 种机理起作用。目前，这 3 种作用机理尚限于定性描述，今后的研究目标将以定量计算为主。实际上，定量描述的研究近年来也已开始。

1. 电性中和

根据 DLVO 理论，要使胶粒通过布朗运动相撞聚集，必须降低或消除排斥能峰。吸引势能与胶粒电荷无关，它主要决定于构成胶体的物质种类、尺寸和密度。对于一定水质，胶粒这些特性是不变的。因此，降低排斥能峰的办法即是降低或消除胶粒的 ζ 电位。在水中投入电解质可达此目的。

对于水中负电荷胶粒而言，投入的电解质——混凝剂应是正电荷离子或聚合离子。如果正电荷离子是简单离子，如 Na^+、Ca^{2+}、Al^{3+} 等，其作用是压缩胶体双电层——为保持胶体电性中和所要求的扩散层厚度，从而使胶体滑动面上的 ζ 电位降低，见图 3-4（a）。ζ=0 时称等电状态，此时排斥势能消失。实际上，只要将 ζ 电位降至一定程度（如 ζ= $ζ_k$）使排

斥能峰 $E_{max}=0$ [图 3-4（b）的虚线所示]，胶粒便发生聚集作用，这时的 ζ_k 电位称临界电位。根据叔采—哈代法则，高价电解质压缩胶体双电层的效果远比低价电解质有效。对负电荷胶体而言，为使胶体失去稳定性——"脱稳"所需不同价数的正离子浓度之比为 $[M^+]$：$[M^{2+}]$：$[M^{3+}]=1:\left(\dfrac{1}{2}\right)^6:\left(\dfrac{1}{3}\right)^6$。这种脱稳方式称为压缩双电层作用。

在水处理中，压缩双电层作用不能解释混凝剂投量过多时胶体重新稳定的现象。因为按这种理论，至多达到 $\zeta=0$ 状态 [图 3-4（b）中曲线Ⅲ] 而不可能使胶体电荷符号改变。实际上，当水中铝盐投量过多时，水中原来负电荷胶体可变成带正荷的胶体。根据近代理论，这是由于带负电荷胶核直接吸附了过多的正电荷聚合离子的结果。这种吸附力，绝非单纯静电力，一般认为还存在范德华力、氢键及共价键等。混凝剂投量适中，通过胶核表面直接吸附带相反电荷的聚合离子或高分子物质，ζ 电位可达到临界电位 ζ_k，见图 3-4（c）中曲线Ⅱ。混凝剂投量过多，电荷变号，见图 3-4（c）中曲线Ⅲ。从图 3-4（c）和图 3-4（b）的区别可看出两种作用机理的区别。在水处理中，一般均投加高价电解质（如 3 价铝或铁盐）或聚合离子。以铝盐为例，只有当水的 pH＜3 时，$[Al(H_2O_6)]^{3+}$ 才起压缩扩散双电层作用。当 pH＞3 时，水中便出现聚合离子及多核羟基配合物。这些物质往往会吸附在胶核表面，分子量越大，吸附作用越强，如 $[Al_{13}(OH)_{32}]^{7+}$ 与胶核表面的吸附强度大于 $[Al_3(OH)_4]^{5+}$ 或 $[Al_2(OH)_2]^{4+}$ 与胶核表面的吸附强度。

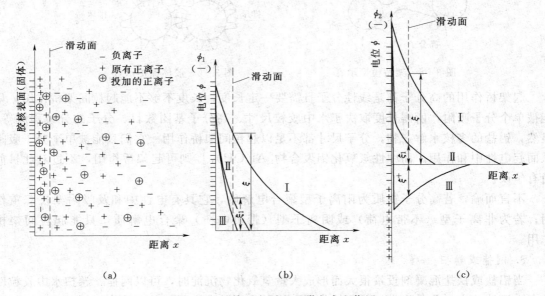

图 3-4 压缩双电层和吸附电中和作用

其原因不仅在于前者正电价数高于后者，主要还是分子量远大于后者。带正电荷的高分子物质与负电荷胶粒吸附性更强。如果分子量不同的两种高分子物质同时投入水中，分子量大者优先被胶粒吸附。如果先让分子量较低者吸附，然后再投入分子量高的物质，会发现分子量高者将慢慢置换分子量低的物质。电性中和主要指图 3-4（c）所示的作用机理，故又称"吸附—电性中和"作用。在给水处理中，因天然水的 pH 值通常总是大于 3，故图 3-4（b）所示的压缩双电层作用甚微。

2. 吸附架桥

不仅带异性电荷的高分子物质与胶粒具有强烈吸附作用，不带电甚至带有与胶粒同性电荷的高分子物质与胶粒也有吸附作用。拉曼（Lamer）等通过对高分子物质吸附架桥作用的研究认为，当高分子链的一端吸附了某一胶粒后，另一端又吸附另一胶粒，形成胶粒—高分子—胶粒的絮凝体，如图 3-5 所示。高分子物质在这里起了胶粒与胶粒之间相互结合的桥梁作用，故称吸附架桥作用。当高分子物质投量过多时，将产生胶体保护作用，如图 3-6 所示。胶体保护可理解为：当全部胶粒的吸附面均被高分子覆盖以后，两胶粒接近时就受到高分子的阻碍而不能聚集。这种阻碍来源于高分子之间的相互排斥（图 3-6）。排斥力可能来源于胶粒—胶粒之间高分子受到压缩变形（像弹簧被压缩一样）而具有排斥势能，也可能由于高分子之间的电性斥力（对带电高分子而言）或水化膜。因此，高分子物质投量过少不足以将胶粒架桥连接起来，投量过多又会产生胶体保护作用。最佳投量应是既能把胶粒快速絮凝起来，又可使絮凝起来的最大胶粒不易脱落。根据吸附原理，胶粒表面高分子覆盖率为 1/2 时絮凝效果最好。但在实际水处理中，胶粒表面覆盖率无法测定，故高分子混凝剂投量通常由试验决定。

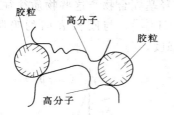

图 3-5 架桥模型示意

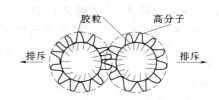

图 3-6 胶体保护示意

起架桥作用的高分子都是线性分子且需要一定长度，长度不够不能起粒间架桥作用，只能被单个分子吸附，所需长度取决于水中胶粒尺寸、高分子基团数目、分子的分枝程度等。显然，铝盐的多核水解产物，分子尺寸都不足以起粒间架桥作用。它们只能被单个分子吸附从而起电性中和作用。而中性氢氧化铝聚合物 $[Al(OH)_3]_n$ 则可起架桥作用，不过对此目前尚有争议。

不言而喻，若高分子物质为阳离子型聚合电解质，它具有电性中和及吸附架桥双重作用；若为非离子型（不带电荷）或阴离子型（带负电荷）聚合电解质，只能起粒间架桥作用。

3. 网捕或卷扫

当铝盐或铁盐混凝剂投量很大而形成大量氢氧化物沉淀时，可以网捕、卷扫水中胶粒以致产生沉淀分离，称其为卷扫或网捕作用。这种作用基本上是一种机械作用，所需混凝剂量与原水杂质含量成反比，即原水胶体杂质含量少时，所需混凝剂多；反之亦然。

概括以上几种混凝机理，可作以下分析判断。

（1）对铝盐混凝剂（铁盐与此类似）而言，当 pH < 3 时，简单水合铝离子 $[Al(H_2O)_6]^{3+}$。

可起压缩胶体双电层作用，但在给水处理中，这种情况少见；在 pH = 4.5~6.0 范围内（视混凝剂投量不同而异），主要是多核羟基配合物对负电荷胶体起电性中和作用，凝聚体比较密实；在 pH = 7~7.5 范围内，电中性氢氧化铝聚合物 $[Al(OH)_3]_n$。可起吸附架桥作用，同时也存在某些羟基配合物的电性中和作用。天然水的 pH 值一般在 6.5～7.8 之间，铝盐的混凝作用主要是吸附架桥和电性中和，两者以何为主，决定于铝盐投加量；当铝盐投加量超过一定限度时，会产生"胶体保护"作用，使脱稳胶粒电荷变号或使胶粒被包卷而重新稳定（常称为"再稳"现象）；当铝盐投加量再次增大而超过氢氧化铝溶解度而产生大量氢氧化铝沉淀物时，则起网捕和卷扫作用。实际上，在一定的 pH 值下，几种作用都可能同时存在，只是程度不同，这与铝盐投加量和水中胶粒含量有关。如果水中胶粒含量过低，往往需投加大量铝盐混凝剂，使之产生卷扫作用才能发生混凝作用。

（2）阳离子型高分子混凝剂可对负电荷胶粒起电性中和与吸附架桥双重作用，絮凝体一般比较密实。非离子型和阴离子型高分子混凝剂只能起吸附架桥作用。当高分子物质投量过多时，也产生胶体保护作用使颗粒重新悬浮。

3.2 混凝剂和助凝剂

3.2.1 混凝剂

应用于饮用水处理的混凝剂应符合以下基本要求：混凝效果好；对人体健康无害；使用方便；货源充足，价格低廉。

混凝剂种类很多，据目前所知，不少于 200 种。按化学成分可分为无机和有机两大类。无机混凝剂品种较少，目前主要是铁盐和铝盐及其聚合物，在水处理中用得最多。有机混凝剂品种很多，主要是高分子物质，但在水处理中的应用比无机的少。本节仅介绍常用的几种混凝剂。

1. 无机混凝剂

常用的无机混凝剂列于表 3-2 中，这里仅简要介绍几种。

表 3-2　　　　　　　　　　　　　常用的无机混凝剂

	名称	化学式
铝系	硫酸铝	$Al_2(SO_4)_3 \cdot 18H_2O$ $Al_2(SO_4)_3 \cdot 14H_2O$
	明矾	$KAl(SO_4)_2 \cdot 12H_2O$（钾矾） $NH_4 \cdot Al(SO_4)_2 \cdot 12H_2O$（铵矾）
	聚合氯化铝（PAC）	$[Al_2(OH)_nCl_{6-n}]_m$
	聚合硫酸铝（PAS）	$[Al_2(OH)_n(SO_4)_{3-n/2}]_m$
铁系	三氯化铁	$FeCl_3 \cdot 6H_2O$
	硫酸亚铁	$FeSO_4 \cdot 7H_2O$
	聚合硫酸铁（PFS）	$[Fe_2(OH)_n(SO_4)_{3-n/2}]_m$
	聚合氯化铁（PFC）	$[Fe_2(OH)_nCl_{6-n}]_m$

（1）硫酸铝。硫酸铝有固、液两种形态，我国常用的是固态硫酸铝。固态硫酸铝产品有精制和粗制两种。精制硫酸铝为白色结晶体，相对密度约为 1.62，Al_2O_3 含量不小于 15%，不溶杂质含量不大于 0.5%，价格较贵。粗制硫酸铝的 Al_2O_3 含量不小于 14%，不溶杂质含量不大于 24%，价格较低，但质量不稳定，且因不溶杂质含量多，增加了药液配制和废渣

排除方面的操作麻烦。

采用固态硫酸铝的优点是运输方便，但制造过程多了浓缩和结晶工序。如果水厂附近就有硫酸铝制造厂，最好采用液态，这样可节省浓缩、结晶的生产费用。

硫酸铝使用方便，但水温低时水解较困难，形成的絮凝体比较松散，效果不及铁盐混凝剂。

(2) 聚合铝。聚合铝包括聚合氯化铝（PAC）和聚合硫酸铝（PAS）等。目前使用最多的是聚合氯化铝，我国也是研制 PAC 较早的国家之一。20 世纪 70 年代 PAC 得到广泛应用。

聚合氯化铝又名碱式氯化铝或羟基氯化铝。它是以铝灰或含铝矿物作为原料，采用酸溶法或碱溶法加工制成。由于原料和生产工艺不同，产品规格也不一致。分子式 $[Al_2(OH)_nCl_{6-n}]_m$ 中的 m 为聚合度，单体为铝的羟基配合物 $Al_2(OH)_nCl_{6-n}$。通常，$n=1\sim5$，$m\leqslant10$。例如，$Al_{16}(OH)_{40}Cl_8$ 即为 $m=8$，$n=5$ 的聚合物或多核配合物，溶于水后即形成聚合阳离子，对水中胶粒起电性中和及架桥作用。作用机理与硫酸铝相似，但它的效能优于硫酸铝，如在相同水质下投加量比硫酸铝少、对水的 pH 值变化适应性较强等。实际上，聚合氯化铝可看成氯化铝 $AlCl_3$ 在一定条件下经水解、聚合逐步转化成 $Al(OH)_3$ 沉淀物过程中的各种中间产物。一般铝盐（如 $Al_2(SO_4)_3$ 或 $AlCl_3$）在投入水中后才进行水解聚合反应，反应产物的物种受水的 pH 值及铝盐浓度影响。而聚合氯化铝在投入水中前的制备阶段即已发生水解聚合，投入水中后也可能发生新的变化，但聚合物成分基本确定。其成分主要决定于羟基 OH 和铝 Al 的摩尔数之比，通常称之为碱化度，以 B 表示，即

$$B=\frac{[OH]}{3[Al]}\times100\%\tag{3-2}$$

例如，$Al_2(OH)_5Cl$ 的碱化度 $B=5/(3\times2)=83.3\%$。制备过程中，控制适当的碱化度，可获得所需要的优质聚合氯化铝。目前生产的聚合氯化铝的碱化度一般控制在 $50\%\sim80\%$ 之间。

聚合氯化铝的化学式有好几种形式，表 3-2 中的化学式是其中之一。实际上，几种化学式都是同一物质即聚合氯化铝的不同表达形式，只是从不同概念上表达铝化合物的基本结构形式。因而，当读者看到如 $Al_n(OH)_mCl_{3n-m}$ 化学式时，切勿误解为不同于聚合氯化铝的一种新物质。这也反映了人们对这类化合物基本结构特性的不同认识。例如，分子式 $[Al_2(OH)_nCl_{6-n}]_m$ 可看作高分子聚合物；$Al_n(OH)_mCl_{3n-m}$ 可看作复杂的多核配合物等。

聚合硫酸铝（PAS）也是聚合铝类混凝剂之一。聚合硫酸铝中的 SO_42- 离子具有类似羟桥的作用，可把简单铝盐水解产物桥连起来，促进了铝的水解聚合反应。不过，聚合硫酸铝目前生产上尚未广泛应用。

(3) 三氯化铁。三氯化铁 $FeCl_3\cdot6H_2O$ 是铁盐混凝剂中最常用的一种。三氯化铁溶于水后，和铝盐相似，水合铁离子 $Fe(H_2O)_6^{3+}$ 也进行水解、聚合反应。在一定条件下，铁离子 Fe^{3+} 通过水解聚合可形成多种成分的配合物或聚合物，如单核组分 $Fe(OH)_2^+$、$Fe(OH)^{2+}$ 及多核组分 $Fe_2(OH)_2^{4+}$、$Fe_3(OH)_4^{5+}$ 等，以至 $Fe(OH)_3$ 沉淀物。三氯化铁的混凝机理也与硫酸铝相似，但混凝特性与硫酸铝略有区别。一般地，3 价铁适用的 pH 值范围较宽，形成的絮凝体比铝盐絮凝体密实，处理低温或低浊水的效果优于硫酸铝。但三氯化铁腐蚀性较强，且固体产品易吸水潮解，不易保管。

固体三氯化铁是具有金属光泽的褐色结晶体，一般杂质含量少。市售无水三氯化铁产品中 $FeCl_3$ 含量达 92% 以上，不溶杂质小于 4%。液体三氯化铁浓度一般在 30% 左右，价格较低，使用方便，但成分较复杂，需经化验无毒后方可使用。

（4）硫酸亚铁。硫酸亚铁 $FeSO_4 \cdot 7H_2O$ 固体产品是半透明绿色结晶体，俗称绿矾。硫酸亚铁在水中离解出的是 2 价铁离子 Fe^{2+}，水解产物只是单核配合物，故不具 Fe^{3+} 的优良混凝效果。同时，Fe^{2+} 会使处理后的水带色，特别是当 Fe^{2+} 与水中有色胶体作用后，将生成颜色更深的溶解物。故采用硫酸亚铁作混凝剂时，应将 2 价铁 Fe^{2+} 氧化成 3 价铁 Fe^{3+}。氧化方法有氯化、曝气等方法。生产上常用的是氯化法，反应式为

$$6FeSO_4 \cdot 7H_2O + 3Cl_2 \Longrightarrow 2Fe_2(SO_4)_3 + 2FeCl_3 + 7H_2O \qquad (3-3)$$

根据反应式，理论投氯量与硫酸亚铁（$FeSO_4 \cdot 7H_2O$）量之比约 1:8。为使氧化迅速而充分，实际投氯量应等于理论剂量再加适当余量（一般为 1.5～2.0mg/L）。

（5）聚合铁。聚合铁包括聚合硫酸铁（PFS）和聚合氯化铁（PFC）。聚合氯化铁目前尚在研究之中。聚合硫酸铁已投入生产使用。

聚合硫酸铁是碱式硫酸铁的聚合物，其化学式中（表 3-2）的 $n<2$、$m>10$。它是一种红褐色的黏性液体。制备聚合硫酸铁有几种方法，但目前基本上都是以硫酸亚铁 $FeSO_4$ 为原料，采用不同氧化方法，将硫酸亚铁氧化成硫酸铁，同时控制总硫酸根 SO_4^{2-} 和总铁的摩尔数之比，使氧化过程中部分羟基 OH 取代部分硫酸根 SO_4^{2-} 而形成碱式硫酸铁 $Fe_2(OH)_n(SO_4)_{3-n/2}$。碱式硫酸铁易于聚合而产生聚合硫酸铁 $[Fe_2(OH)_n(SO_4)_{3-n/2}]_m$。从经济上考虑，采用工业废硫酸和副产品硫酸亚铁生产聚合硫酸铁具有开发应用前景，不过这样制备的聚合硫酸铁作为饮用水处理的混凝剂时，必须经检验无毒后方可使用。

聚合硫酸铁具有优良的混凝效果。它的腐蚀性远比三氯化铁小。

目前，新型无机混凝剂的研究趋向于聚合物及复合物方面较多。后者如聚合铝和铁盐的复合已在研究中。鉴于铝对生物体的影响已引起环境医学界的重视，故人们对聚合铁混凝剂的研究更感兴趣。

2. 有机高分子混凝剂

有机高分子混凝剂又分天然和人工合成两类。在给水处理中，人工合成的日益增多并居主要地位。这类混凝剂均为巨大的线性分子。每一大分子由许多链节组成且常含带电基团，故又被称为聚合电解质。按基团带电情况又可分为 4 种：基团离解后带正电荷者，为阳离子型；基因离解后带负电荷者，称为阴离子型；分子中既含正电基团又含负电基团者，称为两性型；若分子中不含可离解基团者，称为非离子型。水处理中常用的是阳离子型、阴离子型和非离子型 3 种高分子混凝剂，两性型使用极少。

非离子型聚合物的主要品种是聚丙烯酰胺（PAM）和聚氧化乙烯（PEO），前者是使用最为广泛的人工合成有机高分子混凝剂（其中包括水解产品）。聚丙烯酰胺的分子式为

$$\left[\begin{array}{c} -CH_2-CH- \\ | \\ CONH_2 \end{array} \right]_n$$

聚丙烯酰胺的聚合度可高达 20000～90000，相应的分子量高达 150 万～600 万。它的混凝效果在于对胶体表面具有强烈的吸附作用，在胶粒之间形成桥连。聚丙烯酰胺每一链节中均含有一个酰胺基（$-CONH_2$）。由于酰胺基之间的氢键作用，线性分子往往不能充分伸展

开来，致使桥架作用削弱。为此，通常将 PAM 在碱性条件下（pH＞10）进行部分水解，生成阴离子型水解聚合物（HPAM），即

$$\left[\begin{matrix} -CH_2-CH- \\ | \\ CONH_2 \end{matrix} \right]_x \quad \left[\begin{matrix} -CH_2-CH- \\ | \\ COO^- \end{matrix} \right]_y$$

PAM 经部分水解后，部分酰胺基带负电荷，在静电斥力下，高分子得以充分伸展开来，吸附架桥作用得以充分发挥。由酰胺基转化为羧基的百分数称为水解度，亦即 y/x 值。水解度过高，负电性过强，对絮凝会产生阻碍作用。一般控制水解度在 30%～40% 内较好。通常以 HPAM 作助凝剂以配合铝盐或铁盐作用，效果显著。

阳离子型聚合物通常带有氨基（$-NH^{3+}$）、亚氨基（$-CH_2-NH_2^+-CH_2-$）等正电基团。由于水中胶体一般带负电荷，故阳离子型聚合物均具有优良的混凝效果。国外使用阳离子型聚合物有日益增多的趋势。由于阳离子型聚合物价格较昂贵，目前我国尚很少使用，但也开始研制。

有机高分子混凝剂的毒性是人们关注的问题。PAM 及 HPAM 的毒性主要在于单体丙烯酰胺。故对产品中的单体残留量应有严格控制。有的国家规定丙烯酰胺含量不得超过 0.2%，有的国家规定不得超过 0.05%。

3.2.2 助凝剂

当单独使用混凝剂不能取得预期效果时，需投加某种辅助药剂以提高混凝效果，这种药剂称为助凝剂。助凝剂通常是高分子物质。其作用往往是为了改善絮凝体结构，促使细小而松散的絮粒变得粗大而密实，作用机理是高分子物质的吸附架桥。例如，对于低温、低浊水，采用铝盐或铁盐混凝剂时，形成的絮粒往往细小松散，不易沉淀。当投入少量活化硅酸时，絮凝体的尺寸和密度就会增大，沉速加快。

水厂内常用的助凝剂有骨胶、聚丙烯酰胺及其水解产物、活化硅酸、海藻酸钠等。

骨胶是一种粒状或片状动物胶，属高分子物质，分子量在 3000～80000 之间。骨胶易溶于水，无毒、无腐蚀性，与铝盐或铁盐配合使用，效果显著，但价格比铝盐和铁盐高，使用时应通过试验和经济比较确定合理的胶、铁或胶、铝的投加量之比。此外，骨胶使用较麻烦，不能预制久存，需现场配制，即日使用；否则会变成冻胶。

活化硅酸为粒状高分子物质，在通常的 pH 值下带负电荷。活化硅酸是硅酸钠（俗称水玻璃）在加酸条件下水解、聚合反应进行到一定程度的中间产物，故它的形态和特征与反应时间、pH 值及硅浓度有关。活化硅酸作为处理低温、低浊水的助凝剂效果较显著，但使用较麻烦，也需现场调制，即日使用；否则会形成冻胶而失去助凝作用。据报道，日本提出了一种新的制备方法，可使活化硅酸在稀释状态下保存一个月左右时间。

海藻酸钠是多糖类高分子物质，是海生植物用碱处理制得，分子量达数万以上。用以处理较高浊度的水效果较好，但价格昂贵，故生产上使用不多。

聚丙烯酰胺及其水解产物是高浊度水处理中使用最多的助凝剂。投加这类助凝剂可大大减少铝盐或铁盐混凝剂用量，我国在这方面已有成熟经验。

上述各种高分子助凝剂往往也可单独作混凝剂用，但阴离子型高分子物质作混凝剂效果欠佳，作助凝剂配合铝盐或铁盐使用效果更显著。

从广义上讲，凡能提高或改善混凝剂作用效果的化学药剂也可称为助凝剂。例如，当原

水碱度不足而使铝盐混凝剂水解困难时，可投加碱性物质（通常用石灰）以促进混凝剂水解反应；当原水受有机物污染时，可用氧化剂（通常用氯气）破坏有机物干扰；当采用硫酸亚铁时，可用氯气将亚铁 Fe^{2+} 氧化成高铁 Fe^{3+} 等。这类药剂本身不起混凝作用，只能起辅助混凝作用，与高分子助凝剂的作用机理也不相同。

3.3 混 凝 动 力 学

要使杂质颗粒之间或杂质与混凝剂之间发生絮凝，一个必要条件是使颗粒相互碰撞。碰撞速率和混凝速率问题属于混凝动力学范畴，这里仅介绍一些基本概念。

推动水中颗粒相互碰撞的动力来自两个方面：颗粒在水中的布朗运动；在水力或机械搅拌下所造成的流体运动。由布朗运动所造成的颗粒碰撞聚集称为"异向絮凝"（perikinetic flocculation）；由流体运动所造成的颗粒碰撞聚集称为"同向絮凝"（orthokinetic flocculation）。

3.3.1 异向絮凝

颗粒在水分子热运动的撞击下所做的布朗运动是无规则的。这种无规则运动必然导致颗粒相互碰撞。当颗粒已完全脱稳后，一经碰撞就发生絮凝，从而使小颗粒聚集成大颗粒，而水中固体颗粒总质量不变，只是颗粒数量浓度（单位体积水中的颗粒数）减少。颗粒的絮凝速率决定于碰撞速率。假定颗粒为均匀球体，根据费克（Fick）定律，可导出颗粒碰撞速率为

$$N_p = 8\pi d D_B n^2 \tag{3-4}$$

式中　N_p——单位体积的颗粒在异向絮凝中碰撞速率，$1/(cm^3 \cdot s)$；

　　　n——颗粒数量浓度，个/cm^3；

　　　d——颗粒直径，cm；

　　　D_B——布朗运动扩散系数，cm^2/s。

扩散系数 D_B 可用斯托克斯（Stokes）—爱因斯坦（Einstein）公式表示，即

$$D_B = \frac{KT}{3\pi d\upsilon\rho} \tag{3-5}$$

式中　K——波兹曼（Boltzmann）常数，$1.38 \times 10^{-16} g \cdot cm^2/(s^2 \cdot K)$；

　　　T——水的绝对温度，K；

　　　υ——水的运动黏度，cm^2/s；

　　　ρ——水的密度，g/cm^3。

将式（3-5）代入式（3-4）得

$$N_p = \frac{8}{3\upsilon\rho} KTn^2 \tag{3-6}$$

由式（3-6）可知，由布朗运动所造成的颗粒碰撞速率与水温成正比，与颗粒的数量浓度平方成正比，而与颗粒尺寸无关。实际上，只有小颗粒才具有布朗运动。随着颗粒粒径增大，布朗运动将逐渐减弱。当颗粒粒径大于 $1\mu m$ 时，布朗运动基本消失。因此，要使较大的颗粒进一步碰撞聚集，还要靠流体运动的推动来保证使颗粒相互碰撞，即进行同向絮凝。

3.3.2 同向絮凝

同向絮凝在整个混凝过程中占有十分重要的地位。有关同向絮凝的理论，现在仍处于不

断发展之中，至今尚无统一认识。最初的理论公式是根据水流在层流状态下导出的，显然与实际处于紊流状态下的絮凝过程不相符。但由层流条件下导出的颗粒碰撞凝聚公式，某些概念至今仍在沿用，因此，有必要在此简单介绍一下。

图 3-7 表示水流处于层流状态下的流速分布，i 和 j 颗粒均跟随水流前进。由于 i 颗粒的前进速度大于 j 颗粒，则在某一时刻 i 与 j 必将碰撞。设水中颗粒为均匀球体，即粒径 $d_i = d_j = d$，则在以 j 颗粒中心为圆心。以 R_{ij} 为半径的范围内的所有 i 和 j 颗粒均会发生碰撞。碰撞速率 N_0（推导从略）为

$$N_0 = \frac{4}{3} n^2 d^3 G \tag{3-7}$$

$$G = \frac{\Delta u}{\Delta z} \tag{3-8}$$

式中　G——速度梯度，s^{-1}；

　　　Δu——相邻两流层的流速增量，cm/s；

　　　Δz——垂直于水流方向的两流层之间距离，cm。

公式中，n 和 d 均属原水杂质特性，而 G 是控制混凝效果的水力条件。故在絮凝设备中，往往以速度梯度 G 值作为重要的控制参数之一。

实际上，在絮凝池中水流并非层流，而总是处于紊流状态，流体内部存在大小不等的涡旋，除前进速度外，还存在纵向和横向脉动速度。式（3-7）和式（3-8）显然不能表达促使颗粒碰撞的动因。为此，甘布（T. R. Camp）和斯泰因（P. C. Stein）通过一个瞬间受剪而扭转的单位体积水流所耗功率来计算 G 值以替代 $G = \Delta u / \Delta z$。公式推导如下：

在被搅动的水流中，考虑一个瞬息受剪而扭转的隔离体 $\Delta x \cdot \Delta y \cdot \Delta z$，见图 3-8。在隔离体受剪而扭转过程中，剪力做了扭转功。设在 Δt 时间内，隔离体扭转了 θ 角度，于是角速度 $\Delta \omega$ 为

$$\Delta \omega = \frac{\Delta \theta}{\Delta t} = \frac{\Delta l}{\Delta t} \cdot \frac{1}{\Delta z} = \frac{\Delta u}{\Delta z} = G \tag{3-9}$$

式中　Δu——扭转线速度；

　　　G——速度梯度。

转矩 ΔJ 为

$$\Delta J = (\tau \Delta x \Delta y) \Delta z \tag{3-10}$$

式中　τ——剪应力；

　　　$\tau \Delta x \Delta y$——作用在隔离体上的剪力。

隔离体扭转所耗功率等于转矩与角速度的乘积，于是单位体积水流所耗功率 p 为

$$p = \frac{\Delta J \cdot \Delta \omega}{\Delta x \cdot \Delta y \cdot \Delta z} = \frac{G \cdot \tau \cdot \Delta x \cdot \Delta y \cdot \Delta z}{\Delta x \cdot \Delta y \cdot \Delta z} = \tau G \tag{3-11}$$

根据牛顿内摩擦定律，$\tau = \mu G$，代入式（3-11）得

$$G = \sqrt{\frac{p}{\mu}} \tag{3-12}$$

式中　μ——水的动力黏度，Pa·s；

　　　p——单位体积流体所耗功率，W/m³；

　　　G——速度梯度，s^{-1}。

当用机械搅拌时，式（3-12）中的 p 由机械搅拌器提供。当采用水力絮凝池时，式中 p 应为水流本身能量消耗，有

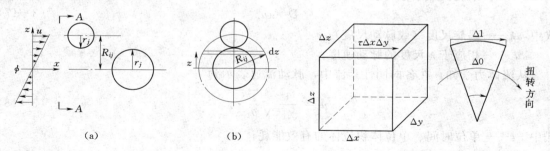

图 3-7 层流条件下颗粒碰撞示意
(a) 相对运动；(b) 相对碰撞

图 3-8 速度梯度计算图示

$$pV=\rho gQh \tag{3-13}$$

$$V=QT \tag{3-14}$$

式中 V——水流体积。

将式（3-13）和式（3-14）代入式（3-12）得

$$G=\sqrt{\frac{gh}{\upsilon T}} \tag{3-15}$$

式中 g——重力加速度，$9.8m/s^2$；

h——混凝设备中的水头损失，m；

υ——水的运动黏度，m^2/s；

T——水流在混凝设备中的停留时间，s。

式（3-12）和式（3-15）就是著名的甘布公式。虽然甘布公式中的 G 值反映了能量消耗概念，但仍使用"速度梯度"这一名词，且一直沿用至今。

近年来，不少专家学者已直接从紊流理论出发来探讨颗粒碰撞速率。因为将甘布公式用于式（3-7），仍未避开层流概念，即仍未从紊流规律上阐明颗粒碰撞速率。故甘布公式尽管可用于紊流条件下 G 值的计算，但理论依据不足是显然的。列维奇（Levich）等根据科尔摩哥罗夫（Kolmogoroff）局部各向同性紊流理论来推求同向絮凝动力学方程。该理论认为，在各向同性紊流中，存在各种尺度不等的涡旋。外部施加的能量（如搅拌）造成大涡旋的形成。一些大涡旋将能量输送给小涡旋，小涡旋又将一部分能量输送给更小的涡旋。随着小涡旋的产生和逐渐增多，水的黏性影响开始增强，从而产生能量损耗。在这些不同尺度的涡旋中，大尺度涡旋主要起两个作用：一是使流体各部分相互掺混，使颗粒均匀扩散于流体中；二是将外界获得的能量输送给小涡旋。大涡旋往往使颗粒做整体移动而不会相互碰撞。尺度过小的涡旋其强度往往不足以推动颗粒碰撞，只有尺度与颗粒尺寸相近（或碰撞半径相近）的涡旋才会引起颗粒间相互碰撞。由众多这样的小涡旋造成颗粒相互碰撞，类似异向絮凝中布朗扩散所造成的颗粒碰撞，因为众多小涡旋在流体中也是做无规则的脉动。按式（3-4）的形式，可导出各向同性紊流条件下颗粒碰撞速率 N_0 为

$$N_0=8\pi dDn^2 \tag{3-16}$$

式中 D——紊流扩散和布朗扩散系数之和。

但在紊流中，布朗扩散远小于紊流扩散，故 D 可近似作为紊流扩散系数。其余符号同式（3-4）。紊流扩散系数可表示为

$$D = \lambda u_\lambda \tag{3-17}$$

式中 λ——涡旋尺度（或脉动尺度）；

u_λ——相应于 λ 尺度的脉动速度。

从流体力学知，在各向同性紊流中，脉动流速表示为

$$u_\lambda = \frac{1}{\sqrt{15}} \sqrt{\frac{\varepsilon}{\upsilon} \cdot \lambda} \tag{3-18}$$

式中 ε——单位时间、单位体积流体的有效能耗；

υ——水的运动黏度；

λ——涡旋尺度。

设涡旋尺度与颗粒直径相等，即 $\lambda = d$，将式（3-17）和式（3-18）代入式（3-16）得：

$$N_0 = \frac{8\pi}{\sqrt{15}} \sqrt{\frac{\varepsilon}{\upsilon}} \cdot d^3 n^2 \tag{3-19}$$

将式（3-19）和式（3-7）加以对比可知，如果令 $G = (\varepsilon/\upsilon)^{1/2}$，则两式仅是系数不同而已。此外，$(\varepsilon/\upsilon)^{1/2}$ 与式（3-12）也相似，不同之处在于是单位体积流体所耗总功率，其中包括平均流速和脉动流速所耗功率；而 ε 表示脉动流速所耗功率，因为式（3-18）仅适用于受水流黏性影响的小涡旋（尺度与颗粒直径相接近），大涡旋仅传递能量而不消耗能量。由此可知，在紊流条件下，作为同向絮凝的控制指标，甘布公式（3-12）仍可应用，因为式（3-19）虽然有理论依据，但有效功率消耗 ε 很难确定。沿用习惯，仍将 $(\varepsilon/\upsilon)^{1/2}$ 或 $(p/\upsilon)^{1/2}$ 称为速度梯度 G。

应当提出的是，式（3-19）虽然按紊流条件导出，理论上更趋合理，但并非无可挑剔。就理论上而言，水中颗粒尺寸大小不等且在混凝过程中不断增大，而涡旋尺度也大小不等且随机变化，式（3-18）仅适用于处于"黏性区域"（受水的黏性影响的所有小涡旋群）小涡旋，这就使式（3-19）的应用受到局限。近年来，水处理专家学者们还在进一步探讨。

根据式（3-7）或式（3-19），在混凝过程中，所施功率或 G 值越大，颗粒碰撞速率越大，絮凝效果越好。但 G 值增大时，水流剪力也随之增大，已形成的絮凝体又有破碎可能。关于絮凝体的破碎，专家学者们也进行了许多研究。它涉及絮凝体的形状、尺寸和结构、密度以及破裂机理等。鉴于问题较复杂，至今尚无法用数学方法描述。尽管有些专家也提出了一些理论或数学方程，但并未获得统一认识，更未在实践中获得充分证实。理论上，最佳 G 值——既达到充分絮凝效果又不致使絮凝体破裂的 G 值，仍有待研究。

在絮凝过程中，水中颗粒数逐渐减少，但颗粒总质量不变。按球形颗粒计，设颗粒直径为 d 且粒径均匀，则每个颗粒的体积为 $(\pi/6)d^3$。单位体积水中颗粒总数为 n，则单位体积水中所含颗粒总体积——体积浓度 ϕ 为

$$\phi = \frac{\pi}{6} d^3 n \tag{3-20}$$

将式（3-20）代入式（3-7）得

$$N_0 = \frac{8}{\pi} G\phi n \tag{3-21}$$

因絮凝速度为碰撞速率的-1/2倍，则絮凝速度为

$$\frac{\mathrm{d}n}{\mathrm{d}t} = -\frac{1}{2}N_0 = -\frac{4}{\pi}G\phi n \qquad (3-22)$$

由式（3-22）可知，絮凝速度与颗粒数量浓度一次方成正比，属于一级反应。令 $K=\frac{4}{\pi}\phi$，式（3-22）改为

$$\frac{\mathrm{d}n}{\mathrm{d}t} = -KGn \qquad (3-23)$$

式中 K——常数。

根据理想反应器的物质在不同反应级时的平均停留时间，可以得出采用不同类型反应器（絮凝池理想类型）时的停留时间 t。

当采用 PF 型反应器时，在稳态条件下，絮凝时间为

$$\bar{t} = \frac{1}{KG}\ln\frac{n_0}{n} \qquad (3-24)$$

当采用 CSTR 型反应器（如机械搅拌絮凝池）时，在稳态条件下絮凝时间为

$$\bar{t} = \frac{1}{KG}\left(\frac{n_0}{n} - 1\right) \qquad (3-25)$$

当采用 m 个絮凝池串联时，按理想反应器模型章节公式 $\frac{C_n}{C_0} = \left(\frac{1}{1+kt}\right)^n$ 得

$$\bar{t} = \frac{1}{KG}\left[\left(\frac{n_0}{n_m}\right)^{1/m} - 1\right] \qquad (3-26)$$

式中 n_0——原水颗粒数量浓度；

n_m——第 m 个絮凝池出水颗粒数量浓度；

$\bar{t}$——单个絮凝池平均絮凝时间。

总絮凝时间 $\bar{T} = m\bar{t}$。

【例 3-1】 已知 $K=5.14\times10^{-5}$，$G=30\mathrm{s}^{-1}$。经过絮凝后要求水中颗粒数量浓度减少 3/4，即 $n_0/n_m = 4$。试按理想反应器作以下计算：

（1）采用 PF 型反应器所需絮凝时间为多少分钟？

（2）采用 CSTR 反应器（如机械搅拌絮凝池）所需絮凝时间为多少分钟？

（3）采用 4 个 CSTR 反应器串联所需絮凝时间为多少分钟？

【解】（1）将题中数据代入式（3-24）得

$$\bar{t} = \frac{1}{5.14\times10^{-5}\times30}\ln4 = 899\mathrm{s} = 15\mathrm{min}$$

（2）将题中数据代入式（3-25）得

$$\bar{t} = \frac{1}{5.14\times10^{-5}\times30}\times(4-1) = 1946\mathrm{s} \approx 32\mathrm{min}$$

（3）将题中数据代入式（3-26）得

$$\bar{t} = \frac{1}{5.14\times10^{-5}\times30}\times(4^{1/4}-1) = 269\mathrm{s}$$

总絮凝时间 $\bar{T} = 4\bar{t} = 4\times269 = 1076\mathrm{s} = 18\mathrm{min}$。

以上虽然是按理想反应器考虑且假定颗粒每次碰撞均导致相互凝聚，具体数据当然和实际情况存在差距，但由此例可知，推流型絮凝池的絮凝效果优于单个机械絮凝池。但采用 4 个机械絮凝池串联时，絮凝效果接近推流型絮凝池。在介绍絮凝设备时，可判别出哪些设备接近 PF 型，哪些设备接近 CSTR 型，从而为合理选用絮凝设备形式提供理论依据。

3.3.3 混凝控制指标

自药剂与水均匀混合起直至大颗粒絮凝体形成为止，在工艺上总称为混凝过程。相应设备有混合设备和絮凝设备。

在混合阶段，对水流进行剧烈搅拌的目的，主要是使药剂快速均匀地分散于水中以利于混凝剂快速水解、聚合及颗粒脱稳。由于上述过程进行很快（特别对铝盐和铁盐混凝剂而言），故混合要快速剧烈，通常在 $10\sim30s$，至多不超过 $2min$ 即告完成。搅拌强度按速度梯度计，一般 G 在 $700\sim1000s^{-1}$ 之内。在此阶段，水中杂质颗粒微小，同时存在颗粒间异向絮凝。

在絮凝阶段，主要靠机械或水力搅拌促使颗粒碰撞凝聚，故以同向絮凝为主。同向絮凝效果不仅与 G 值有关，还与絮凝时间 T 有关。将式（3-7）或式（3-21）乘以时间 T，TN_0 即为整个絮凝时间内单位体积流体中颗粒碰撞次数。因 N_0 与 G 成正比，因此，在絮凝阶段，通常以 G 值和 GT 值作为控制指标。在絮凝过程中，絮凝体尺寸逐渐增大，粒径变化可从微米级增到毫米级，变化幅度达几个数量级。由于大的絮凝体容易破碎，故自絮凝开始至絮凝结束，G 值应渐次减小。采用机械搅拌时，搅拌强度应逐渐减小；采用水力絮凝池时，水流速度应逐渐减小。絮凝阶段，平均 $G=20\sim70s^{-1}$，平均 $GT=1\times10^4\sim1\times10^5$。这些都是沿用已久的数据，虽然仍有参考价值，但随着混凝理论的发展，必将出现更符合实际、更加科学的新的参数。因为上列 G 值和 GT 值变化幅度很大，从而失去控制意义。而且，按式（3-8）求得的 G 值，并未反映有效功率消耗。在探讨更合理的絮凝控制指标过程中，有的研究者将颗粒浓度及脱稳程度等因素考虑进去，提出以 C_vGT 或 aC_vGT 值作为控制指标。C_v 表示水中颗粒体积浓度；a 表示有效碰撞系数。如果脱稳颗粒每次碰撞都可导致凝聚，则 $a=1$，实际上总是 $a<1$。从理论上讲，采用 C_vGT 或 aC_vGT 值控制絮凝效果自然更加合理，但具体数值至今无法确定，因而目前也只能从概念上加以理解或作为继续研究的目标。近年来，有些专家根据混凝过程中絮凝体尺寸变化和紊流能谱分析，提出在絮凝阶段以 $(\varepsilon)^{1/3}$ 或 $(p)^{1/3}$ 作为控制指标代替 G 值等。目前，有关混凝动力学及控制指标的研究十分活跃，不同理论观点相继出现，但均未获得实践的充分证实，这里不再一一介绍。

3.4 影响混凝效果主要因素

影响混凝效果的因素比较复杂，其中包括水温、水化学特性、水中杂质性质和浓度以及水力条件等。有关水力条件的因素在本章 3.3 中已有叙述。

3.4.1 水温影响

水温对混凝效果有明显影响。我国气候寒冷地区，冬季地表水温有时低达 $0\sim2℃$，尽管投加大量混凝剂也难获得良好的混凝效果，通常絮凝体形成缓慢，絮凝颗粒细小、松散。其原因主要有以下几点：

（1）无机盐混凝剂水解是吸热反应，低温水混凝剂水解困难。特别是硫酸铝，水温降低 $10℃$，水解速度常数降低 $2\sim4$ 倍。当水温在 $5℃$ 左右时，硫酸铝水解速度已极其缓慢。

（2）低温水的黏度大，使水中杂质颗粒布朗运动强度减弱，碰撞机会减少，不利于胶粒脱稳凝聚。同时，水的黏度大时水流剪力增大，影响絮凝体的成长。

（3）水温低时，胶体颗粒水化作用增强，妨碍胶体凝聚。而且水化膜内的水由于黏度和重度增大，影响了颗粒之间黏附强度。

（4）水温与水的 pH 值有关。水温低时，水的 pH 值提高，相应地，混凝最佳 pH 值也将提高。

为提高低温水混凝效果，常用方法是增加混凝剂投加量和投加高分子助凝剂。常用的助凝剂是活化硅酸，对胶体起吸附架桥作用。它与硫酸铝或三氯化铁配合使用时，可提高絮凝体密度和强度，节省混凝剂用量。尽管这样，混凝效果仍不理想，故低温水的混凝尚需进一步研究。

3.4.2 水的 pH 值和碱度影响

水的 pH 值对混凝效果的影响程度视混凝剂品种而异。对硫酸铝而言，水的 pH 值直接影响 Al^{3+} 的水解聚合反应，亦即影响铝盐水解产物的存在形态（见本章 3.1 节）。用以去除浊度时，最佳 pH 值在 6.5～7.5 之间，絮凝作用主要是氢氧化铝聚合物的吸附架桥和羟基配合物的电性中和作用；用以去除水的色度时，pH 值宜在 4.5～5.5 之间。关于除色机理至今仍有争议。有的认为，在 pH ＝ 4.5～5.5 时，主要靠高价的多核羟基配合物与水中负电荷色度物质起电性中和作用而导致相互凝聚。有的人认为主要靠上述水解产物与有机物质发生络合反应，形成络合物而聚集沉淀。总之，采用硫酸铝混凝除色时，pH 值应趋于低值。有资料指出，在相同絮凝效果下，原水 pH＝7.0 时的硫酸铝投加量约比 pH＝5.5 时的投加量增加 1 倍。

采用 3 价铁盐混凝剂时，由于 Fe^{3+} 水解产物溶解度比 Al^{3+} 水解产物溶解度小，且氢氧化铁并非典型的两性化合物，故适用的 pH 值范围较宽。用以去除水的浊度时，pH＝6.0～8.4；用以去除水的色度时，pH＝3.5～5.0。

使用硫酸亚铁作混凝剂时，如本章 3.2 节所述，应首先将 2 价铁氧化成 3 价铁方可。将水的 pH 值提高至 8.5 以上（天然水的 pH 值一般小于 8.5），且水中有充足的溶解氧时可完成 2 价铁氧化过程，但这种方法会使设备和操作复杂化，故通常用氯化法，见式（3-3）。

高分子混凝剂的混凝效果受水的 pH 值影响较小。例如，聚合氯化铝在投入水中前聚合物形态基本确定，故对水的 pH 值变化适应性较强（见本章 3.2 节）。

从铝盐（铁盐类似）水解反应可知（表 3-1），水解过程中不断产生 H^+，从而导致水的 pH 值下降。要使 pH 值保持在最佳范围内，水中应有足够的碱性物质与 H^+ 中和。天然水中均含有一定碱度（通常是 HCO_3^-），它对 pH 值有缓冲作用，即

$$HCO_3^- + H^+ === CO_2 + H_2O \tag{3-27}$$

当原水碱度不足或混凝剂投量甚高时，水的 pH 值将大幅度下降以至影响混凝剂继续水解。为此，应投加碱剂（如石灰）以中和混凝剂水解过程中所产生的氢离子 H^+，反应式为

$$Al_2(SO_4)_3 + 3H_2O + 3CaO === 2Al(OH)_3 + 3CaSO_4 \tag{3-28}$$

$$2FeCl_3 + 3H_2O + 3CaO === 2Fe(OH)_3 + 3CaCl_2 \tag{3-29}$$

应当注意，投加的碱性物质不可过量；否则形成的 $Al(OH)_3$ 会溶解为负离子 $Al(OH)_4^-$ 而恶化混凝效果。由反应式（3-28）可知，每投加 1mmol/L 的 $Al_2(SO_4)_3$，需石灰 3mmol/L 的 CaO，将水中原有碱度考虑在内，石灰投量按式（3-30）估算，即

$$[CaO]=3[a]-[x]+[\delta] \tag{3-30}$$

式中 [CaO]——纯石灰 CaO 投量，mmol/L；

　　　[a]——混凝剂投量，mmol/L；

　　　[x]——原水碱度，按 mmol/L，CaO 计；

　　　[δ]——保证反应顺利进行的剩余碱度，一般取 0.25～0.5mmol/L（CaO）。通常石灰投量最好通过试验决定。

【例 3-2】 某地表水源的总碱度为 0.2mmol/L。市售精制硫酸铝（含 Al_2O_3 约 16%）投量 28mg/L。试估算石灰（市售品纯度为 50%）投量多少 mg/L。

【解】 投药量折合 Al_2O_3 为 28mg/L×16%＝4.48mg/L；

Al_2O_3 的分子量为 102，故投药量相当于 $\dfrac{4.48}{102}=0.044$mmol/L；

剩余碱度为 0.37mg/L，则得（CaO）＝3×0.044－0.2+0.37＝0.3mmol/L；

CaO 的分子量为 56，则市售石灰投量为 0.3×56/0.5＝33mg/L。

3.4.3　水中悬浮物浓度的影响

从混凝动力学方程可知，水中悬浮物浓度很低时，颗粒碰撞速率大大减小，混凝效果差。为提高低浊度原水的混凝效果，通常采取以下措施：

（1）在投加铝盐或铁盐的同时，投加高分子助凝剂，如活化硅酸或聚丙烯酰胺等，其作用见 3.2 节。

（2）投加矿物颗粒（如黏土等）以增加混凝剂水解产物的凝结中心，提高颗粒碰撞速率并增加絮凝体密度。如果矿物颗粒能吸附水中有机物，效果更好，能同时收到部分去除有机物的效果。例如，若投入颗粒尺寸为 $500\mu m$ 的无烟煤粉，比表面积约 $92cm^2/g$，利用其较大的比表面积，可吸附水中某些溶解有机物，这在澄清池内国外已有应用。

（3）采用直接过滤法。即原水投加混凝剂后经过混合直接进入滤池过滤。滤料（砂和无烟煤）即成为絮凝中心。如果原水浊度既低而水温又低，即通常所称的"低温低浊"水，混凝更加困难，这是人们一直重视的研究课题。

如果原水悬浮物含量过高，如我国西北、西南等地区的高浊度水源，为使悬浮物达到吸附电中和脱稳作用，所需铝盐或铁盐混凝剂量将相应地大大增加。为减少混凝剂用量，通常投加高分子助凝剂，如聚丙烯酰胺及活化硅酸等。聚合氯化铝作为处理高浊度水的混凝剂也可获得较好效果。

3.5　混凝剂的配制和投加

3.5.1　混凝剂溶解和溶液配制

混凝剂投加分固体投加和液体投加两种方式。前者我国很少应用，通常将固体溶解后配成一定浓度的溶液投入水中。

溶解设备往往决定于水厂规模和混凝剂品种。大、中型水厂通常建造混凝土溶解池并配以搅拌装置。搅拌是为了加速药剂溶解。搅拌装置有机械搅拌、压缩空气搅拌及水力搅拌等，其中机械搅拌用得较多。它是以电动机驱动桨板或涡轮搅动溶液。压缩空气搅拌常用于大型水厂。它是向溶解池内通入压缩空气进行搅拌，优点是没有与溶液直接接触的机械设备，使用维修方便，但与机械搅拌相比，动力消耗较大，溶解速度稍慢。压缩空气最好来自水厂附近其他工厂的气源；否则需专设压缩空气机或鼓风机。用水泵自溶解池抽水再送回溶解池，是一种水力搅拌。水力搅拌也可用水厂二级泵站高压水冲动药剂，此方式一般仅用于中、小型水厂和易溶混凝剂。

溶解池、搅拌设备及管配件等，均应有防腐措施或采用防腐材料，使用 $FeCl_3$ 时尤须注意。而且 $FeCl_3$ 溶解时放出大量热，当溶液浓度为 20% 时，溶液温度可达 70℃ 左右，这一点也应注意。当直接使用液态混凝剂时，溶解池不需要。

溶解池一般建于地面以下以便于操作，池顶一般高出地面约 0.2m。溶解池容积 W_1 为

$$W_1 = (0.2 \sim 0.3)W_2 \tag{3-31}$$

式中　W_2——溶液池容积。

溶液池是配制一定浓度溶液的设施。通常用耐腐泵或射流泵将溶解池内的浓药液送入溶液池，同时用自来水稀释到所需浓度以备投加。溶液池容积按式（3-32）计算，即

$$W_2 = \frac{24 \times 100aQ}{1000 \times 1000cn} = \frac{aQ}{417cn} \tag{3-32}$$

式中　W_2——溶液池容积，m^3；

　　　Q——处理的水量，m^3/h；

　　　a——混凝剂最大投加量，mg/L；

　　　c——溶液浓度，一般取 5%～20%（按商品固体重量计）；

　　　n——每日调制次数，一般不超过 3 次。

3.5.2　混凝剂投加

混凝剂投加设备包括计量设备、药液提升设备、投药箱、必要的水封箱及注入设备等。根据不同投药方式或投药量控制系统，所用设备也有所不同。

1. 计量设备

药液投入原水中必须有计量或定量设备，并能随时调节。计量设备多种多样，应根据具体情况选用。计量设备有转子流量计、电磁流量计、苗嘴、计量泵等。采用苗嘴计量仅适用人工控制，其他计量设备既可人工控制也可自动控制。

苗嘴是最简单的计量设备。其原理是，在液位一定下，一定口径的苗嘴出流量为定值。当需要调整投药量时，只要更换苗嘴即可。图 3-9 中的计量设备即采用苗嘴。液位 h 一定，苗嘴流量也就确定。使用中要防止苗嘴堵塞。

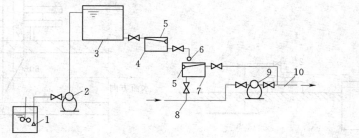

图 3-9　泵前投加

1—溶解池；2—提升泵；3—溶液池；4—恒位箱；5—浮球阀；6—投药苗嘴；
7—水封箱；8—吸水管；9—水泵；10—压水管

2. 投加方式

常用的投加方式有以下几种。

(1) 泵前投加。药液投加在水泵吸水管或吸水喇叭口处,见图 3-9。这种投加方式安全可靠,一般适用于取水泵房距水厂较近者。图中水封箱是为防止空气进入而设的。

(2) 高位溶液池重力投加。当取水泵房距水厂较远者,应建造高架溶液池利用重力将药液投入水泵压水管上,见图 3-10。或者投加在混合池入口处。这种投加方式安全可靠,但溶液池位置较高。

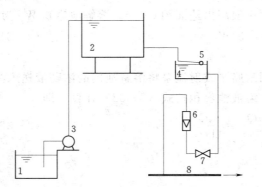

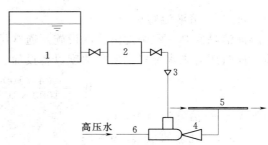

图 3-10 高位溶液池重力投加

1—溶解池;2—溶液池;3—提升泵;4—水封箱;

5—浮球阀;6—流量计;7—调节阀;8—压水管

图 3-11 水射器投加

1—溶液池;2—投药箱;3—漏斗;4—水射器;

5—压水管;6—高压水管

(3) 水射器投加。利用高压水通过水射器喷嘴和喉管之间真空抽吸作用将药液吸入,同时随水的余压注入原水管中,见图 3-11。这种投加方式设备简单,使用方便,溶液池高度不受太大限制,但水射器效率较低且易磨损。

(4) 泵投加。泵投加有两种方式:一是采用计量泵(柱塞泵或隔膜泵);二是采用离心泵配上流量计。采用计量泵不必另备计量设备,泵上有计量标志,可通过改变计量泵行程或变频调速改变药液投量,最适合用于混凝剂自动控制系统。图 3-12 所示为计量泵投加示意。图 3-13 所示为药液注入管道方式,这样有利于药剂与水的混合。

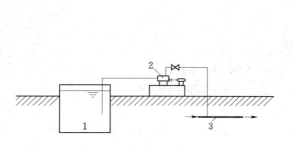

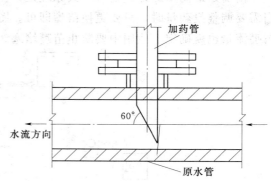

图 3-12 计量泵投加

1—溶液池;2—计量泵;3—压水管

图 3-13 药剂注入管道方式

3. 混凝剂投加量自动控制

混凝剂最佳投加量（简称"最佳剂量"）是指达到既定水质目标的最小混凝剂投量。由于影响混凝效果的因素较复杂，且在水厂运行过程中水质、水量不断变化，故为达到最佳剂量且能即时调节、准确投加一直是水处理技术人员研究的目标。目前我国大多数水厂还是根据实验室混凝搅拌试验确定混凝剂最佳剂量，然后进行人工调节。这种方法虽简单易行，但主要缺点是，从试验结果到生产调节往往滞后 1～3h，且试验条件与生产条件也很难一致，故试验所得最佳剂量未必是生产上最佳剂量。为了提高混凝效果、节省耗药量，混凝工艺的自动控制技术逐步推广应用。以下简单介绍几种自动控制投药量的方法。有关检测仪表及自动化设计这里从略。

（1）数学模型法。混凝剂投加量与原水水质和水量相关。对于某一特定水源，可根据水质、水量建立数学模型，写出程序交计算机执行调控。在水处理中，最好采用前馈和后馈相结合的控制模型。前馈数学模型应选择影响混凝效果的主要参数作为变量，如原水浊度、pH值、水温、溶解氧、碱度及水量等。前馈控制确定一个给出量，然后以沉淀池出水浊度作为后馈信号来调节前馈给出量。由前馈给出量和后馈调节量就可获得最佳剂量。

采用数学模型实行加药自动控制的关键是：必须要有前期大量而又可靠的生产数据，才可运用数理统计方法建立符合实际生产的数学模型。而且所得数学模型往往只适用于特定原水条件，不具普遍性。此外，该方法涉及的水质仪表较多，投资较大，故此法至今在生产上一直难以推广应用。不过，若水质变化不太复杂而又有大量可靠的前期生产数据，此法仍值得采用。

（2）现场模拟试验法。采用现场模拟装置来确定和控制投药量是较简单的一种方法。常用的模拟装置是斜管沉淀器、过滤器或两者并用。当原水浊度较低时，常用模拟过滤器（直径一般为100mm左右）。当原水浊度较高时，可用斜管沉淀器或者沉淀器和过滤器串联使用。采用过滤器的方法是：由水厂混合后的水中引出少量水样，连续进入过滤器，连续测定过滤器出水浊度，由此判断投药量是否适当，然后反馈于生产进行投药量的调控。由于是连续检测且检测时间较短（一般约十几分钟完成），故能用于水厂混凝剂投加的自动控制系统。不过，此法仍存在反馈滞后现象，只是滞后时间较短。此外，模拟装置与生产设备毕竟存在一定差别。但与实验室试验相比，更接近于生产实际情况。目前我国有些水厂已采用模拟装置实现加药自动控制。

（3）特性参数法。虽然影响混凝效果的因素复杂，但在某种情况下，某一特性参数是影响混凝效果的主要因素，其他影响因素居次要地位，则这一特性参数的变化就反映了混凝程度的变化。流动电流检测器（SCD）法和透光率脉动法即属特性参数法。这两种方法均是20世纪80年代国际上出现的最新技术。我国李圭白教授等在这方面的研究也卓有成效，已开发产品用于生产。

流动电流系指胶体扩散层中反离子在外力作用下随着流体流动（胶粒固定不动）而产生的电流。此电流与胶体ζ电位有正相关关系。前已述及，混凝后胶体ζ电位变化反映了胶体脱稳程度。同样，混凝后流动电流变化也反映了胶体脱稳程度。两者是对同一本质不同角度的描述。在实验室中通过混凝试验测定胶体ζ电位来确定混凝剂投加量，虽然也是一种特性参数法，但由于测定胶体ζ电位不仅复杂而且不能连续测定，因而难以用在生产上的在线连续测控。流动电流法克服了这一缺点。流动电流控制系统包括流动电流检测器、控制器和执行装置三部分，其核心部分是流动电流检测器。它是由检测水样的传感器和信号放大处理器组成。传感器是由圆筒形检测室、活塞及环形电极组成。活塞与圆筒之间为一环形空间，其间隙很小，宛如一环形毛细空间。当被测水样进入环形空间后，水中胶粒附着于活塞表面和圆筒内壁，形成胶体微粒"膜"。当活塞不动时，环形空间内的水也不动，胶体微粒"膜"双电层不受扰动。当活塞在电机驱动下做往复运动时，环形空间内的水也随之做相应运动，胶体微粒"膜"双电层受到扰动，水流便携带胶体扩散层中反离子一起运动，从而在环形毛细空间的壁表面上产生交变电流。此电流即为流动电流，由检测室两端环形电极收集送给信号放大处理器。信号经放大处理后传输给控制器（微型计算机或单片机）。控制器将检测值与给定值比较后发出改变投药量的信号给执行装置（计量泵或控制阀等），最后由执行装置调节投药量。给定值往往是根据沉淀池出水浊度要求设定的。即当沉淀池出水浊度达到预期要求时，相对应的流动电流检测值便作为控制系统的给定值。当原水水质发生变化时，自控系统就围绕给定值进行调控，使沉淀池出水浊度始终保持在预定要求范围。但应指出，给定值并非永远不变。若原水水质有了大幅度变化或传感器用久而受污染时，原先设定的给定值应适时进行调整。流动电流控制技术的优点是：控制因子单一；投资较低；操作简便；对以胶体电中和脱稳絮凝为主的混凝而言其控制精度较高。但此法也存在局限性。例如，若混凝作用非以电中和脱稳为主而是以高分子（尤其是非离子型或阴离子型絮凝剂）吸附架桥为主，则投药量与流动电流就很少相关。

透光率脉动法是利用光电原理检测水中絮凝颗粒变化（包括颗粒尺寸和数量），从而达到混凝在线连续控制的一种新技术。当一束光线透过流动的浊水并照射到光电检测器时，便产生电流成为输出信号。透光率与水中悬浮颗粒浓度有关，从而由光电检测器输出的电流也与水中悬浮颗粒浓度有关。如果光线照射的水样体积很小，水中悬浮颗粒数也很少，则水中颗粒数的随机变化便表现得明显，从而引起透光率的波动，此时输出电流值可看成由两部分组成，一部分为平均值，另一部分为脉动值。絮凝前，进入光照体积的水中颗粒数量多而小，其脉动值很小；絮凝后，颗粒尺寸增大而数量减少，脉动值增大。将输出的脉动值与平均值之比称为相对脉动值，则相对脉动值的大小便反映了颗粒絮凝程度。絮凝越充分，相对脉动值越大。因此，相对脉动值就是透光率脉动技术的特性参数。在控制系统中，根据沉淀池出水浊度与投药混凝后水的相对脉动值关系，选定一个给定值（按沉淀池出水浊度要求），则自控系统设计便与流动电流法类似，通过控制器和执行装置完成投药的自动控制，使沉淀池出水浊度始终保持在预定要求范围。这种自控方法的优点是：因子单一（仅一个相对脉动值）；不受混凝作用机理或混凝剂品种限制；不受水质限制。是颇具应用前景的混凝自控新技术。

3.6　混合和絮凝设备

3.6.1　混合设备

混合设备的基本要求是，药剂与水的混合必须快速均匀。混合设备种类较多，我国常用的归纳起来有 3 类，即水泵混合、管式混合、机械混合。

1. 水泵混合

水泵混合是我国常用的混合方式。药剂投加在取水泵吸水管或吸水喇叭口处，利用水泵叶轮高速旋转以达到快速混合目的。水泵混合效果好，不需另建混合设施，节省动力，大、中、小型水厂均可采用。但当采用三氯化铁作为混凝剂时，若投量较大，药剂对水泵叶轮可能有轻微腐蚀作用。当取水泵房距水厂处理构筑物较远时，不宜采用水泵混合，因为经水泵混合后的原水在长距离管道输送过程中，可能过早地在管中形成絮凝体。已形成的絮凝体在管道中一经破碎，往往难以重新聚集，不利于后续絮凝，且当管中流速低时，絮凝体还可能沉积在管中。因此，水泵混合通常用于取水泵房靠近水厂处理构筑物的场合，两者间距不宜大于 150m。

2. 管式混合

最简单的管式混合即将药剂直接投入水泵压水管中以借助管中流速进行混合。管中流速不宜小于 1m/s，投药点后的管内水头损失不小于 0.3～0.4m。投药点至末端出口距离以不小于 50 倍管道直径为宜。为提高混合效果，可在管道内增设孔板或文丘里管。这种管道混合简单易行，无需另建混合设备；但混合效果不稳定，管中流速低时混合不充分。

目前广泛使用的管式混合器是管式静态混合器。混合器内按要求安装若干固定混合单元。每一混合单元由若干固定叶片按一定角度交叉组成。水流和药剂通过混合器时，将被单元体多次分割、改向并形成涡旋，达到混合目的。这种混合器构造简单，无活动部件，安装方便，混合快速而均匀。目前，我国已生产多种形式静态混合器，图 3-14 所示为其中一种，图中未绘出单元体构造，仅作为示意。管式静混合器的口径与输水管道相配合，目前最大口径已达 2000mm。这种混合器水头损失稍大，但因混合效果好，从总体经济效益而言还是具有优势的。唯一缺点是当流量过小时效果下降。

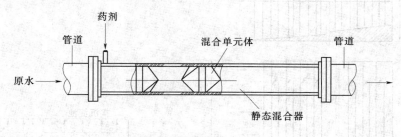

图 3-14 管式静态混合器

另一种管式混合器是扩散混合器。它是在管式孔板混合器前加装一个锥形帽，其构造如图 3-15 所示。水流和药剂对冲锥形帽而后扩散形成剧烈紊流，使药剂和水达到快速混合。锥形帽夹角 90°。锥形帽顺水流方向的投影面积为进水管总截面积的 1/4。孔板的开孔面积为进水管截面积的 3/4。孔板流速一般采用1.0～1.5m/s。混合时间为 2～3s。混合器节管长度不小于 500mm。水流通过混合器的水头损失为 0.3～0.4m。混合器直径在 200～1200mm 范围内。

3. 机械混合

机械混合是在池内安装搅拌装置，以电动机驱动搅拌器使水和药剂混合的。搅拌器可以

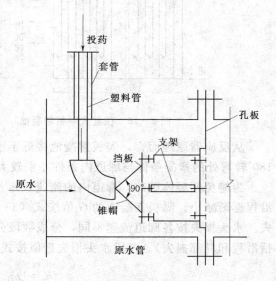

图 3-15 扩散混合器

是桨板式、螺旋桨式或透平式。桨板式适用于容积较小的混合池（一般在 $2m^3$ 以下），其余可用于容积较大混合池。搅拌功率按产生的速度梯度为 $700\sim1000s^{-1}$ 计算确定。混合时间控制在 $10\sim30s$ 以内，最大不超过 $2min$。机械混合池在设计中应避免水流同步旋转而降低混合效果。机械混合池的优点是混合效果好且不受水量变化影响，适用于各种规模的水厂。缺点是增加机械设备并相应增加维修工作。

机械混合设计计算方法与机械絮凝相同，只是参数不同。

3.6.2 絮凝设备

絮凝设备的基本要求是，原水与药剂经混合后，通过絮凝设备应形成肉眼可见的大的密实絮凝体。絮凝池形式较多，概括起来分成两大类，即水力搅拌式和机械搅拌式。我国在新型絮凝池研究上达到较高水平，特别是水力絮凝池方面。这里重点介绍以下几种。

1. 隔板絮凝池

隔板絮凝池是应用历史较久、目前仍常采用的一种水力搅拌絮凝池，有往复式和回转式两种，见图 3-16 和图 3-17。后者是在前者的基础上加以改进而成。在往复式隔板絮凝池内，水流做 $180°$ 转弯，局部水头损失较大，而这部分能量消耗往往对絮凝效果作用不大。因为 $180°$ 的急剧转弯会使絮凝体有破碎可能，特别在絮凝后期。回转式隔板絮凝池内水流做 $90°$ 转弯，局部水头损失大为减小，絮凝效果也有所提高。

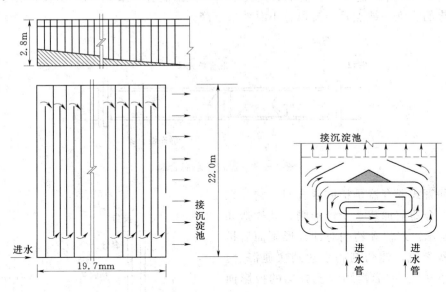

图 3-16　往复式隔板絮凝池　　　　图 3-17　回转式隔板絮凝池

从反应器原理而言，隔板絮凝池接近于推流型（PF 型），特别是回转式。因为往复式的 $180°$ 转弯处的絮凝条件与廊道内条件差别较大。

为避免絮凝体破碎，廊道内的流速及水流转弯处的流速应沿程逐渐减小，从而 G 值也沿程逐渐减小。隔板絮凝池的 G 值按式（3-15）计算。式中 h 为水流在絮凝池内的水头损失。水头损失按各廊道流速不同，分成数段分别计算。总水头损失为各段水头损失之和（包括沿程和局部损失）。各段水头损失近似按式（3-33）计算，即

$$h_i = \zeta m_i \frac{v_{it}^2}{2g} + \frac{v_i^2}{C_i^2 R_i} l_i \qquad (3-33)$$

式中　v_i——第 i 段廊道内水流速度，m/s；

　　　v_{it}——第 i 段廊道内转弯处水流速度，m/s；

　　　m_i——第 i 段廊道内水流转弯次数；

　　　ζ——隔板转弯处局部阻力系数。往复式隔板（180°转弯）$\zeta=3$；回转式隔板（90°转弯）$\zeta=1$；

　　　l_i——第 i 段廊道总长度，m；

　　　R_i——第 i 段廊道过水断面水力半径，m；

　　　C_i——流速系数，随水力半径 R_i 和池底及池壁粗糙系数 n 而定，通常按满宁公式

$C_i=\dfrac{1}{n}R^{1/6}$ 计算或直接查水力计算表。

絮凝池内总水头损失为

$$h=\sum h_i \tag{3-34}$$

根据絮凝池容积大小，往复式总水头损失一般在 0.3～0.5m 内。回转式总水头损失比往复式小 40% 左右。

隔板絮凝池通常用于大、中型水厂，因水量过小时，隔板间距过狭不便施工和维修。隔板絮凝池优点是构造简单，管理方便。缺点是流量变化大者，絮凝效果不稳定，与折板及网格式絮凝池相比，因水流条件不甚理想，能量消耗（即水头损失）中的无效部分比例较大，故需较长絮凝时间，池子容积较大。

隔板絮凝池积有多年运行经验，在水量变动不大情况下，絮凝效果有保证。目前，往往把往复式和回转式两种形式组合使用，前为往复式，后为回转式。因絮凝初期，絮凝体尺寸较小，无破碎之虑，采用往复式较好；絮凝后期，絮凝体尺寸较大，采用回转式较好。

隔板絮凝池主要设计参数如下：

（1）廊道中流速。起端一般为 0.5～0.6m/s，末端一般为 0.2～0.3m/s。流速应沿程递减，即在起、末端流速已选定的条件下，根据具体情况分成若干段确定各段流速。分段越多，效果越好。但分段过多，施工和维修较复杂，一般宜分成 4～6 段。

为达到流速递减目的，有两种措施：一是将隔板间距从起端至末端逐段放宽，使池底相平；二是隔板间距相等，从起端至末端池底逐渐降低。一般采用前者较多，因前者施工方便。若地形合适，也可采用后者。

（2）为减小水流转弯处水头损失，转弯处过水断面积应为廊道过水断面积的 1.2～1.5 倍。同时，水流转弯处尽量做成圆弧形。

（3）絮凝时间，一般采用 20～30min。

（4）隔板间净距一般宜大于 0.5m，以便于施工和检修。为便于排泥，池底应有 0.02～0.03 坡度并设直径不小 150mm 的排泥管。

【例 3-3】　某往复式隔板絮凝池设计流量为 75000m³/d，絮凝时间采用 20min，为配合平流沉淀池宽度和深度，絮凝池宽度 22m，平流水深 2.8m（图 3-16）。试设计各廊道宽度并计算絮凝池长度。

【解】　（1）絮凝池长度。

絮凝池设计流量 $Q=\dfrac{75000}{24}\times1.06=3312.5$（m³/h）$=0.92$m³/s

（式中 1.06 为考虑水厂用水量占 6% 所乘系数）。

絮凝池净长度 $L' = \dfrac{QT}{BH} = \dfrac{3312.5}{22 \times 2.8} \times \dfrac{20}{60} = 17.92$（m）

（2）廊道宽度设计。

絮凝池起端流速取 $v = 0.55 \text{m/s}$，末端流速取 $v = 0.25 \text{m/s}$。首先根据起、末端流速和平均水深算出起末端廊道宽度，然后按流速递减原则，决定廊道分段数和各段廊道宽度。

起端廊道宽度 $b = \dfrac{Q}{Hv} = \dfrac{0.92}{2.8 \times 0.55} = 0.597$（m）$\approx 0.6\text{m}$

末端廊道宽度 $b = \dfrac{Q}{Hv} = \dfrac{0.92}{2.8 \times 0.25} = 1.3$（m）

廊道宽度分成 4 段。各段廊道宽度和流速见表 3-3。应注意，表 3-3 中所求廊道内流速均按平均水深计算，故只是廊道真实流速的近似值，因为廊道水深是递减的。不过，设计中这样已满足要求。

表 3-3　　　　　　　　　　　　　　　廊道宽度和流速计算

廊道分段号	1	2	3	4
廊道宽度/m	0.6	0.8	1.0	1.3
各段廊道流速/（m/s）	0.55	0.41	0.33	0.25
各段廊道数	6	5	5	4
各段廊道总净宽/m	3.6	4	5	5.2

四段廊道宽度之和 $\sum b = 3.6 + 4 + 5 + 5.2 = 17.8$（m）

取隔板厚度 $\delta = 0.1\text{m}$，共 19 块隔板，则絮凝池总长度 L 为

$$L = 17.8 + 19 \times 0.1 = 19.7(\text{m})$$

如果要计算隔板絮池水头损失和速度梯度，可根据表 3-3 有关数据按式（3-32）、式（3-33）分别求得。

2. 折板絮凝池

折板絮凝池是在隔板絮凝池基础上发展而来的，目前已得到广泛应用。

折板絮凝池通常采用竖流式。它是将隔板絮凝池（竖流式）的平板隔板改成具有一定角度的折板。折板可以波峰对波谷平行安装［图 3-18（a）］，称为同波折板；也可波峰相对安装［图 3-18（b）］，称为异波折板。按水流通过折板间隙数，又分为单通道和多通道。图 3-18 所示为单通道。多通道系指将絮凝池分成若干格子，每一格内安装若干折板，水流沿着格子依次上、下流动。在每一个格子内，水流平行通过若干个由折板组成的并联通道，如图 3-19 所示。无论在单通道还是多通道内，同波、异波折板两者均可组合应用。有时，絮凝池末端还可采用平板。例如，前面可采用异波，中部采用同波，后面采用平板。这样组合有利于絮凝体逐步成长而不易破碎，因平板对水流扰动较小。图 3-19 中第 I 排采用同波折板，第 II 排采用异波折板，第 III 排可采用平板。是否需要采用不同形式折板组合，应根据设计条件和要求决定。异波折板和同波折板絮凝效果差别不大，但平板效果较差，故只能放置在絮凝池末端起补充作用。

如隔板絮凝池一样，折板间距应根据水流速度由大到小而改变。折板之间的流速通常也分段设计。分段数不宜少于 3 段。各段流速可分别如下：

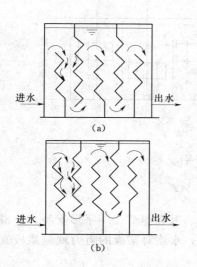

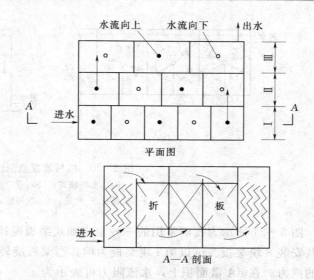

图 3-18 单通道折板絮凝池刮面示意
(a) 同波折板；(b) 异波折板

图 3-19 多通道折板絮凝池示意

第一段：$0.25\sim0.35m/s$。

第二段：$0.15\sim0.25m/s$。

第三段：$0.10\sim0.15m/s$。

折板夹角采用 $90°\sim120°$。折板可用钢丝网水泥板或塑料板等拼装而成。波高一般采用 $0.25\sim0.40m$。

折板絮凝池的优点是：水流在同波折板之间曲折流动或在异波折板之间缩放流动且连续不断，以至形成众多的小涡旋，提高了颗粒碰撞絮凝效果。在折板的每一个转角处，两折板之间的空间可以视为 CSTR 型单元反应器。众多的 CSTR 型单元反应器串联起来，就接近推流型（PF 型）反应器。因此，从总体上看，折板絮凝池接近于推流型。与隔板絮凝池相比，水流条件大大改善，亦即在总的水流能量消耗中，有效能量消耗比例提高，故所需絮凝时间可以缩短，池子体积减小。从实际生产经验得知，絮凝时间在 $10\sim15min$ 内为宜。

折板絮凝池因板距小，安装维修较困难，且折板费用较高，故折板絮凝池中的折板也可改用波纹板，但国内采用波纹板的较折板为少。

3. 机械絮凝池

机械絮凝池利用电动机经减速装置驱动搅拌器对水进行搅拌，故水流的能量消耗来源于搅拌机的功率输入。水流速度梯度采用式（3-12）计算。搅拌器有桨板式和叶轮式等，目前我国常用前者。根据搅拌轴的安装位置不同，又分水平轴和垂直轴两种形式，见图 3-20。水平轴式通常用于大型水厂。垂直轴式一般用于中、小型水厂。单个机械絮凝池接近于 CSTR 型反应器，故宜分格串联。分格越多，越接近 PF 型反应器，絮凝效果越好，但分格过多，造价增高且增加维修工作量。每格均安装一台搅拌机。为适应絮凝体形成规律，第一格内搅拌强度最大，而后逐格减小，从而速度梯度 G 值也相应由大到小。搅拌强度决定于搅拌器转速和桨板面积，由计算决定。计算方法介绍如下。

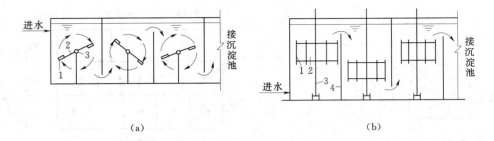

图 3 - 20 机械絮凝池剖面示意

(a) 水平轴式；(b) 垂直轴式

1—桨板；2—叶轮；3—旋转轴；4—隔墙

图 3 - 21 所示为我国常用的一种垂直轴式桨板搅拌器。叶轮呈"十"字形安装。一根轴上共安装 8 块桨板。试以第 i 块桨板为例。当桨板旋转时，水流对桨板的阻力就是桨板施于水的推力。在 $\mathrm{d}A$ 微面积上，水流阻力可表示为

$$\mathrm{d}F_i = C_\mathrm{D}\rho\frac{v^2}{2}\mathrm{d}A \qquad (3-35)$$

式中　$\mathrm{d}F_i$——水流对面积为 $\mathrm{d}A$ 的桨板阻力，N；

　　　C_D——阻力系数，决定于桨板宽长比。当宽、长比小于 1 时，$C_\mathrm{D}=1.1$。水处理中桨板宽长比一般小于 1；

　　　v——水流与桨板相对速度，m/s；

　　　ρ——水的密度，kg/m³。

阻力 $\mathrm{d}F_i$ 所耗功率，即是桨板施于水的功率，即

$$\mathrm{d}P_i = \mathrm{d}F_i v = C_\mathrm{D}\rho\frac{v^3}{2}\mathrm{d}A = \frac{C_\mathrm{D}\rho}{2}v^3 l\mathrm{d}r \qquad (3-36)$$

式中　l——桨板长度。

相对于水流旋转线速度 v 与桨板旋转角速度 ω 存在以下关系，即

$$v = r\omega \qquad (3-37)$$

式中　r——旋转半径，m；

　　　ω——相对于水的旋转角速度，rad/s。

将式（3 - 37）代入式（3 - 36）得

$$\mathrm{d}P_i = \frac{C_\mathrm{D}\rho}{2}\omega^3 r^3 l\mathrm{d}r$$

积分上式得第 i 块桨板克服水的阻力所耗功率为

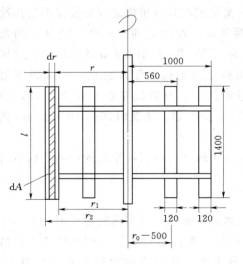

图 3 - 21 桨板功率计算图

$$P_i = \int_{r_1}^{r_2}\frac{C_\mathrm{D}\rho}{2}l\omega^3 r^3 \mathrm{d}r = \frac{C_\mathrm{D}\rho}{8}l\omega^3(r_2^4 - r_1^4) \qquad (3-38)$$

式（3 - 38）为基本公式。

设每根旋转轴上在不同旋转半径上各装相同数量的桨板，则每根旋转轴全部桨板所耗功

率为

$$P = \sum_{1}^{n} \frac{C_D \rho}{8} l\omega^3 (r_2^4 - r_1^4) \qquad (3-39)$$

式中　P——桨板所耗总功率，W；

n——同一旋转半径上桨板数；

r_2——桨板外缘旋转半径，m；

r_1——桨板内缘旋转半径，m；

其余符号同上。

每根旋转轴所需电动机功率为

$$N = \frac{P}{1000 \eta_1 \eta_2} \qquad (3-40)$$

式中　N——电动机功率，kW；

η_1——搅拌设备总机械效率，一般取 $\eta_1 = 0.75$；

η_2——传动效率，可采用 0.6～0.95。

一般所称桨板"旋转线速度"是以池子为固定参照物。相对线速度为桨板相对于水流的运动线速度，其值为旋转线速度的 0.5～0.75 倍，只有当桨板刚启动时，两者才相等，此时桨板所受阻力最大，故选用电动机时，应考虑启动功率这一因素。但计算运转功率或速度梯度 G 值时，应按式（3-39）计算，即按相对线速度考虑，或以旋转线速度乘以 0.5～0.75 代入公式亦可。

设计桨板式机械絮凝池时，应符合以下几点要求：

1）絮凝时间一般宜为 15～20min。

2）池内一般设 3～4 挡搅拌机。各挡搅拌机之间用隔墙分开以防止水流短路。隔墙上、下交错开孔。开孔面积按穿孔流速决定。穿孔流速以不大于下一挡桨板外缘线速度为宜。为增加水流紊动性，有时在每格池子的池壁上设置固定挡板。

3）搅拌机转速按叶轮半径中心点线速度通过计算确定。线速度宜自第一挡的 0.5m/s 起逐渐减小至末挡的 0.2m/s。

4）每台搅拌器上桨板总面积宜为水流截面积的 10%～20%，不宜超过 25%，以免池水随桨板同步旋转，降低搅拌效果。桨板长度不大于叶轮直径的 75%，宽度宜取 10～30cm。

机械絮凝池的优点是，可随水质、水量变化而随时改变转速以保证絮凝效果，能应用于任何规模水厂，唯需机械设备因而增加机械维修工作。

【例 3-4】　某机械絮凝池分成 3 格。每格有效容积为 26m³。每格设 1 台垂直轴桨板搅拌器且尺寸均相同，见图 3-21。试求 3 台搅拌器所需功率并核算 G 值。

【解】　叶轮中心点旋转线速度采用：

第一台搅拌机　　　　　　　　　$v_1 = 0.5$m/s

第二台搅拌机　　　　　　　　　$v_2 = 0.35$m/s

第三台搅拌机　　　　　　　　　$v_3 = 0.2$m/s

设桨板相对于水流的线速度等于桨板旋转线速度的 0.75 倍，则相对于水流的叶轮转速为

$$\omega_1 = \frac{0.75v}{r_0} = \frac{0.75 \times 0.5}{0.5} = 0.75 \text{rad/s}$$

$$\omega_2 = \frac{0.75v}{r_0} = \frac{0.75 \times 0.35}{0.5} = 0.53 \text{rad/s}$$

$$\omega_3 = \frac{0.75v}{r_0} = \frac{0.75 \times 0.2}{0.5} = 0.30 \text{rad/s}$$

（1）桨板所需功率计算（以第一格为例）。

外侧桨板 $r_1 = 1.0$m，$r_2 = 0.88$m；内侧桨板 $r_1 = 0.56$m，$r_2 = 0.44$m。内、外侧桨板各 4 块。将有关数据代入式（3-39）得

$$P_1 = \sum_1^n \frac{C_D \rho}{8} l \omega^3 (r_2^4 - r_1^4) = \frac{4 \times 1.1 \times 1000}{8} \times 1.4 \times 0.75^3 [(1.0^4 - 0.88^4)$$
$$+ (0.56^4 - 0.44^4)] = 150(\text{W})$$

以同样方法可求得：$P_2 = 53$W，$P_3 = 9.6$W。

（2）计算平均速度梯度 G 值（水温按 15℃计，$\mu = 1.14 \times 10^{-3}$Pa·s）

第一格　　　　　　　　　$G_1 = \sqrt{\frac{P_1}{\mu V}} = \sqrt{\frac{150}{1.14 \times 26} \times 10^3} = 71 \text{s}^{-1}$

第二格　　　　　　　　　$G_2 = \sqrt{\frac{53}{1.14 \times 26} \times 10^3} = 42 \text{s}^{-1}$

第三格　　　　　　　　　$G_3 = \sqrt{\frac{9.6}{1.14 \times 26} \times 10^3} = 18 \text{s}^{-1}$

絮凝池总平均速度梯度 $\overline{G}$ 为

$$\overline{G} = \sqrt{\frac{P_1 + P_2 + P_3}{\mu \times 3V}} = \sqrt{\frac{150 + 53 \times 9.6}{1.14 \times 3 \times 26} \times 10^3} = 49 \text{s}^{-1}$$

4. 其他形式絮凝池

絮凝池形式还有多种。这里仅将目前我国常用的或正在推广应用的穿孔旋流絮凝池及网格或栅条絮凝池工艺概况简单介绍如下。

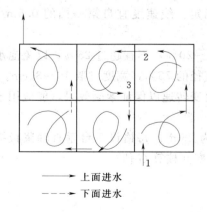

图 3-22　穿孔旋流絮凝池平面示意图

（1）穿孔旋流絮凝池。穿孔旋流絮凝池是由若干方格组成。分格数一般不少于 6 格。各格之间的隔墙上沿池壁开孔。孔口上下交错布置，见图 3-22。水流沿池壁切线方向进入后形成旋流。第一格孔口尺寸最小，流速最大，水流在池内旋转速度也最大。而后孔口尺寸逐渐增大，流速逐格减小，速度梯度 G 值也相应逐格减小以适应絮凝体的成长。一般地，起点孔口流速宜取 0.6～1.0m/s，末端孔口流速宜取 0.2～0.3m/s。絮凝时间为 15～25min。

穿孔旋流絮凝池可视为接近于 CSTR 型反应器，且受流量变化影响较大，故絮凝效果欠佳，池底也容易产生积泥现象。其优点是构造简单、施工方便、造价低，可用于中、小型水厂或与其他形式絮凝池组合应用。

（2）网格、栅条絮凝池。网格、栅条絮凝池设计成多格竖井回流式。每个竖井安装若干

层网格或栅条。各竖井之间的隔墙上，上、下交错开孔。每个竖井网格或栅条数自进水端至出水端逐渐减少，一般分 3 段控制。前段为密网或密栅，中段为疏网或疏栅，末段不安装网、栅。图 3-23 所示为一组絮凝池，共分 9 格（即 9 个竖井），网格层数共 27 层。当水流通过网格时，相继收缩、扩大，形成涡旋，造成颗粒碰撞。水流通过竖井之间，孔洞流速及过网流速按絮凝规律逐渐减小。表 3-4 列出网格和栅条絮凝池主要设计参数。

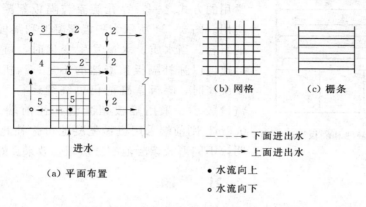

图 3-23　网格（或栅条）絮凝池平面示意图
1、2、3、4—网格层数

　　网格和栅条絮凝池所造成的水流紊动颇接近于局部各向同性紊流，故各向同性紊流理论应用于网格和栅条絮凝池更为合适。

　　网格絮凝池效果好，水头损失小，絮凝时间较短。但根据已建的网格和栅条絮凝池运行经验，还存在末端池底积泥现象，少数水厂发现网格上滋生藻类、堵塞网眼现象。

表 3-4　　　　　　　　　　　栅条、网格絮凝池主要设计参数

絮凝池型	絮凝池分段	栅条缝隙或网格孔眼尺寸/mm	板条宽度/mm	竖井平均流速/(m/s)	过栅或过网流速/(m/s)	竖井之间孔洞流速/(m/s)	栅条或网格构件布设层数（层）/层距/cm	絮凝时间/min	流速梯度/(s⁻¹)
栅条絮凝池	前段（安放密栅条）	50	50	0.12～0.14	0.25～0.30	0.30～0.20	$\geq\dfrac{16}{60}$	3～5	70～100
	中段（安放疏栅条）	80	50	0.12～0.14	0.22～0.25	0.20～0.15	$\geq\dfrac{8}{60}$	3～5	40～60
	末段（不安放栅条）			0.10～0.14		0.10～0.14		4～5	10～20
网格絮凝池	前段（安放密网格）	80×80	35	0.12～0.14	0.25～0.30	0.30～0.20	$\geq\dfrac{16}{60\sim70}$	3～5	70～100
	中段（安放疏网格）	100×100	35	0.12～0.14	0.22～0.35	0.20～0.15	$\geq\dfrac{8}{60\sim70}$	3～5	40～50
	末段（不安放网格）			0.10～0.14		0.10～0.14		4～5	10～20

　　网格和栅条絮凝池目前尚在不断发展和完善之中。絮凝池宜与沉淀池合建，一般布置成

两组并联形式。每组设计水量一般为 1.0 万～2.5 万 m³/d 之间。

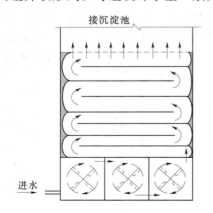

图 3-24 机械絮凝池和隔板絮凝池组

（3）不同形式絮凝池组合应用。每种形式的絮凝池都各有其优、缺点。不同形式的絮凝池组合应用往往可以相互补充，取长补短。往复式和回转式隔板絮凝池在竖向组合（通常往复式在下、回转式在上）是常用的方式之一。穿孔旋流与隔板絮凝池也往往组合应用。图 3-24 所示为隔板絮凝池和桨板式机械絮凝池的组合。当水质、水量发生变化时，可以调节机械搅拌速度以弥补隔板絮凝池的不足；当机械搅拌装置需要维修时，隔板絮凝池仍可继续运行。此外，若设计流量较小，采用隔板絮凝池往往前端廊道宽度不足 0.5m，则前端采用机械絮凝池可弥补此不足。实践证明，不同形式絮凝池配合使用，效果良好。

习 题

1. 何谓胶体稳定性？用胶粒间相互作用势能曲线说明胶体稳定性的原因。

2. 在混凝过程中，压缩双电层和吸附—电中和作用有何区别？简要叙述硫酸铝混凝作用机理是什么？

3. 硫酸铝混凝剂在水解聚合过程中与水的 pH 值的关系是什么？

4. 高分子混凝剂投量过多时，为什么混凝效果反而不好？

5. 目前我国常用的混凝剂有哪几种？各有哪些优、缺点？

6. 何谓同向絮凝和异向絮凝？两者的凝聚速率（或碰撞速率）与哪些因素有关？脱稳后的颗粒碰撞聚结主要原因是什么？

7. 絮凝过程中 G 值的含义是什么？沿用已久的 G 值和 GT 值的数值范围存在什么缺陷？

8. 什么叫助凝剂？常用的助凝剂有哪几种？在什么情况下需投加助凝剂？

9. 影响混凝效果的主要因素有哪几种？这些因素是如何影响混凝效果的？

10. 原水温度、浊度和碱度对混凝效果会产生较大影响，克服这些影响的方法是什么？

11. 混凝剂有哪几种投加方式？各有何优缺点及其使用条件？

12. 当前水厂常用的混合方法有哪几种？各有何优缺点？在混合过程中，控制 G 值的作用是什么？

13. 当前水厂中常用的絮凝设备有哪几种？各有何优缺点？在絮凝过程中，为什么 G 值应自进口逐渐减小？折板絮凝池混凝效果为什么优于隔板絮凝池？

第4章 沉淀、澄清和气浮

水中悬浮颗粒依靠重力作用，从水中分离出来的过程称为沉淀。颗粒相对密度大于 1 时表现为下沉；小于 1 时表现为上浮。

4.1 沉 淀 类 型

在水处理中，根据悬浮颗粒的性质、浓度及絮凝性能，将沉淀分为自由沉淀、絮凝沉淀、区域沉淀和压缩沉淀 4 种类型。

（1）自由沉淀。当悬浮物浓度不高时，颗粒沉淀过程中相互不会发生碰撞，呈单颗粒状态，颗粒独立完成各自的沉淀过程，在整个沉淀过程中，颗粒的物理性质，如形状、大小及密度均不发生任何变化，颗粒沉淀的轨迹呈直线状。砂粒在水中的沉淀过程就是典型的自由沉淀。

（2）絮凝沉淀。絮凝沉淀又称为干扰沉淀。当悬浮颗粒浓度较大时，在沉淀过程中，颗粒之间相互碰撞，发生絮凝作用，结果颗粒的粒径与质量都逐渐变大，沉淀速度不断加快，沉淀轨迹呈曲线。活性污泥在二次沉淀池中的沉淀就是典型的絮凝沉淀。

（3）区域沉淀。区域沉淀又称成层沉淀或拥挤沉淀。在沉淀过程中，当悬浮颗粒浓度增大时，颗粒间相互碰撞，相互干扰，致使颗粒挤成一团，沉速大的颗粒也不能超越沉速小的颗粒而沉降。这种相互干扰的沉降作用使所有颗粒合成一个整体，大小颗粒各自保持其相对位置不变而整体下沉，并与液相之间形成一个清晰的界面。区域沉淀的外在表现就是界面的下降，也称成层沉淀。二次沉淀池下部的沉淀过程及浓缩池的开始阶段是典型的区域沉淀。

（4）压缩沉淀。此过程是成层沉淀的继续。成层沉淀的发展使颗粒浓度越来越大，颗粒之间挤集成团块状，互相接触，互相支撑，上层颗粒在重力作用下挤出下层颗粒的间隙水，使污泥得到浓缩，如活性污泥在二次沉淀池污泥斗中的浓缩过程是典型的压缩沉淀。

4.1.1 自由沉淀

沉淀是去除水中颗粒杂质的主要方法之一。颗粒杂质能否在沉淀池中沉淀下来，主要取决于颗粒杂质的沉淀速度及其在池内的沉淀条件。下面先讨论颗粒杂质在水中的沉淀速度。

用一个玻璃杯盛一杯清水，然后向杯内投一颗砂粒。若这颗砂粒投入水中时的速度为零，那么可以看到砂粒开始时下沉的速度越来越快，即做加速运动，但沉速增大至一定数值后便不再变化，接着便以此沉速做等速沉降运动。从砂粒开始沉淀起到它开始以等速度沉降为止，这段时间一般都很短。例如，直径为 1mm 的粗砂（相对密度为 2.7）在 15℃ 的水中下沉，这段时间才约为 0.09s，下沉距离约 4.7mm。所以，下面只讨论杂质颗粒做等速沉降的问题。

在水中做沉降运动的颗粒杂质，将受下列 3 种力的作用（图 4-1）。

（1）重力 G。若杂质颗粒为球形，其粒径为 d，颗粒的体积为 $\frac{1}{6}\pi d^3$，密度为 ρ，则重力为

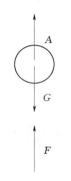

图 4-1　水中颗粒
沉降受力示意

$$G=\frac{1}{6}\pi d^3 \rho g=\frac{1}{6}\pi d^3 \rho g \qquad (4-1)$$

式中　g——重力加速度。

（2）浮力 A。其值等于与颗粒等体积的水重，即

$$A=\frac{1}{6}\pi d^3 \rho_0 g \qquad (4-2)$$

式中　ρ_0——水的密度。

（3）颗粒做沉降运动时受到的水流阻力 F，其值与颗粒在运动方向的投影面积 $\frac{1}{4}\pi d^2$ 以及动压 $\frac{1}{2}\rho_0 u^2$ 有关，μ 为颗粒与水的相对运动速度（即沉淀速度），则

$$F=\eta \times \frac{1}{4}\pi d^2 \times \frac{1}{2}\rho_0 u^2=\frac{1}{8}\eta\pi d^2 \rho_0 u^2 \qquad (4-3)$$

式中　η——阻力系数。

当颗粒做等速运动时，作用于颗粒上所有的力应处于平衡状态，即有

$$G-A-F=0 \qquad (4-4)$$

将前面各式代入式（4-4），得颗粒的沉淀速度为

$$u=\sqrt{\frac{4g}{3\eta}\cdot\frac{(\rho-\rho_0)}{\rho_0}\cdot d} \qquad (4-5)$$

试验表明，阻力系数是雷诺数的函数，可写为

$$\eta=f(Re) \qquad (4-6)$$

$$Re=\frac{\rho_0 du}{\mu} \qquad (4-7)$$

式中　Re——雷诺数；

　　　μ——水的动力黏滞系数。

图 4-2 所示为 $\eta=f(Re)$ 的试验曲线。由图可见，当 $Re<1$ 时，$\eta=f(Re)$ 在对数坐标线上为一直线，且直线倾角为 45°，它表明 η 与 Re 有简单的反比例关系，即

$$\eta=\frac{24}{Re} \qquad (4-8)$$

图中 η 与 Re 有直线关系的区段，称为层流区。将式（4-7）、式（4-8）代入式（4-5），得层流区的沉淀速度计算公式，称为斯托克斯公式，即

$$u=\frac{1}{18}\cdot\frac{(\rho-\rho_0)g}{\mu}\cdot d^2 \qquad (4-9)$$

由图 4-2 可见，$Re>1000$ 时，曲线为水平状，即 η 与 Re 无关，为湍流区。

$$\eta=C \qquad (4-10)$$

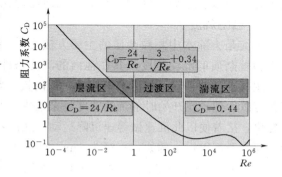

图 4-2　$\eta=f(Re)$ 的试验曲线

式中 C 为常数。在 $Re=1000\sim25000$ 区间，对于球形颗粒，可近似取 $C=0.4$。

代入式（4-5），得式（4-11），称为牛顿公式，即

$$u=\sqrt{\frac{3}{10}\cdot\frac{(\rho-\rho_0)}{\rho_0}\cdot gd} \tag{4-11}$$

介于层流区和湍流区之间的区段（$Re=1\sim1000$）为过渡区。由图 4-2 可见，曲线的斜率在过渡区是不断变化的，η 与 Re 的关系可表示为

$$u=\frac{B}{Re^s} \tag{4-12}$$

式中 B——常数；

s——指数，其值介于 $0\sim1$ 之间；$s=1$ 即为层流区的关系式；$s=0$ 即为湍流区的关系式。

为简化计，可按曲线在过渡区的平均斜率 $s=0.5$ 计算，即

$$C_D=\frac{10}{Re^{0.5}} \tag{4-13}$$

将式（4-13）代入式（4-5），可得到颗粒在过渡区的沉速计算式，称为阿兰（Allen）公式，即

$$u=\left[\frac{4}{225}\cdot\frac{(\rho-\rho_0)^2}{\rho_0}\cdot\frac{g^2}{\mu}\right]^{\frac{1}{3}}\cdot d \tag{4-14}$$

在水处理领域里，被去除的颗粒沉速大多远小于 0.1mm 泥砂颗粒的沉速，而 0.1mm 颗粒在水中的沉降仍属于层流状态，所以层流区的斯托克斯公式对水处理特别重要。

【例 4-1】 污泥颗粒的直径为 $50\mu m$，密度为 $1200kg/m^3$。试计算该颗粒在 20℃时水中的沉淀速度。

【解】 先假设处于层流状态，则颗粒 $d=50\mu m=5\times10^{-5}$ m，20℃时水的黏度 $\mu=0.00101Pa\cdot s$。代入式（4-9）得

$$u=\frac{9.81\times(1200-1000)}{18\times1.01\times10^{-3}}\times(5\times10^{-5})^2=2.7\times10^{-4}(m/s)$$

校核雷诺数 Re

$$Re=\frac{u\rho_y d}{\mu}=\frac{2.7\times10^{-4}\times1000\times5\times10^{-5}}{1.01\times10^{-3}}=0.013<1$$

符合式（4-7）的应用条件。

4.1.2 拥挤沉淀

严格而言，自由沉淀是单个颗粒在无边际的水体中的沉淀。此时颗粒排挤开同体积的水，被排挤的水将以无限小的速度上升。当大量颗粒在有限的水体中下沉时，被排挤的水便有一定的速度，使颗粒所受到的水阻力有所增加，颗粒处于相互干扰状态，此过程称为拥挤沉淀，此时的沉速称为拥挤沉速。

拥挤沉速可以用试验方法测定。当水中含砂量很大时，泥砂即处于拥挤沉淀状态。常见的拥挤沉淀过程有明显的清水和浑水界面，称为浑液面，浑液面缓慢下沉，直到泥砂最后完全压实为止。

水中凝聚性颗粒的浓度达到一定数量亦产生拥挤沉淀。由于凝聚性颗粒的相对密度远小于砂粒的相对密度，所以凝聚性颗粒从自由沉淀过程过渡到拥挤沉淀的临界浓度远小于非凝聚颗粒的临界浓度。

高浊度水的拥挤沉淀过程分析如下。

将高浊度水注入一只透明的沉淀筒中进行静水沉淀，在沉淀时间 t_i 的沉淀现象见图 4 - 3。

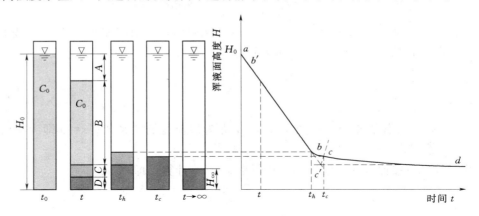

图 4 - 3　高浊度水的沉降曲线

此时整个沉淀筒中可分为 4 个区，即清水区 A、等浓度区 B、变浓度区 C 及压实区 D。清水区下面的各区可以总称为悬浮物区或污泥区。整个等浓度区中的浓度都是均匀的，这一区内的颗粒大小虽然不同，但由于互相干扰的结果，大的颗粒沉降变慢了而小的颗粒沉降却变快了，因而形成等速下沉的现象，整个区好像都是由大到小完全相等的颗粒组成的。当最大粒度与最小粒度之比在 6∶1 以下时，就会出现这种等速下沉的现象。颗粒等速下沉的结果，在沉淀筒内出现了一个清水区。清水区与等浓度区之间形成一个清晰的交界面，称浑液面。它的下沉速度代表了颗粒的平均沉降速度。颗粒间的絮凝过程越好，交界面就越清晰，清水区内的悬浮物就越少。紧靠沉淀筒底部的悬浮物很快就被筒底截住，这层被截住的悬浮物又反过来干扰上面的悬浮物沉淀过程，同时底部出现一个压实区。压实区的悬浮物有两个特点：一个是从压实区的上表面起到筒底止，颗粒沉降速度是逐渐减小的，在筒底的颗粒沉降速度为零。另一个特点是，由于筒底的存在，压实区内悬浮物缓慢下沉的过程也就是这一区内悬浮物缓慢压实的过程。从压实区与等浓度区的特点比较，就可以看出它们之间必然存在一个过渡区，即从等浓度区逐渐变为压实区顶部浓度的区域，即称为变浓度区。

在沉淀过程中，清水区高度逐渐增加，压实区高度也逐渐增加，而等浓度区的高度则逐渐减小，最后不复存在。变浓度区的高度开始是基本不变的，但当等浓度区消失后，变浓度区也逐渐消失。变浓度区消失后，压实区内仍然继续压实，直至这一区的悬浮物达到最大密度为止。当沉降达到变浓度区刚消失的位置时，称为临界沉降点。

如以交界面高度为纵坐标，沉淀时间为横坐标，可得交界面沉降过程曲线如图 4 - 3 所示。ab' 段为上凸的曲线，可解释为颗粒间的絮凝结果，由于颗粒凝聚变大，使下降逐渐变大。$b'b$ 段为直线，表明交界面等速下降。ab' 段一般较短，且有时不明显，所以可以作为 $b'b$ 段的延伸。bd 段为下凹的曲线，表明交界面下降速度逐渐变小。此时 B 区和 C 区已消失，d 点即为临界沉降点。cd 段表示 B、C、D 三区重合后沉淀物压实的过程。随着时间的增长，压实变慢，最后高度为 H_∞。

沉淀开始时 $t=0$，浑液面从水面开始沉降，浑液面起始高度为 H_0，于 t 时刻浑液面沉降到高度为 H 的位置，则浑液面的沉速 u 为

$$u = \frac{H_0 - H}{t} \tag{4-15}$$

水中悬浮物的界面沉降，在黄河高浊度水的沉淀、澄清池中的悬浮泥渣层沉降、污水活性污泥浓缩以及矿浆水浓缩等的水处理过程中都会出现。

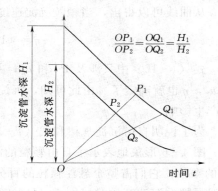

对同一水样，用不同高度的沉降筒做试验时，发现在不同沉淀高度时，两条沉降过程曲线之间存在着相似关系，如图 4-4 所示。

说明当原水浓度相同时，A、B 区交界面的下沉速度是不变的，但由于沉淀水深大时，压实区也较厚，是后沉淀物的压实要比沉淀水深小时压得密实些。这种沉淀过程与沉淀高度无关的现象，可以用较浅的沉淀筒做试验来推测实际水深的沉淀效果。

图 4-4 不同沉淀高度的沉降过程相似关系

4.2 沉淀试验及沉淀曲线

为了直观、准确地研究各种沉淀类型的沉淀规律，应该进行沉淀试验。

4.2.1 自由沉淀试验

（1）试验方法一。取直径为 80～100mm、高度为 1500～2000mm 的沉淀筒 8 个，将已知悬浮颗粒浓度 C_0 与水温的水样，注入各沉淀筒，搅拌均匀后，开始做沉淀试验。取样点设在水深 $H = 1200$mm 处。当沉淀时间为 5min、10min、15min、30min、45min、60min、90min、120min 时，分别在 1 号、2 号、…、8 号沉淀筒取出水样 100mL，并分析各水样的悬浮颗粒浓度 C_1、C_2、…、C_8。则 C_i/C_0 即为取样口的水样中剩余悬浮颗粒所占百分数，$1-C_i/C_0$ 代表取样口水样中悬浮颗粒去除率，如以 P_i 代表 C_i/C_0，在直角坐标系上画 P_i 与沉速 $u_i = H/t_i$ 的关系曲线。沉速 u_i 是指在沉淀时间 t_i 内，能从水面恰巧下沉到水深 H 处的颗粒的沉淀速度。$P\text{-}u$ 曲线如图 4-5 所示。

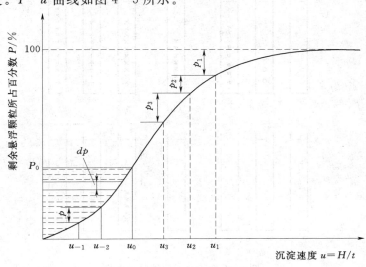

图 4-5 自由沉淀试验的 $P\text{-}u$ 曲线

从曲线可以得出，当颗粒沉淀速度为 u_0 时，整个水深 H 中去除悬浮物的百分数为

$$\eta = (100 - P_0) + \frac{1}{u_0}\int_0^{P_0} u \mathrm{d}P \qquad (4-16)$$

式（4-16）中只涉及 P_0 和 u_0，并不涉及具体沉淀时间和水深。也就是说，只要确定了 u_0，η 也就确定了。由此可知，沉淀试验的高度 H 可选任何值，对于沉淀去除百分数并不产生影响。

为了说明自由沉淀规律和式（4-16），做以下分析。

图 4-6 形象地表示了自由颗粒的沉降过程。假定沉淀速度为 u_1、u_2、u_3、$\cdots$、u_0、$\cdots$、u_n 的颗粒，它们占整个悬浮颗粒的百分数分别为 p_1、p_2、p_3、$\cdots$、p_0、$\cdots$、p_n。由于这些悬浮颗粒在沉淀开始时（$t=0$）在高度上的分布是均匀的，所以把其分开表示出来，便于理解，如图 4-6（a）所示。图中分别画出了 u_1、u_2、u_3、$\cdots$、u_0、$\cdots$、u_n 等各种颗粒的均匀分布情形，把这些图叠加即得整个悬浮颗粒的分布情况。图 4-6（b）表示当 $t=t_1$ 时的颗粒分布情况，其中沉速为 u_1 的颗粒在 t_1 时刻恰好下沉 H 高度，即在水面处的这种颗粒恰好沉到取样口处，水面以下的颗粒则沉淀到取样口以下，在整个水深 H 中就不再存在这种颗粒了，而沉速为 u_2、u_3、$\cdots$ 的颗粒则不同，它们在 t_1 时刻只下沉了 u_2t_1、u_3t_1、$\cdots$ 距离，在这些距离以下的位置，颗粒则以列队的形式下移，因此在这些位置下面，如图 4-6（b）所示，

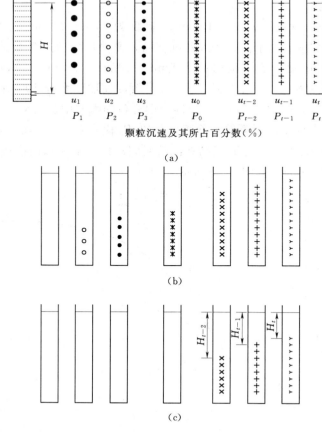

颗粒沉速及其所占百分数（%）

（a）

（b）

（c）

图 4-6　自由沉淀试验示意图

（a）$t=0$；（b）$t=t_1$；（c）$t=t_0$

它们仍然保持原来的分布情况而不受影响。可见，在 t_1 时刻从取样口所取的水样中，除了沉速为 u_1 的颗粒被完全去除外，其他颗粒在所取的水样中浓度没有变化，也就是说，$100-P_1$ 代表 u_1 颗粒所占的百分数 p_1。同样可知，$P_1-P_2=p_2$、$P_2-P_3=p_3$、$\cdots$、$P_{n-1}-P_{n-2}=p_{n-2}$、$\cdots$分别为 u_2、u_3、$\cdots$、u_{n-2} $\cdots$颗粒在悬浮颗粒中所占的百分数，如图 4-5 所示。

由上可知，P-u 曲线实质上是悬浮颗粒的粒度分布曲线。下面证明式（4-16）。

在沉淀时间 t_0 时取水样，由图 4-6 可知，沉速大于 u_0 的颗粒 $u_1\cdots u_2\cdots u_0$ 等在整个水深 H 中被全部去除。这些颗粒的去除率百分数之和为 $p_1+p_2+p_3+\cdots+p_0=100-P_0$，在整个悬浮颗粒中，其去除率为 $100-P_0$。沉速小于 u_0 的颗粒，在整个水深中还残留了一部分。以沉速为 u_{t-2} 的颗粒为例，令沉速为 u_{t-2} 的颗粒在沉淀时间 t_0 的下沉距离为 $H_{t-2}=u_{t-2}t_0$，则时间 t_0 时，在水深 H 中有 H_{t-2} 部分沉速为 u_{t-2} 的颗粒不再存在，如图 4-6（c）所示。因此，沉速为 u_{t-2} 的颗粒的去除率为

$$\frac{H_{t-2}}{H_t}p_{t-2}=\frac{u_{t-2}t_0}{u_0t_0}p_{t-2}=\frac{u_{t-2}}{u_0}p_{t-2}=\frac{u_{t-2}}{u_0}(P_{t-1}-P_{t-2})$$

对沉速小于 u_0 的颗粒来说，去除率为 $\sum\frac{u}{u_0}p=\sum\frac{u}{u_0}\Delta P$，即

$$\int_0^{P_0}\frac{u}{u_0}\mathrm{d}P=\frac{1}{u_0}\int_0^{P_0}u\mathrm{d}P$$

把沉速小于 u_0 的颗粒去除率和沉速大于 u_0 的颗粒去除率相加，即得总去除率式（4-16）。

（2）试验方法二。沉淀筒尺寸、数目及取样点深度与试验方法一相同，但取样方法不同。此方法是：在沉淀时间为 5min、10min、15min、30min、45min、60min、90min、120min 时，分别在 1 号，2 号，$\cdots$，8 号沉淀筒内取出取样点以上的全部水样，分析悬浮颗粒的浓度 C_1、C_2、$\cdots$、C_8，水样中的悬浮颗粒浓度 C_i 与原有悬浮颗粒浓度 C_0 的比值称为悬浮颗粒剩余量，简称剩余量，用 $P_0=C_i/C_0$ 表示，相应地去除率应为 $100-P_0$。此 C_i 包括了所有剩余颗粒的浓度，所以去除率 $100-P_0$ 即为总去除率。

【例 4-2】 污水悬浮物浓度 $C_0=400\text{mg/L}$，第一种试验方法的试验结果见表 4-1。试求：①需去除 $u_0=2.5\ \text{mm/s}$（0.15 m/min）颗粒的总去除率；②需去除 $u_0=1\ \text{mm/s}$（0.06 m/min）的颗粒的总去除率。取样口深度为 1200 mm。

表 4-1　　　　　　　　　　　　　　自 由 沉 淀 试 验 记 录

取样时间 /min	悬浮颗粒浓度/ (mg/L)	P_i/%	$100-P_i$ /%	沉速 u_t	
				mm/s	m/min
0	$C_0=400$	100	0	0	0
5	240	$100\times(240/400)=60$	40	$1200/(5\times60)=4$	0.240
15	208	52	48	1.33	0.080
30	184	46	54	0.67	0.040
45	160	40	60	0.44	0.027
60	132	33	67	0.32	0.020
90	108	27	73	0.22	0.013
120	88	22	78	0.17	0.010

【解】　根据表 4-1，以 $P=C_i/C_0$ 为直角坐标系的纵坐标，沉速 u 为横坐标，自由沉淀试验的 $P-u$ 曲线如图 4-7 所示。

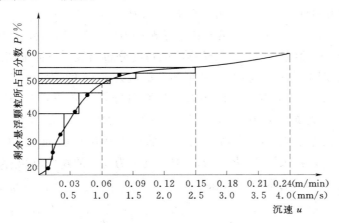

图 4-7　自由沉淀试验的 $P-u$ 曲线

用图解法把图 4-7 划分为 8 个矩形小块（划分越多，结果越精确），累计面积 $\int_0^{P_0} \dfrac{u_t}{u_0} \mathrm{d}P$ 计算结果，列于表 4-2 中。

表 4-2　　　　　　　　　　　$\int_0^{P_0} u_t \mathrm{d}P$ 图解计算值

$u_t/(\mathrm{mm/s})$	$\mathrm{d}P$	$u_t\mathrm{d}P$
0.11	4	0.44
0.25	6	1.50
0.37	10	3.70
0.58	7	4.06
1.00	3	3.00
1.17	2	2.34
1.67	2	3.34
2.50	2	5.00
合计	\multicolumn{2}{c}{$\int_0^{P_0} u_t \mathrm{d}P = 23.38$}

①去除 $u_0=2.5\mathrm{mm/s}$ 的颗粒的总去除率为：从图 4-7 查得 $u_0=2.5\mathrm{mm/s}$ 时，剩余量 $P_0=56$；沉速 $u_t < u_0 = 2.5\mathrm{mm/s}$ 的颗粒去除量 $\int_0^{P_0} u_t \mathrm{d}P = 23.38$（表 4-2），总去除率为

$$\eta = (100-56) + \frac{1}{2.5} \times 23.38 = 44 + 9.4 = 53.4\%$$

即 $u_t \geqslant 2.5\mathrm{mm/s}$ 的颗粒可去除 44%；$u_t < 2.5\mathrm{mm/s}$ 的颗粒可去除 9.4%。

②去除沉速 $u_0=1\mathrm{mm/s}$ 颗粒的总去除率：从图 4-7 查得，$u_0=1\mathrm{mm/s}$ 时剩余量 $P_0=50$；沉速 $u_t < u_0 = 1\mathrm{mm/s}$ 时的颗粒去除量 $\int_0^{P_0} u_t \mathrm{d}P = 12.70$，总去除率为

$$\eta = (100-50) + \frac{1}{1} \times 12.70 = 62.7\%$$

即 $u_t \geqslant u_0 = 1.0$mm/s 的颗粒可去除 50%；$u_t < u_0 = 1.0$mm/s 的颗粒可去除 12.7%。

4.2.2 絮凝沉淀试验

絮凝沉淀试验是在一个直径为 150~200mm、高为 2000~2500mm 的沉淀筒内进行的，在高度方向每隔 500mm 设取样口，如图 4-8（a）所示。将已知悬浮颗粒浓度 C_0 与水温的水样注满沉淀筒，搅拌均匀。每隔一定时间间隔计时取样，如 10min、20min、30min、…、120min，同时在各取样口取水样 50~100mL，分析悬浮物浓度，并计算出相应的去除率 $\eta = \dfrac{C_0 - C_i}{C_0} \times 100\%$，列于表 4-3 中。

表 4-3   絮凝沉淀试验记录表

取样时间 /min		0		10		20		…	
取样口编号		浓度 /(mg/L)	去除率 /%	浓度 /(mg/L)	去除率 /%	浓度 /(mg/L)	去除率 /%	浓度 /(mg/L)	去除率 /%
1.0	0.5	200	0	180	10	160	19	…	…
2	1.0	200	0	184	8	170	15	…	…
3	1.5	200	0	188	6	178	11	…	…
4	2.0	200	0	190	5	182	9	…	…

根据表 4-3，在直角坐标系上以纵坐标为取样口深度，横坐标为取样时间，将同一沉淀时间、不同深度的去除率标于其上，然后把去除率相等的各点连成曲线，见图 4-8（b），从图 4-8（b）可求出不同沉淀时间、不同深度对应的总去除率。求解方法见例 4-3。

【例 4-3】 图 4-8（b）是某城市污水的絮凝沉淀试验的等去除率曲线。求沉淀时间 30min、深度 2m 处的总去除率。

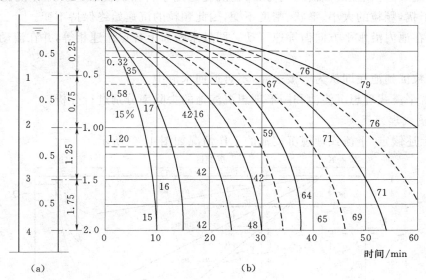

图 4-8 絮凝沉淀曲线

【解】 先计算沉淀时间 $t = 30$min、深度 $H = 2$m 处的沉速，即 $u_0 = \dfrac{H}{t} = \dfrac{2}{30} = 0.067$m/min $= 1.11$mm/s。因此，凡 $u_t \geqslant u_0 = 0.067$m/min 的颗粒均被去除。由图 4-8（b）可知，

这部分颗粒的去除率为 48%，$u_t < u_0 = 0.067$m/min 颗粒的去除率可用图解法求得。其步骤如下：分别在等去除率曲线 48% 和 60%、60% 和 72%、72% 和 78% 之间作中间曲线 [见图 4-8（b）的虚线]，曲线与 $t = 30$min 的垂直交点对应的深度分别为 1.20m、0.58m 和 0.31m，则颗粒的平均沉速分别为 $u_1 = \dfrac{1.20}{30} = 0.04$m/min $= 0.67$mm/s、$u_2 = \dfrac{0.58}{30} = 0.02$m/min $= 0.33$mm/s、$u_3 = \dfrac{0.31}{30} = 0.01$m/min $= 0.17$mm/s。沉速更小的颗粒可略去。故沉淀时间 $t = 30$min、深度为 2m 处的总去除率为

$$\eta = 48 + \frac{u_1}{u_0}(60-48) + \frac{u_2}{u_0}(72-60) + \frac{u_3}{u_0}(78-72)$$

$$= 48 + \frac{0.67}{1.11} \times 12 + \frac{0.33}{1.11} \times 12 + \frac{0.17}{1.11} \times 6$$

$$= 48 + 7.2 + 3.6 + 0.9$$

$$= 59.7\%$$

4.3　理　想　沉　淀　池

4.3.1　理想沉淀池的原理

4.2 节中沉淀试验及其分析结果代表了不同颗粒的静置沉淀特性，它不能反映实际沉淀池中水流运动对颗粒沉淀的种种影响，为了使静置沉淀试验结果能够在沉淀池的设计中得到应用，作以下假设，并把符合本假设的沉淀池称为理想沉淀池。

（1）在流入区，颗粒沿截面均匀分布，在沉淀区处于自由沉淀状态。即在沉淀过程中颗粒之间互不干扰，颗粒的大小、形状、密度不变，因此颗粒的沉速始终保持不变。

（2）水在池内沿水平方向做等速流动。即过水断面上各点流速相等，并在流动过程中流速始终不变。

（3）颗粒沉到池底即认为已被去除，不再返回水流中。

下面就平流式理想沉淀池和圆形理想沉淀池的去除率分别进行分析。

1. 平流式理想沉淀池

根据上述假定，平流式理想沉淀池的工作情况如图 4-9 所示。

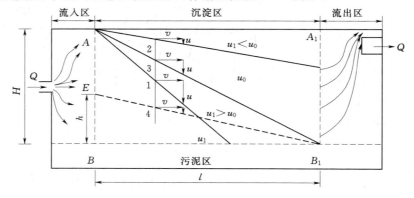

图 4-9　平流理想沉淀池示意图

平流式理想沉淀池分为流入区、流出区、沉淀区和污泥区。如图 4-9 所示,原水进入沉淀池,在流入区被均匀分配在 $A-B$ 断面上,其运动轨迹为水平流速 v 和颗粒沉速 u 的矢量和,直线 1 代表颗粒从池顶 A 点开始下沉,能够在池底的最远处 B_1 点之前沉到池底的颗粒运动轨迹;直线 2 代表从池顶 A 点开始下沉而不能沉到池底的颗粒运动轨迹。在这两种运动轨迹中间,存在第三类颗粒的运动轨迹(见直线 3),这种颗粒从池顶 A 点开始下沉,刚好沉到池底的最远处 B_1 点(设其沉速为 u_0)。于是,凡沉速大于 u_0 的颗粒都可以沿着类似直线 1 的轨迹沉到池底被除去;而沉速小于 u_0 的颗粒(设为 u_1),则需视其在流入区所处的位置而定。若其处于 A 点或其他靠近水面的位置开始下沉,则不能沉到池底,而是沿着类似于直线 2 的方式被水流带出池外;若其处于某点以下(如图 4-9 中 E 点,若此颗粒从 E 点开始沿着直线 4 沉淀,能够恰好被去除)开始沉淀,也可能被去除。这就是说,沉速 $u_1 < u < u_0$ 的一切颗粒,若在 E 点以下开始沉淀,也能被全部去除。由此可见,直线 3 所代表的颗粒沉速 u_0 具有特殊的意义,称为截留沉速。截留沉速实际上反映了沉淀池能全部去除的颗粒中的最小颗粒沉速,凡是沉速不小于 u_0 的颗粒能被全部去除。

下面通过分析直线 3 的颗粒,介绍沉淀池的一个重要概念——表面负荷。

对于直线 3 的颗粒而言,有

$$t = \frac{l}{v}$$

又因为

$$t = \frac{H}{u_0}$$

式中 t——沉淀时间,即水在沉淀区中的停留时间, s;

     l——沉淀池的沉淀长度, m;

     v——水平流速, m/s;

     H——沉淀区深度, m;

     u_0——截留沉速, m/s。

由上两式得

$$\frac{l}{v} = \frac{H}{u_0}$$

即

$$u_0 = \frac{Hv}{l} = \frac{HvHB}{lHB} = \frac{HQ}{lHB} = \frac{Q}{lB} = \frac{Q}{A} \tag{4-17}$$

式中 Q——流量, m^3/s;

     B——沉淀池宽, m;

     A——沉淀池面积, m^2。

式中,Q/A 为表面负荷或称溢流率,用符号 q 表示,为单位时间内通过沉淀池单位面积的流量。其量纲为 $m^3/(m^2 \cdot s)$ 或 $m^3/(m^2 \cdot h)$,也可简化为 m/s 或 m/h。表面负荷在数值上等于截留沉速 u_0。因而,设计沉淀池时,确定了所要去除颗粒的 u_0 值,其表面负荷 q 也已确定。

下面讨论去除率 η 的推导过程。

从上述分析得知,沉速大于 u_0 的颗粒必将全部去除。为了讨论颗粒的总去除率,只需

讨论沉速小于 u_0 的颗粒的去除率即可。

对于沉速 u_1 小于截留沉速 u_0 的颗粒，若其沿着图 4-9 中直线 4 运动，也能被去除。可见，位于池底以上 h 高度内（为 E 点距池底的距离）的颗粒可被全部去除。

设原水中这类颗粒的浓度为 C，沿着进水区的高度为 H 的断面进入的这种颗粒总量为 QC，沿着 E 点（高度为 h）以下截面进入的这种颗粒的数量为 $hBvC$，则沉速为 u_0 颗粒的去除率为

$$\eta = \frac{hBvC}{QC} = \frac{hBvC}{HBvC} = \frac{h}{H} \tag{4-18}$$

又因为 $\dfrac{l}{v} = \dfrac{H}{u_0}$，得

$$H = \frac{lu_0}{v} \tag{4-19}$$

同理，由

$$\frac{l}{v} = \frac{h}{u_1}$$

得

$$h = \frac{lu_1}{v} \tag{4-20}$$

将式（4-19）和式（4-20）代入式（4-18）得

$$\eta = \frac{u_1}{u_0} \tag{4-21}$$

又因为 $u_0 = \dfrac{Q}{A}$，代入式（4-21）得

$$\eta = \frac{u_1}{\dfrac{Q}{A}} = \frac{u_1}{q} \tag{4-22}$$

由此可见，在理论上，平流式理想沉淀池的去除率仅与表面负荷及颗粒沉速有关，而与其他因素，如水流速度、沉淀时间、池深、池长等无关。从式（4-22）还可以得出以下结论：

（1）当去除率 η 一定时，颗粒沉速越大，表面负荷越高，即产水量越大。

（2）当表面负荷 q 一定时，颗粒沉速 u_1 越大，则去除率越高。因此，实际运行中常通过混凝处理来增加颗粒沉速。

（3）当颗粒沉速 u_1 确定后，沉淀池表面积 A 越大，则去除率越高。因而当沉淀池容积一定时，池越浅则表面积越大，可以提高去除率，这就是浅池沉淀理论，也是斜板、斜管沉淀池的理论基础。

上面只讨论了颗粒沉速为 u_1 的颗粒的去除率。实际中，类似 $u_1 < u_0$ 的颗粒还有很多，这些颗粒的总去除率是 $u_1 < u_0$ 的颗粒去除率之和。

设 P 为所有沉速小于 u_0 的颗粒质量占原水中全部颗粒质量的百分数，dP 表示沉速为 $u(u < u_0)$ 的颗粒所占全部颗粒的质量分数。由式（4-21）可知，沉速为 u 颗粒的去除率为 $\dfrac{u}{u_0}dP$。因此，所有沉速小于 u_0 颗粒能够在沉淀池中去除的质量占全部颗粒的质量分数为

$$\eta_1 = \frac{1}{u_0} \int_0^{P_0} u\,dP \tag{4-23}$$

颗粒沉速大于 u_0 的颗粒去除率为 $100-P_0$，理想沉淀池的去除率 η 为

$$\eta = (100 - P_0) + \frac{1}{u_0}\int_0^{P_0} u\mathrm{d}P \qquad (4-24)$$

式中　P_0——沉速小于 u_0 的颗粒占全部悬浮颗粒的比值，称为剩余量，%；

　　　u_0——理想沉淀池的截留沉速，m/s；

　　　u——沉速小于 u_0 的颗粒沉速，m/s；

　　　P——所有沉速小于 u_0 的颗粒质量占原水中全部颗粒的质量分数，%；

　　　$\mathrm{d}P$——沉速为 u 的颗粒占全部颗粒的质量分数，%。

　　2. 圆形理想沉淀池

　　按水流在池中的流动方向，圆形理想沉淀池分为辐流式和竖流式两大类。下面按沉淀池半径为 R、中心筒半径为 r、沉淀区高度为 H，分析辐流式和竖流式理想沉淀池。

　　（1）辐流式沉淀池。如图 4-10 所示，辐流式理想沉淀池中任一点（设半径为 r_1）处，沉速为 u 的颗粒，其运动轨迹为此处颗粒沉速和此处水平流速的矢量和，即

$$\mathrm{d}r_1 = v\mathrm{d}t, \quad \mathrm{d}H = u\mathrm{d}t \qquad (4-25)$$

式中　v——半径 r_1 处的水平流速，m/s；

　　　u——颗粒沉速，m/s；

　　　t——沉淀时间，s；

　　　H——沉淀区高度，m。

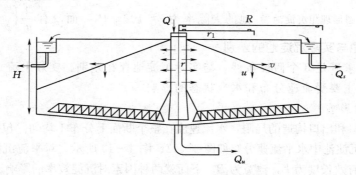

图 4-10　辐流式圆形理想沉淀池

颗粒被沉淀去除的条件为

$$\int_r^R \frac{\mathrm{d}r_1}{v} \geqslant \int_0^H \frac{\mathrm{d}H}{u} \qquad (4-26)$$

　　设处理水量为 $Q(\mathrm{m^3/s})$，则半径 r_1 处的颗粒水平流速为

$$v = \frac{Q}{2\pi r_1 H}$$

代入式（4-26），得

$$\int_r^R \frac{2\pi r_1 H}{Q}\mathrm{d}r_1 \geqslant \int_0^H \frac{\mathrm{d}H}{u}$$

积分得

$$u \geqslant \frac{Q}{\pi(R^2 - r^2)} = \frac{Q}{A} = u_0 = q$$

此式与式（4-24）一样，即表面负荷在数值上等于截留沉速 u_0。

辐流式理想沉淀池中的水流流态与理想平流沉淀池相同，所以辐流式理想沉淀池的去除率公式也能应用于平流式沉淀池，即

$$\eta = (100 - P_0) + \frac{1}{u_0}\int_0^{P_0} u\,\mathrm{d}P$$

（2）竖流式沉淀池。如图 4-11 所示。竖流式理想沉淀池中，水流方向不同于平流式和辐流式沉淀池，为竖直方向，所以，其去除率也与前两种不同。

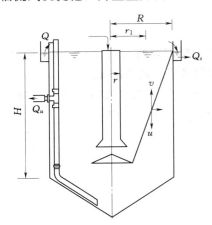

图 4-11　竖流式圆形理想沉淀池

设竖流式圆形理想沉淀池中，水流垂直分速度为 v，则

$$v = \frac{H}{t} \tag{4-27}$$

式中　t——沉淀时间，s；

　　　H——沉淀池有效水深，m。

由图 4-11 可知，当颗粒沉速 $u > -v$ 时（沉速与水流速度方向相反，故用负号），颗粒才可被去除；当沉速 $u = -v$ 时，颗粒只是停止于水面的某层中，不悬浮也不沉淀；当沉速 $u < -v$ 时，颗粒则悬浮于水面之上，不能去除。只有当 $u > -v$ 的颗粒才能被去除，故竖流式沉淀池的去除率为 $\eta = 100 - P_0$，而没有 $\frac{1}{u_0}\int_0^{P_0} u\,\mathrm{d}P$ 项。

4.3.2　理想沉淀池与实际沉淀池的差别

理想沉淀池要求满足 3 个假设条件，与实际沉淀池存在差别。实际平流式沉淀池偏离理想沉淀池的原因是主要受流速分布和水流状态的影响。

1. 流速分布的影响

由于沉淀池进口和出口构造的局限，水流速度在整个断面上分布不均匀。包括横向和竖向水流分布不均，实际沉淀池中水平流速分布如图 4-12、图 4-13 所示。对平流沉淀池，设沉淀区的有效水深为 H，有效长度为 L，池宽为 B。下面就两种因素对沉淀效率的影响进行分析。

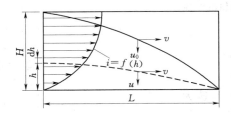

图 4-12　池深方向水平流速分布不均的影响

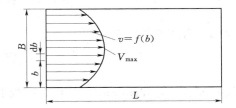

图 4-13　池宽方向水平流速分布不均的影响

（1）深度方向水平流速分布不均的影响。在实际沉淀池中，水流速度沿深度方向分布不均匀，如图 4-12 所示。设水平流速 v 为水深的函数，即 $v = f(h)$，则沉速为 u_0 的颗粒，沉淀轨迹为 $\mathrm{d}l = v\mathrm{d}t$、$\mathrm{d}h = u_0\mathrm{d}t$，可得

$$\frac{\mathrm{d}l}{v} = \frac{\mathrm{d}h}{u_0} \tag{4-28}$$

即

$$u_0 \, \mathrm{d}l = v \mathrm{d}h$$

颗粒水平流速沿深度方向不断减慢，颗粒运动轨迹为一下垂的曲线，对式（4-28）积分，得

$$u_0 \int_0^L \mathrm{d}l = \int_0^H v \mathrm{d}h, \quad u_0 L = \int_0^H v \mathrm{d}h \tag{4-29}$$

对于 $u_1 < u_0$ 的部分颗粒的去除率，等于在深度 h 以下入流的数量占全部数量的比值

$$\eta = \frac{\int_0^h v \mathrm{d}h}{\int_0^H v \mathrm{d}h} = \frac{u_1 L}{u_0 L} = \frac{u_1}{u_0} = \frac{u_1}{q} \tag{4-30}$$

式（4-30）与式（4-22）完全相同。可见，沉淀池深度方向的水平流速分布不均匀，在理论上对去除率没有影响。

（2）宽度方向水平流速分布不均的影响。如图 4-13 所示，水平流速在宽度方向分布不均匀，水平流速 v 表示为池宽 b 的函数，即 $v = f(b)$。假设宽度为 b 和 $b + \mathrm{d}b$ 之间的微分面积上的水平流速是均匀的，相对应的面积为 $A' = L \cdot \mathrm{d}b$，微分流量 $Q' = vH\mathrm{d}b$。根据式（4-17）、式（4-22）及 $\eta = \dfrac{u}{q}$，$q = \dfrac{Q'}{A'}$ 等关系，可得沉速为 u_1 的颗粒的去除率 η_b 为

$$\eta_b = \frac{u_1}{\dfrac{Q'}{A'}} = \frac{u_1}{\dfrac{vH\mathrm{d}b}{L\mathrm{d}b}} = \frac{u_1 L \mathrm{d}b}{vH\mathrm{d}b} = \frac{u_1 L}{vH} \tag{4-31}$$

若该颗粒处于沉淀池中心线附近，该颗粒的去除率 η_φ 为

$$\eta_\varphi = \frac{u_1 L}{v_{\max} H} \tag{4-32}$$

显然：$\eta_\varphi < \eta_b$。

可见，水平流速沿宽度方向分布不均匀，是影响沉淀池效率的主要因素。由以上分析可知，横向水流流速分布不均匀比竖向水流流速分布不均匀对沉淀池的沉淀效率影响更大。

2. 水流状态的影响

衡量水流状态的参数有雷诺数 Re、弗劳德数 Fr 等，衡量水流紊动性的指标有雷诺数 Re，即

$$Re = \frac{vR}{v} \tag{4-33}$$

式中　v——水平流速，m/s；

　　　R——水力半径，m；

　　　v——水的运动黏度，m²/s。

在明渠中，当 $Re > 500$ 时，水流呈紊流状态。平流式沉淀池中的 Re 一般在 4000 以上，呈紊流状态。由于紊流的扩散作用，还有上、下、左、右的脉动作用，颗粒的沉淀受到干扰，影响沉淀效果。尽管这些因素可以使密度不同的水流较好地混合而减弱分层流动现象，但在实际中，一般应降低雷诺数，创造颗粒的沉降条件。

衡量水流稳定性的指标为弗劳德数 Fr，反映水流惯性与重力的比值。计算公式为

$$Fr = \frac{v^2}{gR} \tag{4-34}$$

式中　Fr——弗劳德数；

R——水力半径，m；

v——水平流速，m/s；

g——重力加速度，9.8m/s²。

Fr 数越大，水流越稳定，对温差、密度差、异重流及风浪等影响的抵抗力越强，沉淀池中水流流态越稳定，沉淀效果越好。

由式（4-33）、式（4-34）可知，在沉淀池中，要尽量降低 Re 和提高 Fr，可通过减小水力半径 R 达到。在工程实践中，可通过对沉淀池进行纵向分格，采用斜板、斜管沉淀池来达到此目的。

由于实际沉淀池沉淀效率低于理想沉淀池，故设计中采用沉淀试验数据时应进行适当放大。设计中常采用放大系数，如表面负荷为试验值的 1/1.25～1/1.7 倍，通常采用 1/1.5 倍；沉淀时间为试验值的 1.5～2.0 倍，一般采用平均值的 1.75 倍。

4.4 平 流 式 沉 淀 池

依据沉淀池在污水处理和污泥处理流程中的位置，可分为初次沉淀池、二次沉淀池和污泥浓缩池。按水流流向分类，可分为平流式沉淀池、辐流式沉淀池、竖流式沉淀池、斜管（板）式沉淀池等形式。

平流式的水流为水平方向，与颗粒的沉降方向垂直；辐流式的水流也为水平方向，其流速随水流从中心到周边，或从周边到中心再到周边，属于变流速形式；竖流式为水流向上，颗粒沉降向下；斜管（板）式沉淀池中，水流是倾斜方向的。

平流式沉淀池应用很广泛，特别是在城市给水处理厂和污水深度处理中常被采用。原水经投药、混合与絮凝后，水中悬浮物质逐步形成粗大的絮凝体，通过沉淀池分离以完成澄清过程。

4.4.1 平流式沉淀池的构造

平流式沉淀池是一个矩形的池子，其基本组成结构如图 4-14 所示。分别由进水区、出水区、沉淀区、缓冲区和污泥区 5 个部分组成。水由一端流入，由另一端流出，水在池内以很小的流速缓慢流动，水中的颗粒杂质便会在池中沉淀下来，沉积的污泥连续或定期排出池外，从而达到去除水中颗粒杂质的目的。

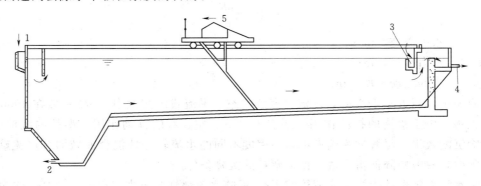

图 4-14 平流式沉淀池构造示意图

1—进水槽；2—排泥管；3—浮渣去除槽；4—出水槽；5—刮泥行走小车

1. 进水区

给水处理为防止矾花破碎，反应池与沉淀池应采用合建式，反应池出水直接进入沉淀池，并要求流速不大于 0.2m/s。

为了进水均匀，有利于沉降，在沉淀池入口处一般设有整流装置。常用整流装置如图 4-15 所示。挡流板一般高出水面 0.15～0.20m，水下的淹没深度不小于 0.25m，挡流板距横向配水槽 0.5～1.0m。

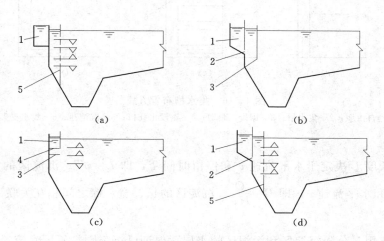

图 4-15 平流沉淀池的几种进水口整流装置
1—进水槽；2—潜孔；3—挡流板；4—底孔；5—穿孔花墙

图 4-15（a）所示为溢流式入流整流装置，并设有穿孔花墙整流墙；图 4-15（b）所示为淹没式潜孔入流装置，在潜孔后设置挡流板；图 4-15（c）所示为淹没式底孔入流装置，在底孔下设置挡流板；图 4-15（d）所示为淹没式潜孔与穿孔花墙的组合入流整流装置。为了减弱射流对沉降的干扰，整流墙的开孔率应在 10%～20%，孔口的边长或直径应为 50～150mm。

2. 出水区

出水堰是沉淀池的重要组成部分，不仅控制水面高程，对池内水流的均匀分布也有着直接影响。如图 4-16（a）、（b）、（c）所示，出水区常采用溢流堰或淹没潜孔出流两种出流方式。堰口必须水平，以保证堰口负荷（单位堰长在单位时间的排水量）适中且各处相等。采用溢流堰出流的，可采用自由堰 [图 4-16（a）] 和锯齿形三角堰 [图 4-16（b）]。目前，应用较多的是锯齿形三角堰，堰口呈 90°。为了稳流及阻挡浮渣，在堰前设置挡板，其淹没深度为 0.3～0.4m，距溢流堰为 0.25～0.50m。当采用淹没潜孔出流时 [图 4-16（c）]，潜孔要沿池子宽度均匀分布且孔径相等。

出水渠的布置见图 4-16（d）、（e）和（f），图 4-16（d）的布置只需在沿沉淀池的宽度上设一出水渠，结构简单。为避免出水区附近的流线过于集中，应尽量增加堰的长度，降低堰口负荷，从而降低进入出水渠水流上升速度，不致带出絮体。图 4-16（e）、（f）两种布置除了相当于图 4-16（d）的总出水渠外，还另增设了出水的支渠。

在给水处理中，堰口负荷不宜大于 300m³/(m·d)；在污水水处理中，初次沉淀池堰口负荷不宜大于 250m³/(m·d)，二次沉淀池堰口负荷不宜大于 150 m³/(m·d)。

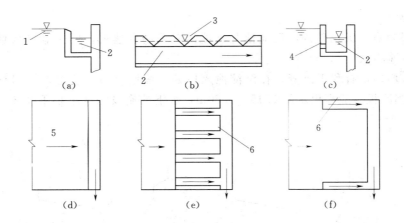

图 4 – 16　集水槽布置方式

1—自由堰；2—集水槽；3—锯齿三角堰；4—淹没出孔口；5—沉淀池；6—集水支渠

3. 沉淀区

沉淀区的长度 L 决定于水平流速 v 和停留时间 T，即 $L=vT$。沉淀区的宽度决定于流量 Q、池深 H 和水平流速 v，即 $B=\dfrac{Q}{Hv}$。沉淀区的长、宽、深之间相互关联。

4. 缓冲区

缓冲区的作用是分隔沉淀区和污泥区的水层，保证已沉降颗粒不因水流搅动而重新浮起或分散。

5. 污泥区

污泥区的设置是为了收集沉淀的污泥，以便及时排出，并对污泥有一定的浓缩作用，保证沉淀池的正常运行。排泥方法有重力排泥和机械排泥两种。

（1）重力排泥。如图 4 – 17 所示，在沉淀池的前部设置污泥斗，在污泥斗中设排泥管，排泥管竖管露出水面以便清通，水平管应设于水面以下 1.2～1.5m 处，以保证有足够的压力将污泥排出。

沉淀池中污泥都将进入污泥斗，污泥斗容积较大，为了降低池深，可以采用多斗排泥。如图 4 – 18 所示，排泥方式不变。

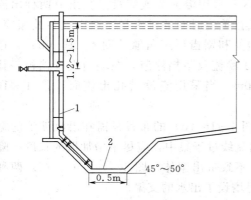

图 4 – 17　沉淀池重力排泥示意图

1—排泥管；2—集泥斗

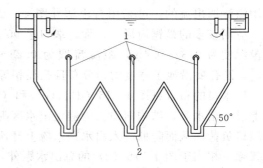

图 4 – 18　多斗式平流沉淀池排泥示意图

1—排泥管；2—集泥斗

（2）机械排泥。机械排泥设备包括刮泥机和吸泥机两类。刮泥机有链带式刮泥机和行车式刮泥机；吸泥机有多口虹吸式吸泥机、单口扫描吸泥机和泵吸泥装置。

链带式刮泥机如图4-19所示，平流沉淀池在链带上设有刮板，当刮板经过池底时，将泥刮入泥斗；当链带转到水面时，又可同时将浮渣推向浮渣槽中。

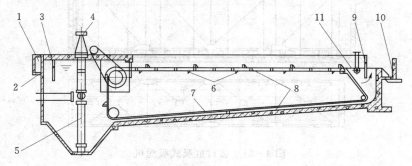

图4-19　链带式刮泥机平流式沉淀池示意图
1—进水槽；2—进水孔；3—进水挡板；4—排泥阀门；5—排泥管；6—链带支撑
7—链带；8—刮泥板；9—出水挡板；10—出水槽；11—排渣管槽（能转动）

图4-20所示为行车式刮泥机，在池顶上设有导轨，小车在导轨上往返。处于池底的污泥刮板可将污泥刮入泥斗，处于顶上的浮渣刮板可将浮渣刮入渣槽。由刮泥板刮入泥斗的污泥通过静水压力排出池外。

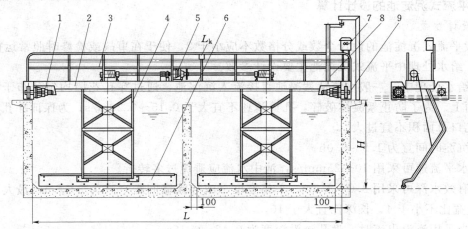

图4-20　行车式刮泥机
1—槽梁与传动机构；2—主梁；3—栏杆；4—桁架；5—卷扬机构；6—刮板；7—电控系统；8—输电装置；9—轨道

对于二次沉淀池，由于活性污泥密度比较小，不能采用上述两种刮泥机械，可采用吸泥机，将污泥直接从池底吸出。

图4-21所示为多口虹吸式吸泥机。吸泥动力是沉淀池水位形成的虹吸水头。刮泥板1、吸口2、吸泥管3、排泥管4成排地安装在桁架5上，桁架利用电机和传动机构通过滚轮在沉淀池壁的轨道上行走，在行进过程中将底泥吸出并排入排泥沟10。这种吸泥机适用于具有3m以上虹吸水头的沉淀池。由于吸泥动力较小，池底积泥中的大颗粒污泥不易吸起。

当沉淀池为半地下式时，如池内外的水位差有限，可采用泵吸排泥装置，其构造和布置与虹吸式相似，但用泥泵抽吸。

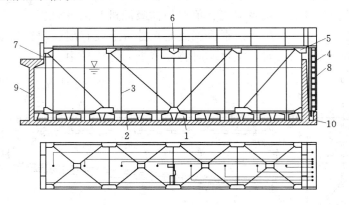

图 4-21　多口虹吸式吸泥机

1—刮泥板；2—吸口；3—吸泥管；4—排泥管；5—桁架；6—电机和传动机构；
7—轨道；8—梯子；9—沉淀池壁；10—排泥沟

在多口吸泥机的基础上，出现了单口扫描式吸泥机。其特点是无需成排的吸口和吸管装置。当吸泥机沿沉淀池纵向移动时，泥泵、吸泥管和吸口沿着横向往复行走吸泥。

在给水处理或污水处理中，采用机械排泥时，平流式沉淀池可采用平底，为了便于放空，池底设计略有坡度，在很大程度上降低池深，这是目前平流式沉淀池常用的排泥形式。

4.4.2　平流式沉淀池的设计计算

1. 设计参数

一般平流式沉淀池的设计个数或分格数不应小于 2，便于在事故或检修时照常运行。

（1）给水处理中平流式沉淀池主要设计参数。

1）给水处理中，一般水流从絮凝池直接流入沉淀池，通过穿孔花墙均匀分布于沉淀池整个断面上。为了防止絮凝体破碎，孔口流速不宜大于 0.15～0.20m/s；为保证穿孔花墙的强度，孔口总面积不宜过大。

2）沉淀时间宜为 1.5～3.0h。

3）水平流速可采用 10～25mm/s，池中水流应避免过多转折。

4）有效水深可采用 3.0～3.5m。单格宽度（或导流墙间距）宜为 3～8m，最大不超过 15m。长宽比不小于 4，长深比宜大于 10。

5）当采用淹没出流时，潜孔淹没深度为 0.12～0.15m。

（2）污水处理中平流式沉淀池主要设计参数。由于处理对象不同，初次沉淀池与二次沉淀池的具体设计参数存在差异。

1）沉淀时间：初次沉淀池取 0.5～2.0h；二次沉淀池取 1.5～4.0h。

2）表面水力负荷：初次沉淀池取 1.5～4.5m³/(m²·h)；采用生物膜法后的二次沉淀池取 1.0～2.0 m³/(m²·h)；采用活性污泥法后的二次沉淀池取 0.6～1.5 m³/(m²·h)。

3）沉淀区有效水深宜采用 2.0～4.0m。

4）最大水平流速：初次沉淀池与二次沉淀池均为 5mm/s。

5）池的超高不小于 0.3m，一般取 0.3m。

6）平流沉淀池每格长宽比不宜小于 4。长深比不宜小于 8，一般采用 8～12，池长不宜大于60m。

7) 宜采用机械排泥，排泥机械的行进速度为0.3～1.2m/min。对于机械排泥，缓冲层高度应根据刮泥板的高度确定，缓冲层上缘高出刮泥板0.3m；对于非机械排泥时，缓冲层高度采用0.5m；排泥管直径不应小于200mm。

8) 污泥斗壁的倾角一般为40°～60°，对于二次沉淀池则不小于55°；池底坡度一般采用0.01～0.02；当采用多斗排泥时，每斗应设单独的排泥管及控制阀，池底坡度采用0.05。

2. 平流式沉淀池设计计算

设计计算主要目的是确定沉淀区、污泥斗的尺寸、池深，选择进水、出水装置及排泥设备。

(1) 当无沉淀试验资料时，可根据沉淀时间及水平流速进行设计计算。池长为

$$l = vt \tag{4-35}$$

沉淀区过水断面面积为

$$A = \frac{Q}{v} \tag{4-36}$$

式中　v——沉淀池水平流速，给水处理中宜为10～25mm/s，污水处理中一般不大于5mm/s。

池宽为

$$B = \frac{A}{h_2} \tag{4-37}$$

式中　h_2——沉淀区有效水深，m。

所需沉淀池的分格数为

$$n = \frac{B}{b} \tag{4-38}$$

式中　b——每池或每一单格的宽度，m。

(2) 当有沉淀试验资料时，首先确定需要达到的沉淀效率，根据沉淀试验资料采用相应的截留速度（或表面负荷）和沉淀时间进行计算。如果确定了截留速度（或表面负荷），则根据流量对应的水平流速和沉降时间，按式（4-39）计算沉淀区的长度，即

$$l_2 = 3.6vt \tag{4-39}$$

式中　l_2——沉淀区的长度，m；

　　　v——水平流速，m/s；

　　　t——沉淀时间，h。

沉淀池平面面积A为

$$A = \frac{Q}{u} \tag{4-40}$$

式中　u——截留沉速，m/s，其值等于表面负荷q；

　　　Q——污水流量，m³/s。

池宽为

$$B = \frac{A}{l_2} \tag{4-41}$$

79

根据沉淀池长宽比不小于 4（一般取 4～5），即 $\frac{l_2}{b} = 4 \sim 5$ 的要求求得到单池或者单格池宽 b 的近似尺寸。由 $n = \frac{B}{b}$ 确定沉淀池的座数或分格数，对 b 或 B 作调整，取正整数，但仍要满足 $\frac{l_2}{b} = 4 \sim 5$ 的要求。需要注意的是，当采用机械刮泥时，b 值还应考虑到刮泥机桁架宽度的要求。

沉淀区的有效水深 h_2 为

$$h_2 = \frac{Qt}{A} = qt \tag{4-42}$$

式中　q——表面负荷，$\mathrm{m^3/(m^2 \cdot h)}$。

污泥斗和污泥区的容积视每日所排的污泥量以及所要求的排泥周期而定。

污泥部分需要的总容积为

$$V = \frac{Q(c_1 - c_2)T}{\gamma(100 - p) \times 10} \tag{4-43}$$

式中　Q——每日进入沉淀池（或分格）的污水量，$\mathrm{m^3/d}$；

$\quad c_1, c_2$——分别表示沉淀池进、出水的悬浮物浓度，$\mathrm{mg/L}$，$c_1 - c_2$ 表示沉淀池内的截留浓度，$\mathrm{mg/L}$；

$\quad\quad T$——两次排泥间隔（排泥周期），其中初沉池取 2d，二沉池取 2～4h；

$\quad\quad \gamma$——污泥容重，当污泥含水率较高时（一般要求在 95% 以上）可近似采用 $1000\mathrm{kg/m^3}$；

$\quad\quad p$——污泥含水率，%。

或

$$V = \frac{SNT}{1000} \tag{4-44}$$

式中　S——每人每日污泥量，$\mathrm{L/(人 \cdot d)}$；

$\quad\quad N$——设计人口数，人；

$\quad\quad T$——两次清除污泥时间间隔，d。

对于二次沉淀池污泥区容积的计算有

$$V = \frac{2T(1+R)QX}{X + X_r} \tag{4-45}$$

式中　T——排泥周期，h；

$\quad\quad R$——污泥回流比；

$\quad\quad Q$——污水平均流量，$\mathrm{m^3/h}$；

$\quad\quad X$——混合液悬浮固体浓度，$\mathrm{mg/L}$；

$\quad\quad X_r$——回流污泥浓度，$\mathrm{mg/L}$。

沉淀池总长度 L 为

$$L = l_1 + l_2 + l_3 \tag{4-46}$$

式中　L——沉淀池总长，m；

$\quad l_1, l_3$——分别为前后挡板与进出水口的距离，m；

$\quad\quad l_2$——沉淀区长度，m。

沉淀池总深度 H 为

$$H = h_1 + h_2 + h_3 + h_4 \tag{4-47}$$

式中　h_1——池的超高，一般取 0.3m；

　　　h_2——池的有效水深，m；

　　　h_3——缓冲层高度，不设刮泥机时，取 0.5m；有刮泥机时，缓冲层的上缘应高出刮板 0.3m；

　　　h_4——污泥区高度（包括污泥斗），m。

污泥斗容积应根据污泥的体积确定，实际污泥斗容积应大于污泥的计算体积，才能将污泥全部排除。可通过绘制草图，由几何方法计算确定。对于四棱台形的污泥斗，其体积为

$$V_1 = \frac{1}{3} h_4 (f_1 + f_2 + \sqrt{f_1 f_2}) \tag{4-48}$$

式中　V_1——污泥斗体积，m^3；

　　f_1，f_2——分别为污泥斗上、下底面面积，m^2；

　　　h_4——泥斗高，m，有

$$h_4 = \frac{(\sqrt{f_1} - \sqrt{f_2})}{2} \tan\alpha$$

式中　α——泥斗壁夹角。

泥斗以上由坡底形成的梯形部分容积 V_2 为

$$V_2 = \left(\frac{l_1 + l_2}{2} \right) h_4' b \tag{4-49}$$

式中　l_1，l_2——分别为梯形上、下底边长，m；

　　　h_4'——梯形高度，m。

【例 4-4】　已知某城市污水处理厂最大设计流量为 86400m^3/d，设计人口 40 万，采用链带式刮泥机，求初沉池各部分的尺寸。无污水悬浮物沉降资料。

【解】　（1）池子总面积 A 按式（4-40）计算。

Q 取最大设计流量，即 $Q = 86400 m^3/d = 1.0 m^3/s$；取 $q = 2.0 m^3/(m^2 \cdot h)$。

则

$$A = \frac{Q}{q} = \frac{1.0 \times 3600}{2.0} = 1800 (m^2)$$

（2）有效水深 h_2，按式（4-42）计算，取 $t = 1.5h$。

则

$$h_2 = qt = 2 \times 1.5 = 3.0 (m)$$

（3）沉淀部分有效容积 V'。

$$V' = Q \times t \times 3600 = 1.0 \times 1.5 \times 3600 = 5400 (m^3)$$

（4）池长 L，最大设计流量时水平流速取 $v = 4.4$ mm/s< 5mm/s。

则

$$L = 4.4 \times 1.5 \times 3.6 = 23.76 (m) \quad 取 24m$$

（5）池子总宽度 B。

$$B = \frac{A}{L} = \frac{1800}{24} = 75 (m)$$

（6）每个池子（或）分格宽度 b 取 5m，池子个数 n。

则

$$n = \frac{75}{5} = 15 (个)$$

（7）校核长宽比。

$$\frac{L}{b}=\frac{24}{5}=4.8>4.0(符合要求)$$

（8）校核长深比。

$$\frac{L}{h_2}=\frac{24}{3}=8\geqslant8(符合要求)$$

（9）污泥部分需要的总容积 V，利用式（4-44）计算。式中，每人每日污泥量取 S 取 0.5L/（人·d）；排泥周期 T 取 2d。

则
$$V=\frac{0.5\times400000\times2}{1000}=400(m^3)$$

（10）每格池污泥所需容积 V''（m^3）。

$$V''=\frac{V}{n}=400/15=26.7(m^3)$$

（11）污泥斗容积，采用的污泥斗如图 4-22 所示。

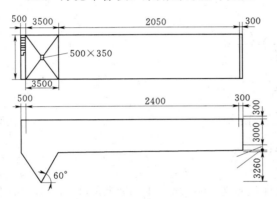

图 4-22 平流式沉淀池计算草图

$f_1=5.0\times3.5=17.5m^2,$

$f_2=0.5\times0.35=0.175(m^2)$

$$h_4''=\frac{\sqrt{f_1}-\sqrt{f_2}}{2}\times\tan60°$$

$$=\frac{\sqrt{17.5}-\sqrt{0.175}}{2}\times\tan60°$$

$$=3.26(m)$$

$$V_1=\frac{1}{3}\times3.26\times(17.5+0.175$$

$$+\sqrt{17.5\times0.175})$$

$$=21.1(m^3)$$

（12）污泥斗以上梯形部分污泥容积 V_2。

$l_1=24+0.5+0.3=24.8(m)$；$l_2=3.5m$；$h_4'=(24+0.3-3.5)\times0.01=0.208(m)$

则
$$V_2=\frac{(24.8+3.5)}{2}\times0.208\times5.0=14.7(m^3)$$

（13）污泥斗和梯形部分污泥容积。

$$V_1+V_2=21.1+14.7=35.8m^3>26.7(m^3)$$

（14）池子总高度 H，缓冲层高度 $h_3=0.50m$。

$$h_4=h_4'+h_4''=0.208+3.26=3.468(m)$$

则
$$H=0.3+3.0+0.5+3.468=7.268(m)$$

（15）沉淀池总长度 L。

$$L=24+0.5+0.3=24.8(m)$$

4.5 竖流式沉淀池

竖流式沉淀池中，水流沿垂直方向流动，与颗粒沉淀方向相反，静水中沉速为 u_1 的颗粒，在池内实际沉速为 u_1 与水上升流速 v 的矢量和 $u_1 - v$。因此，颗粒被分离的条件为 $u_1 > v$,即截留沉速大于水流上升速度。

当颗粒自由沉淀时，$u_1 < v$ 的颗粒始终不能沉底，其沉淀效率比具有相同表面负荷的平流沉淀池低；当存在颗粒絮凝时，上升的颗粒和下沉的颗粒相互接触，碰撞而絮凝，粒径增大，沉速加快。另外，沉速等于水流上升流速的颗粒将在池中形成一絮凝层。对上升的小颗粒有拦截和过滤作用，因而沉淀效率比平流沉淀池更高，竖流式沉淀池一般用于水中絮凝性悬浮固体的分离。

4.5.1 竖流式沉淀池的构造

竖流式沉淀池多为圆形、方形或多边形，大多数是圆形，直径为 $4 \sim 7$m，一般不大于 10m。如图 4-23 所示，池的上部为圆筒形的沉淀区，下部为截头圆锥状的污泥区，两层之间有缓冲层，一般为 $0.3 \sim 0.5$m。

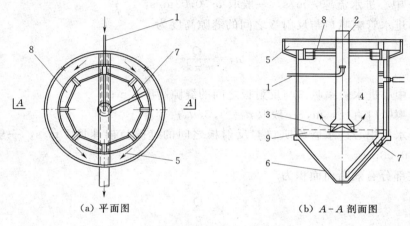

(a) 平面图　　　　　　　(b) $A-A$ 剖面图

图 4-23　圆形竖流式沉淀池

1—进水管；2—中心管；3—反射板；4—沉淀区；5—集水槽；6—储泥斗；7—排泥管；8—挡板；9—缓冲层

原水从进水槽（管）1 进入池中心管 2，并从中心管的下部流出，经过反射板 3 的阻挡向四周均匀分布，沿沉淀区 4 的整个断面上升，处理后的水由四周集水槽 5 收集。集水槽大多采用平顶堰或三角锯齿堰，堰口最大负荷为 1.5L/(m·s)。当池径大于 7m 时，为使集水均匀，可使辐射式的集水槽与池边环形集水槽相通。

沉淀池储泥斗 6 倾角为 $45° \sim 60°$，污泥可借静水压力由排泥管 7 排出，排泥管直径不小于 200mm，静水压头为 $1.5 \sim 2.0$m，排泥管下端距池的底部不大于 0.2m，管上端超出水面不少于 0.4m。为防止漂浮物外溢，在水面距池壁 $0.4 \sim 0.5$m 处可设挡板 8，挡板伸入水面以下 $0.25 \sim 0.30$m，露出水面以上 $0.1 \sim 0.2$m。

4.5.2 竖流式沉淀池设计计算

1. 设计参数

竖流式沉淀池设计应符合下列要求：

（1）沉淀时间、表面水力负荷等参数的选用可参照平流式沉淀池设计。

（2）为保证原水能均匀地自下而上垂直流动，要求池径与池深的比值不大于 3:1。

（3）给水处理中，竖流式沉淀池中心管内流速，在无反射板时应不大于 30mm/s，有反射板时可提高到 100mm/s。

（4）污水处理中，应设反射板，竖流式沉淀池中心管内流速，对初沉池不大于 30mm/s，对二次沉淀池不大于 20mm/s。

（5）原水从反射板到喇叭口之间的速度应小于 40mm/s。

（6）保护高度取 0.3～0.5m。反射板底距泥面为缓冲区，高度取 0.3m。

2. 竖流式沉淀池设计计算

（1）中心进水管面积，即

$$A_0 = \frac{Q}{v_0} \tag{4-50}$$

式中　A_0——沉淀池中心进水管面积，m^2；

　　　Q——设计流量，m^3/s；

　　　v_0——中心进水流速，m/s，一般取 $v < 0.03 m/s$。

（2）中心进水管喇叭口与反射板之间的缝隙高度为

$$h_3 = \frac{Q}{v_1 \pi d_1} \tag{4-51}$$

式中　h_3——中心进水管喇叭口与反射板之间的缝隙高度，m；

　　　d_1——喇叭口直径，m，一般取 $d_1 = 1.35 d_0$；

　　　V_1——水从中心进水管喇叭口与反射板之间的缝隙流出速度，m/s，一般取 0.02～0.03m/s。

（3）沉淀部分有效断面面积为

$$A = \frac{Q}{v} \tag{4-52}$$

式中　A——沉淀部分有效断面面积，m^2；

　　　v——沉淀池内的水流速度，m/s。

（4）沉淀池边长为

$$B = \sqrt{A + A_0} \tag{4-53}$$

式中　B——沉淀池边长，m，一般取 $B \leqslant 8 \sim 10 m$。

（5）沉淀池有效水深为

$$h_2 = vt \times 3600 \tag{4-54}$$

式中　h_2——沉淀池有效水深，m；

　　　t——沉淀时间，h，一般取 1～2h。

其余各部分的设计同平流式沉淀池。

4.6　辐流式沉淀池

辐流式沉淀池是一种大型沉淀池，池径最大可达 100m，池周水深为 1.5～3.0m。有中心进水周边出水和周边进水周边出水两种形式。

4.6.1 辐流式沉淀池的构造

辐流式沉淀池由进水管、出水管、沉淀区、污泥区及排泥装置组成。沉淀池表面呈圆形。图 4-24 所示为中心进水周边出水辐流式沉淀池，原水从池中心进入，沿水平方向向四周辐射流动，而水中悬浮物在重力作用下沉淀，澄清水则从四周集水槽溢出。

在中心进水周边出水辐流式沉淀池中，原水从池底的进水管 1 或由明槽自池的上部进入中心管 2，然后通过中心管的开孔流入池中央。在中心管四周设穿孔挡板 3（穿孔率为 10%～20%），使原水在沉淀池内得以均匀流动。由于直径远大于深度，水流在呈辐射状沿半径向四周周边流动时，水流过水断面逐渐增大，流速逐渐减小。出水区位于池四周，设出水堰一般采用三角堰或淹没式溢流出口。水由出水堰流入出水槽 5，再由出水管 6 排出。在出流堰前设浮渣挡板及泥渣收集与排出装置。

周边进水周边出水辐流式沉淀池的结构如图 4-25 所示。

周边进水辐流式沉淀池的入流区在构造上有两个特点。

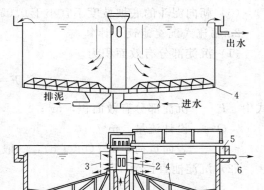

图 4-24　中心进水周边出水辐流式沉淀池
1—进水管；2—中心管；3—穿孔挡板；4—刮泥机；
5—出水槽；6—出水管；7—排泥管

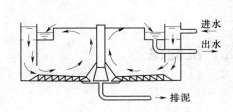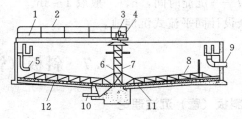

图 4-25　周边进水周边出水辐流式沉淀池
1—桥；2—栏杆；3—传动装置；4—转盘；5—进水下降管；6—中心支架；7—传动器；8—桁架式耙；
9—出水管；10—排泥管；11—刮泥板；12—可调节的橡胶刮板

（1）进水槽断面较大，而槽底的孔口较小，布水时的水头损失集中在孔口上，所以布水均匀性好，但配水渠内浮渣难以排除，容易结壳。

（2）进水流速小，有利于悬浮颗粒的沉淀。

辐流式沉淀池多采用机械刮泥或吸泥方式。刮泥板固定于桁架上，桁架绕池中心缓慢转动，把污泥推入池中心的污泥斗中，借静水压力由排泥管排出池外，也可以采用污泥泵排泥。

4.6.2 辐流式沉淀池设计计算

1. 设计参数

辐流式沉淀池多用于污水处理。在污水处理中，辐流式沉淀池设计应符合下列要求：

（1）沉淀时间、表面水力负荷等参数的选用可参照平流式沉淀池设计。

（2）沉淀池直径（或正方形的一边）与有效水深之比宜为 6～12，直径不宜超过 50m。

（3）宜采用机械排泥，排泥机械旋转速度宜为 $1\sim3r/h$，刮泥板的外缘线速度不宜大于 $3m/min$。当辐流式沉淀池直径（或正方形的一边）较小时，可采用多斗排泥。

（4）采用非机械排泥时，缓冲层高度宜为 $0.5m$；采用机械排泥时，应根据刮泥板高度确定，且缓冲层上缘宜高出刮泥板 $0.3m$。

（5）朝向泥斗的底坡坡度不宜小于 0.05。

2. 辐流式沉淀池设计计算

（1）沉淀部分有效面积为

$$F=\frac{3600Q}{q'} \tag{4-55}$$

式中　F——沉淀部分有效面积，m^2；

　　　Q——设计流量，m^3/s；

　　　q'——表面负荷，$m^3/(m^2\cdot h)$，一般取 $1.5\sim3.0m^3/(m^2\cdot h)$。

（2）沉淀池直径为

$$D=\sqrt{\frac{4F}{\pi}} \tag{4-56}$$

式中　D——沉淀池直径，m。

（3）沉淀池有效水深为

$$h_2=q't \tag{4-57}$$

式中　h_2——沉淀池有效水深，m；

　　　t——沉淀时间，h，一般取 $1\sim3h$。

其余设计同平流式沉淀池。

4.7　斜板（管）沉淀池

4.7.1　斜板（管）沉淀理论

1. 斜板（管）浅池沉淀理论

理想沉淀池去除率公式为 $\mu=\dfrac{u_1}{\dfrac{Q}{A}}=\dfrac{u_1}{q}$，由此得到浅池沉淀理论，即沉淀表面积 A 越大，去除率越高。将浅池沉淀理论应用于工程设计，尽量增大表面积。方法之一是对沉淀池分层，如图 4-26 所示。若将沉淀区分为 n 层，则每个浅层沉淀单元的高度均为 $h=\dfrac{H}{n}$，根据 $u_0=\dfrac{Hv}{L}=\dfrac{HvHB}{LHB}=\dfrac{HQ}{LHB}=\dfrac{Q}{LB}=\dfrac{Q}{A}$，若处理水量不变，如图 4-26（a）所示，颗粒的沉降深度由原 H 减小为 $\dfrac{H}{n}$，由于 A、B、L 均不变，则将可被去除的颗粒沉速范围由原 $u\geqslant u_0$ 扩大到 $u\geqslant\dfrac{u_0}{n}$；沉速 $u<u_0$ 的颗粒中能被去除的百分率也由 $\dfrac{u}{u_0}$ 增大到 $\dfrac{nu}{u_0}$，总沉淀效率大幅度提高；相反，若总沉淀效率不变，如图 4-26（b）所示，即沉速 u_0 的颗粒在下沉了距离 h 后，能恰好到达浅层的右下端点（图 4-26 中 m、n、p 点），由 $\dfrac{l}{v'}=\dfrac{h}{u_0}$ 得 $v'=\dfrac{lu_0}{h}=\dfrac{lu_0n}{H}=nv$，

即 n 个浅层的处理水量由 Q 变为 $Q'=HBnv=nQ$，比原来增大 n 倍。由以上分析可知，分隔层数越多，总沉淀效率越高或者说处理水量越大。

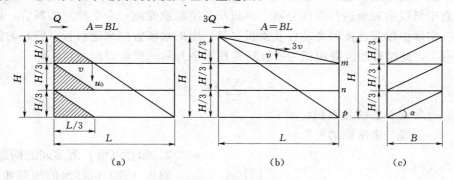

图 4-26 浅池沉淀理论示意

2. 水力条件分析

对沉淀池沉淀区进行分层处理大大改善了污泥沉降过程的水力条件。

水流的紊动性和水流的稳定性是影响沉淀效果的重要原因。首先，衡量水流紊动性的指数为雷诺数 Re，有

$$Re=\frac{vR}{v} \tag{4-58}$$

式中 R——水力半径；

v——动力黏度系数。

式（4-58）说明，其他条件不变，减小水力半径 R 可以减弱水紊流造成的影响。若原沉淀池水流的水力半径为 R，则

$$R=\frac{HB}{2H+B} \tag{4-59}$$

式中 B——池宽，m。

分为 n 层后的水力半径 R' 为

$$R'=\frac{HB}{2H+(2n-1)B} \tag{4-60}$$

若此时再沿纵向将池宽及边用隔板分为 n 格，此时就相当于有 n^2 个沉降单元，此时，有

$$R''=\frac{HB}{2nH+(2n-1)B} \tag{4-61}$$

很显然，$R''<R'<R$。可见，分层降低了雷诺数，使进水更趋近于层流状态，即更趋近于理想沉淀池的理论假设。

其次，从水流的稳定性分析。表征水流稳定性的指标为弗劳德数 Fr，即 $Fr=\frac{v}{Rg}$。显然，分层可提高弗劳德数，加强水流的稳定性。通过分层 Fr 可达 $10^{-4}\sim10^{-3}$ 量级，使沉淀池更接近于理想条件下运行。

实际工程中，若直接采用隔板分层，排泥将会十分困难，为方便自行排泥，将隔板斜放，与水平成一定角度。这样，相邻两隔板间形成一个斜板沉降单元，这就是斜板沉淀池；若再用垂直于斜板的隔板进行纵向分隔，斜板间的空隙就变成一个个独立的斜管，这就是斜管沉淀池。实际中按照污泥的滑动性及斜板（管）中的水流方向来定斜板（管）的倾角，一般取 $50°\sim 60°$，此时总的沉降面积为所有斜板在水平方向的投影面积之和，即

$$A = \sum_{i=1}^{n} A_i \cos\alpha \qquad (4-62)$$

式中　A_i——每块斜板的表面积，m^2；

　　　α——斜板与水平面的夹角，(°)。

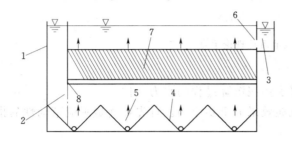

图 4-27　斜板（斜管）沉淀池
1—配水槽；2—穿孔墙；3—集水槽；4—集泥斗；5—排泥管；
6—淹没出口；7—斜板或斜管；8—阻流板

4.7.2　斜板（管）沉淀池的构造

斜板（管）沉淀池的构造如图 4-27 所示。按水流方向与颗粒沉淀方向的相对关系，可分为：①侧向流斜板（管）沉淀池，水流方向与颗粒沉淀方向相互垂直；②同向流斜板（管）沉淀池，水流方向与颗粒沉淀方向相同；③异（上）向流斜板（管）沉淀池，水流方向与颗粒沉淀方向相反。斜板（管）沉淀池大多采用异（上）向流形式。

4.7.3　斜板沉淀池设计计算

1. 斜板（管）沉淀池的设计参数

（1）用于给水处理的斜板（管）沉淀池。

1）上向流斜板（管）沉淀池表面水力负荷按相似条件下的运行经验确定，可采用 $5.0\sim 9.0 m^3/(m^2 \cdot h)$。

2）上向流斜板（管）沉淀池斜管断面一般采用蜂窝六边形。斜管内径一般为 $30\sim 40mm$，斜长为 1000mm，倾角为 60°。

3）上向流斜板（管）沉淀池清水区保护高度不宜小于 1.0m，底部配水区高度不宜小于 1.5m。

4）进水区和出水区应设穿孔花墙；经絮凝反应的原水流经沉淀池进口处时，整流花墙的开口率应使过孔流速不大于反应池的出口流速，避免破坏矾花。

（2）废水处理中斜板（管）沉淀池的设计参数。

1）颗粒沉降速度应根据原水中颗粒的特性由沉淀试验得到，无试验资料时可参考类似沉淀设备的运行资料确定。

2）异向流斜板（管）沉淀池的表面负荷一般取 $2.0\sim 3.5m^3/(m^2 \cdot h)$，可比普通沉淀池的设计表面负荷提高一倍左右，应以固体负荷核算。

3）斜管孔径（斜板净距）为 $80\sim 100mm$，斜板（管）长宜为 $1000\sim 1200mm$，倾角采用 60°。

4）斜板区底部缓冲层高度宜为 1.0m，上部水深采用 $0.7\sim 1.0m$。

5）斜板（管）内流速一般采用 $10 \sim 20 \text{mm/s}$。

6）一般采用穿孔管排泥或机械排泥，穿孔管排泥的设计与一般沉淀池相同。日排泥次数至少 $1 \sim 2$ 次，可连续排泥。

7）应设冲洗设施。

2. 斜板（管）沉淀池的设计计算

（1）沉淀部分有效面积为

$$F=\frac{3600Q}{q'\times 0.91} \tag{4-63}$$

式中　F——沉淀部分有效面积，m^2；

　　　Q——设计流量，m^3/s；

　　　q'——表面负荷，$\text{m}^3/(\text{m}^2 \cdot \text{h})$，一般取 $3.0 \sim 6.0 \text{m}^3/(\text{m}^2 \cdot \text{h})$；

　　0.91——斜板（管）面积利用系数。

（2）沉淀池边长为

$$a=\sqrt{F} \tag{4-64}$$

式中　a——沉淀池边长，m。

（3）沉淀池内停留时间为

$$t=\frac{(h_2+h_3)\times 60}{q'} \tag{4-65}$$

式中　t——沉淀时间，min；

　　　h_2——斜板区上部有效水深，m，一般取 $0.5 \sim 1.0 \text{m}$；

　　　h_3——斜板区高度，m，一般取 0.866m。

其余设计同平流式沉淀池。

4.8 沉 砂 池

沉砂池的功能是去除相对密度较大的无机颗粒（如泥砂、煤渣等，它们的相对密度约为 2.65）。沉砂池一般设于泵站、倒虹管前，以便减轻无机颗粒对水泵、管道的磨损；也可设于初次沉淀池前，以减轻沉淀池负荷及改善污泥处理构筑物的处理条件。常用的沉砂池有平流沉砂池、曝气沉砂池、多尔沉砂池和钟式沉砂池等。

沉砂池设计中，必须遵循下列原则：

（1）城市污水处理厂一般均应设置沉砂池，座数或分格数应不少于 2 座（格），并按并联运行原则考虑。

（2）设计流量应按分期建设考虑：当污水自流进入时，应按每期的最大设计流量计算；当污水为用提升泵送入时，则应按每期工作水泵的最大组合流量计算；合流制处理系统中，应按降雨时的设计流量计算。

（3）沉砂池去除的砂粒杂质是以相对密度为 2.65、粒径为 0.2mm 以上的颗粒为主。

（4）城市污水的沉砂量可按每 10 万 m^3 污水沉砂量为 30m^3 计算，其含水率为 60%，容量为 1500kg/m^3。

（5）储砂斗容积应按 2 日沉砂量计算，储砂斗池壁与水平面的倾角不应小于 55°，排砂管直径应不小于 0.3m。

（6）沉砂池的超高不宜小于 0.3m。

（7）除砂一般宜采用机械方法。当采用重力排砂时，沉砂池和晒砂厂应尽量靠近，以缩短排砂管的长度。

4.8.1　平流式沉砂池

1. 平流式沉砂池的构造

平流式沉砂池由入流渠、出流渠、闸板、水流部分及沉砂斗组成，见图 4 - 28。它具有截留无机颗粒效果较好、工作稳定、构造简单、排沉砂较方便等优点。

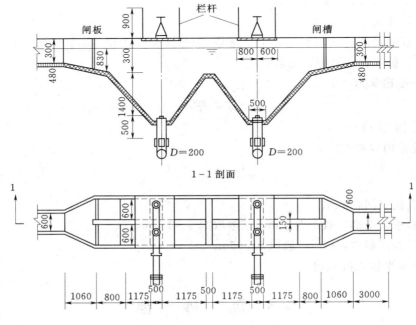

图 4 - 28　平流式沉砂池工艺图

2. 平流式沉砂池的设计

（1）平流式沉砂池的设计参数，是按去除相对密度为 2.65、粒径大于 0.2mm 的砂粒确定的。主要参数有以下几个。

1）设计流量的确定。当污水自流入池时，应按最大设计流量计算；当污水用水泵抽升入池时，按工作水泵的最大组合流量计算；合流制处理系统，按降雨时的设计流量计算。

2）设计流量时的水平流速。最大流速为 0.3m/s，最小流速为 0.15m/s。这样的流速范围，可基本保证无机颗粒能沉掉，而有机物不能下沉。

3）最大设计流量时，污水在池内的停留时间不少于 30s，一般为 30～60s。

4）设计有效水深不应大于 1.2m，一般为 0.25～1.0m，每格池宽不宜小于 0.6m。

5）沉砂量的确定。生活污水按每人每天 0.01～0.02lL 计，城市污水按每 10 万 m³ 污水的砂量为 3m³ 计，沉砂含水率为 60%，容重为 1.5 t/m³，储砂斗的容积按 2d 的沉砂量计，斗壁倾角为 55°～60°。

6）沉砂池超高不宜小于 0.3m。

(2) 计算公式。

1) 沉砂池水流部分的长度。沉砂池两闸板之间的长度为水流部分长度，即

$$L = vt \tag{4-66}$$

式中　L——水流部分长度，m；

　　　v——最大流速，m/s；

　　　t——最大设计流量时的停留时间，s。

2) 水流断面积为

$$A = \frac{Q_{max}}{v} \tag{4-67}$$

式中　A——水流断面积，m^2；

　　　Q_{max}——最大设计流量，m^3/s。

3) 池总宽度为

$$B = \frac{A}{h_2} \tag{4-68}$$

式中　B——池总宽度，m；

　　　h_2——设计有效水深，m。

4) 沉砂斗所需容积为

$$V = \frac{86400 Q_{max} TX}{1000 \cdot K_总} \text{ 或 } V = N x_2 t' \tag{4-69}$$

式中　V——沉砂斗容积，m^3；

　　　X——城市污水沉砂量，$3 m^3 / 10^5 m^3$；

　　　x_2——生活污水沉砂量，$L/(p \cdot d)$；

　　　t'——清除沉砂的时间间隔，d；

　　　$K_总$——流量总变化系数；

　　　N——沉砂池服务人口数。

5) 沉砂斗各部分尺寸计算。设储砂斗底宽 $b_1 = 0.5m$；半壁与水平面的倾角为 60°；则储砂斗的上口宽 b_2 为

$$b_2 = \frac{2 h_3'}{\text{tg}60°} + b_1 \tag{4-70}$$

储砂斗的容积 V_1 为

$$V_1 = \frac{1}{3} h_3' (S_1 + S_2 + \sqrt{S_1 \cdot S_2}) \tag{4-71}$$

式中　V_1——储砂斗容积，m^3；

　　　h_3'——储砂斗高度，m；

　　S_1、S_2——储砂斗下口与上口的面积，m^2。

6) 储砂斗的高度 h_3。假设采用重力排砂，池底设 6% 的坡度坡向储砂斗，则

$$h_3 = h_3' + 0.06 \cdot l2 = h_3' + 0.06 \frac{L - 2b_2 - b'}{2} \tag{4-72}$$

7) 沉砂池总高度为

$$H = h_1 + h_2 + h_3 \tag{4-73}$$

式中　　H——总高度，m；

　　　　h_1——超高，0.3m；

　　　　h_3——储砂斗高度，m。

8）验算。当最小流量时，池内按最小流速 $v_{min} \geqslant 0.15$m/s 进行验算，即

$$v_{min} = \frac{Q_{min}}{n_1 A_{min}} \tag{4-74}$$

式中　　v_{min}——最小流速，m/s；

　　　　Q_{min}——最小流量，m³/s；

　　　　n_1——最小流量时工作的沉砂池个数；

　　　　A_{min}——工作沉砂池的水流断面面积，m²。

3. 平流式沉砂池的排砂装置

平流式沉砂池常用的排砂方法与装置主要有重力排砂（图 4-29）与机械排砂（图 4-30）两类。重力排砂方法排出的砂含水率低，排砂量容易计算；缺点是沉砂池需要高架或挖小车通道。机械排砂方法自动化程度高，排砂含水率低，工作条件好。机械排砂法还有链板刮砂法、抓斗排砂法等。中、大型污水处理厂应采用机械排砂法。

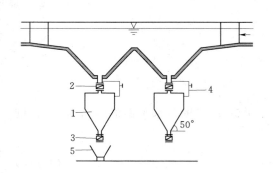

图 4-29　平流式沉砂池重力排砂法

1—钢制储砂罐；2，3—手动或电动蝶阀；
4—旁通水管；5—运砂小车

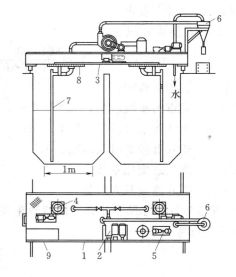

图 4-30　单口泵吸式排砂机

1—桁架；2—砂泵；3—桁架行走装置；4—回转装置；5—真空
泵；6—旋流分离器；7—吸砂管；8—齿轮；9—操作台

4.8.2　曝气沉砂池

平流沉砂池的主要缺点是沉砂中约夹杂有 15% 的有机物，使沉砂的后续处理增加难度。故常需配洗砂机，把排出的砂经清洗后，有机物含量低于 10%，称为清洁砂，再外运。曝气沉砂池可克服这一缺点。曝气沉砂池从 20 世纪 50 年代开始使用，它具有以下特点：沉砂中含有机物的量低于 5%；由于池中设有曝气设备，它还具有预曝气、脱臭及加速水中油类和浮渣的分离等作用。

1. 曝气沉砂池的构造

曝气沉砂池呈矩形，池底一侧有 $i=0.1\sim0.5$ 的坡度，坡向另一侧的集砂槽。曝气装置

设在集砂槽侧，空气扩散板距池底 0.6～0.9m，使池内水流做旋流运动，无机颗粒之间的互相碰撞与摩擦机会增加，把表面附着的有机物磨去。此外，由于旋流产生的离心力，把相对密度较大的无机物颗粒甩向外层并下沉，相对密度较轻的有机物旋至水流的中心部位随水带走。可使沉砂中的有机物含量低于 10%。集砂槽中的砂可采用机械刮砂、空气提升器或泵吸式排砂机排除。曝气沉砂池断面见图 4-31。

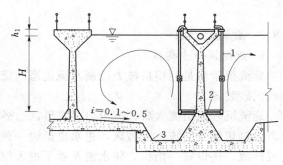

图 4-31 曝气沉砂池剖面图
1—压缩空气管；2—空气扩散管；3—集砂槽

2. 曝气沉砂池设计

（1）设计参数。①旋流速度控制在 0.25～0.30m/s 之间；②最大时流量的停留时间为 1～3min，水平流速为 0.1m/s；③有效水深为 2～3m，宽深比为 1.0～1.5，长宽比可达 5；④曝气装置，可采用压缩空气竖管连接穿孔管（穿孔孔径为 2.5～6.0mm）或压缩空气竖管连接空气扩散板，1m³ 污水所需曝气量为 0.1～0.2m³ 或 1m² 池表面积 3～5m³/h。

（2）计算公式。

1）总有效容积为

$$V = 60Q_{max}t \qquad (4-75)$$

式中　V——总有效容积，m³；

　　　Q_{max}——最大设计流量，m³/s；

　　　t——最大设计流量时的停留时间，min。

2）池断面积为

$$A = \frac{Q_{max}}{v} \qquad (4-76)$$

式中　A——池断面积，m²；

　　　v——最大设计流量时的水平前进流速，m/s。

3）池总宽度为

$$B = \frac{A}{H} \qquad (4-77)$$

式中　B——池总宽度，m；

　　　H——有效水深，m。

4）池长为

$$L = \frac{V}{A} \qquad (4-78)$$

式中　L——池长，m。

5）所需曝气量为

$$q = 3600DQ_{max} \qquad (4-79)$$

式中　q——所需曝气量，m³/h；

　　　D——1m³ 污水所需曝气量，m³/m³。

4.8.3 旋流沉砂池

1. 旋流沉砂池构造

旋流沉砂池是利用机械力控制水流流态与流速、加速砂粒的沉淀，并使有机物随水流带走的沉砂装置。

旋流沉砂池由流入口、流出口、沉砂区、砂斗、涡轮驱动装置及排沙系统等组成。污水由流入口切线方向流入沉砂区，进水渠道设一跌水堰，使可能沉积在渠道底部的砂子向下滑入沉砂池；还设有一挡板，使水流及砂子进入沉砂池时向池底流动，并加强附壁效应。在沉砂池中间设有可调速的桨板，使池内的水流保持环流。桨板、挡板和进水水流组合在一起，旋转的涡轮叶片使砂粒呈螺旋形流动，促进有机物和砂粒的分离，由于所受离心力不同，相对密度较大的砂粒被甩向池壁，在重力作用下沉入砂斗；而较轻的有机物，则在沉砂池中间部分与砂子分离，有机物随出水旋流带出池外。通过调整转速，可以达到最佳的沉砂效果。砂斗内沉砂可以采用空气提升、排沙泵排沙等方式排除，再经过砂水分离达到清洁排沙的标准。

旋流沉砂池的主要形式分两种，分别是 Ⅰ 型比氏沉砂池（Pista 型）和 Ⅱ 型钟氏沉砂池（Teacup 型）。Ⅰ 型比氏沉砂池的基本特征是平底水池和收集砂的小孔；Ⅱ 型钟氏沉砂池的基本特征是坡底水池和连砂斗的大孔。旋流将砂粒推到中部，回转桨搅拌器加快流速，将较轻的有机物提升，使它们回到沉砂池的水流中。所有砂粒在落入储存池以前应经回转桨进行有机物的去除。

（1）Ⅰ 型比氏沉砂池构造。Ⅰ 型比氏旋流沉砂池是一种涡流式沉砂池，如图 4 - 32 所示，由进水口、出水口、沉砂分选区、集砂区、砂抽吸管、排砂管、砂泵和电动机组成。该沉砂池的特点是：在进水渠末端设有能产生池壁效应的斜坡，令砂粒下沉，沿斜坡流入池底，并设有阻流板，以防止絮流。轴向螺旋桨将水流带向池心，然后向上，由此形成了一个涡形水流，平底的沉砂分选区能有效地保持涡流形态，较重的砂粒在靠近池中心的一个环形孔口落入集砂区，而较轻的有机物由于螺旋桨的作用与砂粒分离，最终引向出水渠。沉砂用的砂泵经砂抽吸管、排砂管清洗后排除，清洗水回流至沉砂区。

（2）Ⅱ型钟氏沉砂池构造。Ⅱ型钟氏旋流沉砂池为又一种涡流式沉砂池，如图 4 - 33 所示，

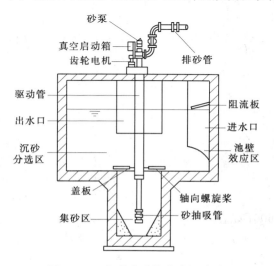

图 4 - 32　Ⅰ 型比氏旋流式沉砂池

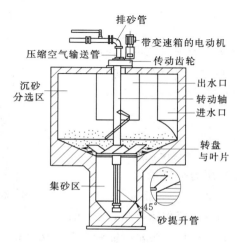

图 4 - 33　Ⅰ 型钟氏旋流式沉砂池

由进水口、出水口、沉砂分选区、集砂区、砂提升管、排砂管、电动机和变速箱组成。污水由流入口沿切线方向流入沉砂区，利用电动机和传动装置带动转盘和斜坡式叶片旋转，在离心力作用下，污水中密度较大的砂粒被甩向池壁，掉入砂斗，有机物则被留在污水中。调整转速，可达到最佳沉砂效果。沉砂用压缩空气经砂提升管、排砂管清洗后排除，清洗水回流至沉砂区。

（3）Ⅰ型和Ⅱ型旋流沉砂池比较。Ⅰ型和Ⅱ型旋流沉砂池的特点比较如表4-4所示。

表4-4　　　　　　　　　　Ⅰ型和Ⅱ型旋流沉砂池的特点比较

项　目		Ⅰ型比氏沉砂池	Ⅱ型钟氏沉砂池
基本原理		旋流（涡流）原理	
池内沉砂流态	水平向旋流	有	有
	竖直向旋流	有，相对较强	有，相对较弱
	流态评价	好	较好
土建结构	结构特征	平底池和收集砂的小孔	坡底池和连砂斗的大孔
	土建尺寸	小	较小
主要机械设备	排砂装置	泵提、气提	
	排砂设备能力	强	较强
池径 D 为 5.5m	最大处理能力（m³/s）	1.313	1.313
	总池深/m	4.12	5.05
	最小有效水面积/m²	40.6	39.9
	最小有效容积/m²	78.89	91.60
	总电机功率/kW	7.75	6 63
除砂效率	$d \geqslant 0.297$mm	≥95%	95%
	$d \geqslant 0.211$mm	≥85%	85%
	$d \geqslant 0.119$mm	≥65%	65%
有机物分离率/%		≥95	50~70
工程实例	国外	多	多
	国内	较多	较少

2. 旋流沉砂池的设计

（1）设计参数。

1）沉砂池水力表面负荷约为 200m³/(m²·h)，水力停留时间为 20~30s。

2）进水渠道直段长度应为渠道宽的 7 倍，并且不小于 4.5m，以创造平稳的进水条件。

3）进水渠道流速，在最大流量的 40%~80% 情况下为 0.6~0.9m/s，在最小流量时大于 0.15m/s，但最大流量时不宜大于 1.2m/s。

4）出水渠道与进水渠道的夹角大于 270°，以最大限度地延长水流在沉砂池内的停留时间，达到有效除砂目的。两种渠道均设在沉砂池上部以防扰动砂粒。

5）出水渠道宽度为进水渠道的 2 倍，出水渠道的直线段应不小于出水渠道的宽度。

6）旋流沉砂池前应设格栅，沉砂池下游设堰板，以便保持沉砂池内所需的水位。

（2）布置形式。旋流沉砂池的主要形式有两种，分别是Ⅰ型比氏沉砂池和Ⅱ型钟氏沉砂池。其中Ⅰ型比氏沉砂池的旋流夹角又分为 270°和 360°两种。旋流沉砂池的布置形式包括单池布置、2 池布置、4 池布置和多池布置等。常用的布置形式见图 4-34 和图 4-35。

旋流沉砂池 270°单池布置形式如图 4-34 所示。

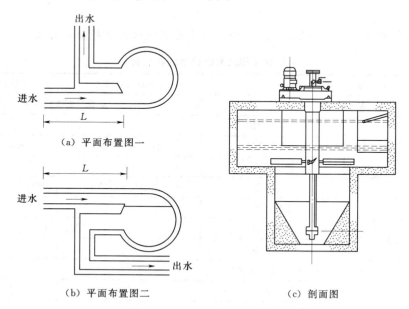

图 4-34　旋流沉砂池单池布置
（a）平面布置图一；（b）平面布置图二；（c）剖面图

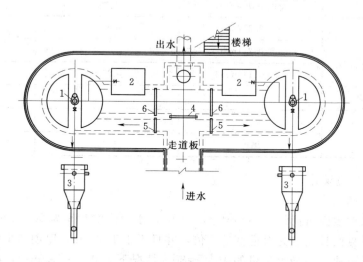

图 4-35　旋流沉砂池 2 池布置
1—搅拌机；2—鼓风机；3—砂水分离器；4—渠道闸门；5—进水渠道闸门；6—出水渠道闸门

（3）Ⅰ型比氏沉砂池选型。根据处理污水量的不同，Ⅰ型比氏旋流沉砂池分为不同规格系列的池型。每一规格的旋流沉砂池均对应不同的处理量和工程尺寸，各部分尺寸如图 4-36 所示，型号、规格和尺寸如表 4-5 所示。

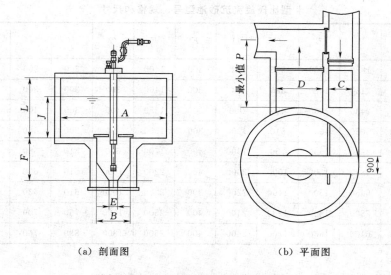

(a) 剖面图　　　　　　　　　　　(b) 平面图

图 4-36　Ⅰ型比氏沉砂池各部分尺寸

表 4-5　　　　　　　　　**Ⅰ型比氏旋流沉砂池型号、规格和尺寸**　　　　　　　　单位：mm

型号	流量/ (×10⁴m³/d)	A	B	C	D	E	F	J	L	P
1	0.40	1830	910	310	610	310	1520	430	1120	610
2.5	1.00	2130	910	380	760	310	1520	580	1120	760
4	1.50	2440	910	460	910	310	1520	660	1220	910
7	2.70	3050	1520	610	1220	1680	760	1450	1220	1220
12	4.50	3660	1520	720	1520	460	2030	940	1520	1520
20	7.50	4880	1520	1070	2130	460	2080	1070	1680	1830
30	11.40	5490	1520	1220	2440	550	2130	1300	1980	2130
50	19.00	6100	1520	1370	2740	460	2440	1780	2130	2740
70	26.50	7320	1830	1680	3350	460	2440	1800	2130	3050

（4）Ⅱ型钟氏沉砂池选型。根据处理污水量的不同，Ⅱ型钟氏旋流沉砂池分为不同规格系列的池型。每一规格的旋流沉砂池均对应不同的处理量和工程尺寸，各部分尺寸如图 4-37 所示，型号、规格和尺寸如表 4-6 所示。

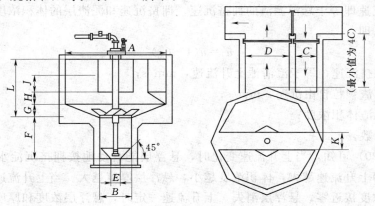

图 4-37　Ⅱ型比氏沉砂池各部分尺寸

表 4-6						Ⅱ型比氏旋流沉砂池型号、规格和尺寸						单位：mm	
型号	流量/ ($\times 10^4$ m³/d)	A	B	C	D	E	F	G	H	J	K	L
50	50	1830	1000	305	610	300	1400	300	300	200	800	1100
100	110	2130	1000	380	760	300	1400	300	300	300	800	1100
200	180	2430	1000	450	900	300	1350	400	300	400	800	1150
300	310	3050	1000	610	1200	300	1550	450	300	450	800	1350
550	530	3650	1500	750	1500	400	1700	600	510	580	800	1450
900	880	4870	1500	1000	2000	400	2200	1000	510	600	800	1850
1300	1320	5480	1500	1100	2200	400	2200	1000	610	630	800	1850
1750	1750	5800	1500	1200	2400	400	2500	1300	750	700	800	1950
2000	2200	6100	1500	1200	2400	400	2500	1300	890	750	800	1950

4.9 澄 清 池

澄清池是依靠活性泥渣循环实现处理水澄清，同时兼有实现絮凝和沉淀两种功能的构筑物。其原理是利用接触絮凝，把泥渣层作为接触介质，当投加混凝剂的水流通过它时，原水中新生成的微絮粒被迅速吸附在悬浮泥渣上，达到良好的去除效果。

澄清池的关键部分是接触絮凝区。澄清池开始运转时，向原水中投入较多的混凝剂，并适当降低负荷，经一段时间运转后，逐渐形成泥渣层。当原水浓度低时，为加速泥渣层的形成，可人工投加黏土。根据泥渣与原水接触方式的不同，澄清池可分为泥渣悬浮型澄清池、泥渣循环型澄清池两大类。

4.9.1 泥渣悬浮型澄清池

泥渣悬浮型澄清池常用的有悬浮澄清池和脉冲澄清池两种。

泥渣悬浮型澄清池的工艺原理：加药后的原水自下而上通过悬浮状态的泥渣层，在此过程中，悬浮泥渣层截留水中夹带的絮凝体。由于悬浮层拦截了进水中的杂质，悬浮泥渣颗粒变大，沉速提高。上升水流使颗粒所受的阻力恰好与其在水中的重力相等，泥渣处于动力平衡状态。上升流速即等于悬浮泥渣的拥挤沉速。拥挤沉速和泥渣层的体积浓度有关，可按式（4-80）计算，即

$$u' = u(1 - C_v)^n \tag{4-80}$$

式中　u'——拥挤沉速，等于澄清池上升流速，mm/s；

　　　u——沉渣颗粒自由沉速，mm/s；

　　　C_v——沉渣体积浓度；

　　　n——指数。

由式（4-80）可知，当上升流速变化时，悬浮层能自动地按拥挤沉淀水力学规律改变其体积浓度，即上升流速越大，体积浓度越小，悬浮层厚度越大。当上升流速接近颗粒自由沉速时，体积浓度接近零，悬浮层消失。上升流速一定时，悬浮层浓度和厚度不变，增加的新鲜泥渣量（即拦截的杂质）必须等于排出的陈旧泥渣量，保持动态平衡。

1. 悬浮澄清池

如图 4-38 所示，悬浮澄清池工艺过程如下：加药后的原水经气水分离器 1，从穿孔配水管 2 自下而上通过泥渣悬浮层 4 流入澄清室 3，杂质被泥渣层截留，清水则从穿孔集水槽 5 排出。悬浮层中不断增加的泥渣，在自行扩散和强制出水管的作用下，由排泥窗口 6 进入泥渣浓缩室 7，浓缩后定期排除。强制出水管 8 收集泥渣浓缩室内的上清液，并在排泥窗口两侧造成水位差，使澄清室内的泥渣流入浓缩室。气水分离器使水中空气分离出去，防止其进入澄清室扰动悬浮层。在泥渣浓缩室底部的穿孔排泥管 9，用于排泥或放空检修。悬浮澄清池一般用于小型水厂，目前应用较少。

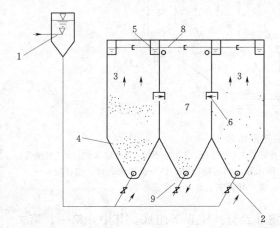

图 4-38 悬浮澄清池

1—气水分离器；2—穿孔配水管；3—澄清室；4—泥渣
悬浮层；5—穿孔集水槽；6—排泥窗口；7—泥渣
浓缩室；8—强制出水管；9—穿孔排泥管

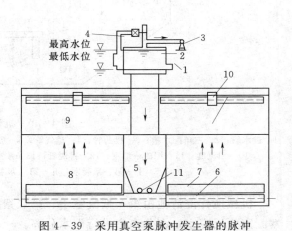

图 4-39 采用真空泵脉冲发生器的脉冲
澄清池的剖面图

1—进水管；2—进水室；3—真空泵；4—进气阀；5—中心
配水筒；6—配水管；7—稳流板；8—悬浮层；9—清水
区；10—集水槽；11—穿孔排泥管

2. 脉冲澄清池

脉冲澄清池的特点是装有脉冲发生器，使澄清池的上升流速发生周期变化。脉冲发生器有多种形式。图 4-39 表示采用真空泵脉冲发生器的脉冲澄清池的剖面图。其工作原理如下：原水由进水管 1 进入进水室 2。真空泵 3 造成真空而使进水室内水位上升，完成充水过程。当水位达到进水室的最高水位时，进气阀 4 自动开启，使进水室通大气。这时进水室水位迅速下降，向澄清池放水，此为放水过程。当水位下降到最低水位时，进气阀又自动关闭，真空泵 3 自动启动，重新使进水室形成真空，室内水位又上升，如此反复，使悬浮层产生周期性的膨胀和收缩。

进水室的水由中心配水筒 5 进入配水管 6 进行配水，配水管上装有稳流板 7，水与稳流板撞击使水与药剂充分混合，之后进入悬浮层 8，再到清水区 9，清水由集水槽 10 收集并排出，沉淀泥渣由穿孔排泥管 11 排出。

脉冲澄清池设计参数和设计计算方法详见《室外给水设计规范》（GB 50013—2006）与相关设计手册。由于处理效果受水量、水质和水温影响较大，它在我国新设计的水厂中应用不多。

4.9.2 泥渣循环型澄清池

为充分发挥泥渣的接触絮凝作用，让泥渣在竖直方向上不断循环，通过循环运动捕捉水中的微小絮粒，并在分离后加以去除，这就是泥渣循环型澄清池。按泥渣循环动力不同，将泥渣循环型澄清池分为机械搅拌澄清池和水力循环澄清池两类。在水处理中，应用较多的是机械搅拌澄清池。

1. 机械搅拌澄清池

机械搅拌澄清池的剖面如图 4-40 所示。

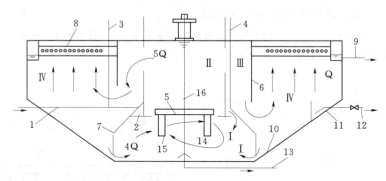

图 4-40　机械搅拌澄清池

1—进水管；2—三角配水槽；3—投药管；4—透气管；5—提升叶轮；6—导流板；7—伞形罩；8—集水槽；9—出水管；
10—回流缝；11—泥渣浓缩室；12—排泥管；13—放空、排泥管；14—排泥罩；15—搅拌浆；16—搅拌轴；
Ⅰ—第一絮凝室；Ⅱ—第二絮凝室；Ⅲ—导流室；Ⅳ—分离室

机械搅拌澄清池由第一絮凝室Ⅰ、第二絮凝室Ⅱ及分离室Ⅳ等组成。其中，第一、第二絮凝室为反应室，在分离室进行泥水分离。

工作过程：原水从进水管 1 进入环形三角配水槽 2，混凝剂通过投药管 3 加在三角配水槽 2 中，一起流入第一絮凝室Ⅰ，在此完成水、药剂及回流污泥的混合。因原水中可能含有气体，积在三角槽顶部，故装设透气管 4。由于提升叶轮 5 的提升作用，混合后的泥水被提升到第二絮凝室Ⅱ，继续进行混凝反应，并溢流到导流室Ⅲ。导流室中设有导流板 6，用于消除反应室过来的环形运动，使原水平稳地沿伞形罩 7 进入分离室Ⅳ。分离室面积较大，断面的突然增大，流速下降，泥渣便靠重力自然下沉，上清液经集水槽 8 收集，并从出水管 9 流出池外。泥渣大部分沿锥底的回流缝 10 再进入第一絮凝室重新参与絮凝；一部分泥渣则自动排入泥渣浓缩室 11 进行浓缩，达到适当浓度后经排泥管 12 排除。泥渣浓缩室可设一个或几个，根据水质和水量而定。澄清池底部设放空管 13，供放空检修用。当泥渣浓缩室排泥不能消除泥渣上浮时，利用放空管排泥，放空管进口处设排泥罩 14，使排泥彻底。

机械搅拌澄清池处理效果除与池体各部分尺寸有关外，主要取决于搅拌速度、泥渣回流量与浓度。

（1）搅拌速度。为使泥渣和水中小絮体充分混合，防止搅拌不均匀引起部分泥渣沉积，要求加快搅拌速度。搅拌速度应根据污泥浓度决定。速度太快，会打碎已形成的絮体，影响处理效果。污泥浓度低时，搅拌速度要小；相反，要增大搅拌速度。

（2）泥渣回流量与浓度。一般情况下，回流量大反应效果好，但回流量太大会影响分离室稳定，通常控制回流量为水量的 3～5 倍。泥渣浓度越高，越容易截留水中悬浮颗粒，但泥渣浓度越高，澄清水分离越困难，会使部分泥渣被带出，影响出水水质。在不影响分离室工作的前提下，尽量提高泥渣浓度。泥渣浓度可通过排泥来控制。

2. 水力循环澄清池

图 4-41 所示为水力循环澄清池剖面图。

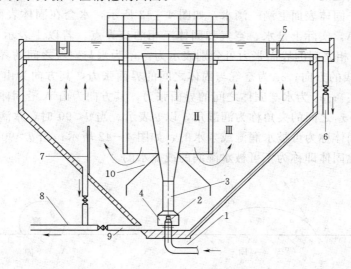

图 4-41 水力循环澄清池剖面
1—进水管；2—喷嘴；3—喉管；4—喇叭口；5—环形集水渠；6—出水管；
7—泥渣浓缩室；8—排泥管；9—排空管；10—伞形罩；
Ⅰ—第一絮凝室；Ⅱ—第二絮凝室；Ⅲ—泥水分离室

工艺过程：原水从进水管 1 进入，经过喷嘴 2 高速喷入喉管 3。在喉管下部喇叭口 4 附近形成真空吸入回流泥渣。原水与回流泥渣在喉管中剧烈混合，之后被送入第一絮凝室Ⅰ和第二絮凝室Ⅱ。第二絮凝室的泥水混合物，通过泥水分离室Ⅲ实现泥水分离后，清水经环形集水渠 5 收集，从出水管 6 流出，而一部分泥渣进入污泥浓缩室 7 进行浓缩，浓缩后由排泥管 8 排出，一部分被吸入喉管重新循环，如此往复。原水流量与泥渣回流量之比，一般为 1∶2～1∶4。喉管和喇叭口的高度可用池顶的升降阀进行调节。图 4-41 所示为水力循环澄清池多种形式中的一种。

4.10 气 浮 池

气浮法是一种有效的固液和液液分离方法，常用于对颗粒密度接近或小于水的细小颗粒的分离。

水和废水的气浮处理技术是在水中形成微小气泡形式，使微小气泡与水中悬浮的颗粒黏附，形成水—气—颗粒三相混合体系，颗粒黏附上气泡后，形成表观密度小于水的漂浮絮体，絮体上浮到水面，形成浮渣层被刮除，以此实现固液分离。

气浮法处理工艺必须满足下述基本条件：

(1) 必须向水中提供足够量的细微气泡。

(2) 必须使水中的污染物质能形成悬浮状态。

(3) 必须使气泡与悬浮的物质能产生黏附作用。

有了上述 3 个基本条件，才能完成气浮处理过程，达到污染物质从水中去除的目的。

4.10.1　气浮的原理

　　水中颗粒与气泡能否相互黏附，取决于它们的表面性质，即水、空气和固体三者表面张力的关系。若在一固体表面上滴一滴水，如图 4 - 42 所示，水会在固体表面形成一个弧形，水与固体交界点 A，实际上是水、空气和固体三相的交界点。若以 1 表示水、2 表示空气、3 表示固体，则两相之间的界面张力可分别表示为：σ_{12} 为水与空气之间的界面张力，其方向为由 A 沿液面切线的方向；σ_{23} 为空气与固体之间的界面张力，其方向为由 A 沿固体表面的方向（在图中向左）；σ_{31} 为水与固体之间的界面张力，其方向为由 A 沿固体表面的方向（在图中向右）；σ_{12} 与 σ_{31} 之间的夹角称为润湿角，以 θ 表示。当 $\theta < 90°$ 时，水滴在固体表面有较平坦的形状，此固体称为可被水润湿或亲水的，如图 4 - 42 所示；当 $\theta > 90°$，则水滴与固体表面接触较少，此固体即称为不可被水湿润的或疏水的。

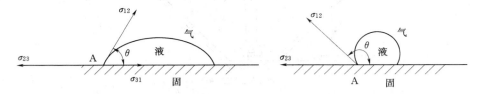

图 4 - 42　润湿角

　　由图 4 - 42 可见，3 种张力在 A 点处于平衡状态，即

$$\sigma_{23} = \sigma_{12}\cos\theta + \sigma_{31} \tag{4 - 81}$$

$$\cos\theta = \frac{\sigma_{23} - \sigma_{31}}{\sigma_{12}} \tag{4 - 82}$$

　　表面张力事实上是一种表面自由能。要把液体内部的分子移向表面来扩大表面积，就必须对抗液体内部的引力而做功，也就是说，液体表面的分子比内部的分子具有更大的能量，即储备有表面自由能。表面自由能是一种位能，根据热力学原理，任一体系的总自由能都有自动趋向最小值的倾向。所以，气泡也具有表面自动缩小的趋势，这就涉及气泡的稳定性问题。

　　洁净的气泡本身具有自动降低表面自由能的倾向，即气泡合并作用。由于这一作用的存在，表面张力大的洁净水中的气泡粒径常常不能达到气浮操作要求的极细分散度。此外，如果水中表面活性物质很少，则气泡壁表面由于缺少表面活性剂两亲水分子吸附层的包裹，泡壁变薄，气泡浮升到水面以后，水分子很快蒸发，因而极易使气泡破灭，以至在水面上得不到稳定的气浮泡沫层。这样，即使气粒结合体（气浮体）在露出水面之前就已形成，而且也能够浮升到水面，但由于所形成的泡沫不够稳定，使已浮起的水中污物又重新脱落回到水中，从而使气浮效果降低。为了防止产生这些现象，当水中缺少表面活性物质时，需向水中投加起泡剂，以保证气浮操作中泡沫的稳定性。起泡剂大多数是由极性—非极性分子组成的表面活性剂。表面活性剂的分子一端具有极性基，易溶于水，伸向水中（因为水是强极性分子）；表面活性剂分子的另一端具有非极性基，为疏水基，伸入气泡。由于同号电荷的相斥作用，可防止气泡的兼并和破灭，因而增加了泡沫的稳定性。

　　气泡与水中固体颗粒的黏附直接与润湿作用有关。固体的疏水性越强，越难湿润，就越易于同气泡黏附；相反地，其亲水性越强，越易湿润，则越难同气泡黏附。各种不同固体颗粒有不同的疏水性，它们与气泡黏附的难易程度也各不相同。

4.10.2 加压溶气气浮法

按产生细微气泡的方法，气浮法可分为电解气浮法、分散空气气浮法和溶解空气气浮法。

电解气浮法装置见图4-43。电解气浮过程是将正负相间的多组电极浸泡在废水中，当通以直流电时，废水电解，正、负两极间产生的氢气和氧气的细小气泡黏附于悬浮物上，将其带至水面，从而达到分离的目的。

分散空气气浮法有微孔曝气气浮法和剪切气泡气浮法两种形式。微孔曝气气浮法示意图见图4-44，压缩空气引至靠近池底处的微孔板，并被微孔板的微孔分散成细小气泡。

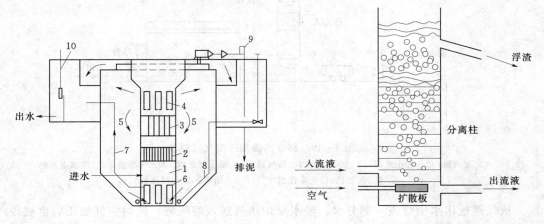

图4-43 电解气浮法　　　　　　　　图4-44 微孔曝气气浮法

1—入流室；2—整流栅；3—电极组；4—出流孔；5—分离室；

6—集水孔；7—出水管；8—沉淀排泥管；

9—刮渣机；10—水位调节器

剪切气泡气浮法见图4-45，将空气引至一个调整旋转混合器或叶轮机的附近，通过调整旋转混合器或叶轮机的调整剪切，将引入的空气切割粉碎成细小的气泡。

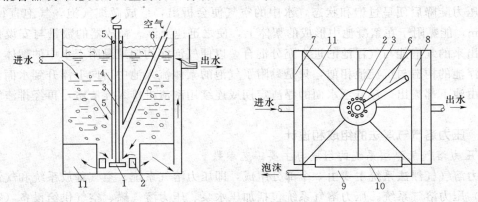

图4-45 剪切气泡气浮法

1—叶轮；2—盖板；3—转轴；4—轴套；5—轴承；6—进水管；7—进水槽；8—出水槽；9—泡沫槽；

10—刮沫板；11—整流槽

溶解空气气浮法是在一定的压力下让空气溶解在水中，然后在减压条件下析出溶解空气，形成微小气泡。溶解空气气浮法根据气泡析出时所处压力的不同可分真空空气气浮法和加压溶气气浮法两种形式。

加压溶气气浮法是目前常用的气浮处理方法。该方法是使空气在加压的条件下溶解于水中，然后通过将压力降至常压而使过饱和溶解的空气以细微气泡形式释放出来。根据加压溶气水的来源不同，加压溶气气浮法可分为3种基本流程，即全加压溶气流程、部分加压溶气流程和部分回流加压溶气流程。其中，部分回流加压溶气流程是目前最常用的气浮处理流程，见图4-46。

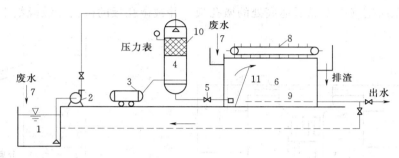

图4-46　部分回流加压溶气气浮法

1—废水池；2—加压水泵；3—空压机；4—溶气罐；5—减压释放阀；6—气浮池；7—废水进水槽；
8—刮渣机；9—穿孔出水管；10—填料；11—挡流板

从气浮池出水中分流一部分水，经水泵加压后送入溶气罐，同时空气加压后也被送入溶气罐。溶气罐为一承压罐体，其中装设一定厚度的填料，如阶梯环、拉西环等，水由填料层上部淋下，空气由填料下部送入，与填料上的水膜接触，进而在压力下溶入水中，水中空气饱和度可达90%以上。饱和器中的压力一般为0.35~0.4MPa。如不在饱和器中装填料，水中空气饱和度只有装填料的60%~70%。

将加压饱和的溶气水送到气浮池前端入口处，经减压释放器释放。溶气水由释放器流出时，压力陡降至正常大气压。空气在水中的溶解度与压力有正比例关系。在加压下饱和的溶气水，压力陡降后便呈过饱和状态，水中的空气便会析出，形成微细气泡，气泡直径为20~100μm，能黏附于在絮凝池中形成的絮体上，使之迅速上浮。释放器的数量与安设位置应使释放出来的气泡能与气浮池的进水充分混合，以便气泡能均匀地黏附于水中的絮体上。

气浮池的构造与沉淀池相似，只是黏附了气泡的絮体流入池中后向上浮升到水面，而澄清水则由池下部流出。浮升至水面的浮渣定期或连续用刮渣机排入浮渣室，再经排渣管排出池外。

4.10.3　压力溶气气浮法的组成和设计

1. 压力溶气气浮法系统的组成与主要工艺参数

压力溶气气浮法系统主要由3个部分组成，即压力溶气系统、空气释放系统和气浮池。

（1）压力溶气系统。压力溶气系统包括加压水泵、压力溶气罐、空气供给设备（空压机或射流器）及其他附属设备。

加压水泵的作用是提升废水，将水、气以一定压力送至压力溶气罐。

压力溶气罐的作用是使水与空气充分接触，促进空气的溶解。其形式有多种，其中以罐内填充填料的溶气罐效率最高。影响填料溶气罐的主要因素为填料特性、填料层高度、罐内液位高度、布水方式和温度等。

填料溶气罐的主要工艺参数为：过流密度，$2500\sim5000\text{m}^3/(\text{m}^2\cdot\text{d})$；填料层高度，$0.8\sim1.3\text{m}$；液位的控制高度，$0.6\sim1.0\text{m}$（从罐底计）；溶气罐的承压能力，大于 0.6MPa。

（2）空气释放系统。空气释放系统是由溶气释放装置和溶气水管路组成。溶气释放装置的功能是将压力溶气水减压，使溶气水中的气体以微气泡的形式释放出来，并能迅速、均匀地与水中的颗粒物质黏附，减压释放装置产生的微气泡直径以 $20\sim100\mu\text{m}$。常用的溶气释放装置有减压阀、专用溶气释放器等。

（3）气浮池。气浮池的功能是提供一定的容积和池表面积，使微气泡与水中的悬浮颗粒充分混合、接触、黏附，并使带气絮体与水分离。目前应用较为广泛的有平流式气浮池和竖流式气浮池。

平流式气浮池见图 4-47，其反应池与气浮池合建。废水进入反应池完全混合后，经挡板底部进入气浮接触室以延长絮体与气泡的接触时间，然后由接触室上部进入分离室进行固液分离。

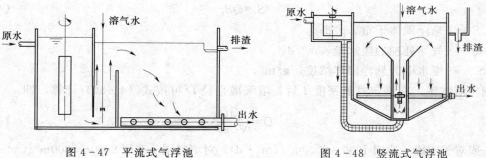

图 4-47　平流式气浮池　　　　　　　图 4-48　竖流式气浮池

平流式气浮池的优点是池身浅、造价低、构造简单、运行方便。缺点是分离部分的容积利用率不高。

平流式气浮池的主要设计参数为：气浮池有效水深通常为 $2.0\sim2.5\text{m}$，一般以单格宽度不超过 10m，长度不超过 15m 为宜；废水在反应池中的停留时间一般为 $5\sim15\text{min}$，废水进入气浮接触室的流速应小于 0.1m/s；废水在接触室中的上升速度为 $10\sim20\text{mm/s}$，水力停留时间为 $1\sim2\text{min}$，挡板一般设置 $60°$的倾斜，挡板顶部与气浮池水面就有 300mm 以上的空间；废水在气浮分离室的停留时间一般为 $10\sim20\text{min}$，其表面负荷为 $6\sim8\text{m}^3/(\text{m}^2\cdot\text{h})$，最大不超过 $10\text{m}^3/(\text{m}^2\cdot\text{h})$。分离区的澄清水下向流速，包括回流加压流量部分一般取 $1\sim3\text{mm/s}$。集水管宜在分离区底部设置成均匀的环状或树枝状，以便整个池面积集水均匀。

池面浮渣一般用机械方法清除，刮渣机的行车速度宜控制在 5m/min 以内，以防止刮渣时浮渣再次下落，使可能下落的浮渣落在接触区，便于带气絮体再次将其托起，而不致影响出水水质。

竖流式气浮池（图 4-48）的基本工艺参数与平流式气浮池相同。其优点是接触室在池中央，水流向四周扩散，水力条件好。缺点是气浮池与反应池较难衔接，容积利用率较低。

2. 压力溶气气浮池的设计计算

压力溶气气浮池的主要设计计算内容包括所需空气量、加压溶气水量、溶气罐尺寸和气浮池主要尺寸等。

（1）气浮所需空气量。设计气浮池加压溶气系统时最基本的参数是气固比，气固比 α 的定义是溶解空气量 A 与原水中的悬浮固体含量 S 的比值，可表示为

$$a=\frac{A}{S}=\frac{减压释放的气体总量（g）}{原水中悬浮固体总量（g）} \qquad (4-83)$$

在溶气压力 P 下溶解的空气，经减压释放后，理论上释放空气量 A 为

$$A=\rho C_s\left(\frac{fP}{P'}-1\right)\cdot Q_R \qquad (4-84)$$

式中　A——减压至 101.325kPa 大气压时释放的空气量，g/d；

ρ——空气密度，g/L；

C_s——在一定温度下，一个大气压时的空气溶解度，mL/L；

P——空气压力（绝对压力）；

f——加压溶气系统的溶气效率，通常取 0.5～0.9；

Q_R——加压溶气水的流量，m³/d。

气浮的悬浮固体干重 S 为

$$S=QS_a \qquad (4-85)$$

式中　S——悬浮固体干重，g/d；

Q——气浮处理的废水量，m³/d；

S_a——废水中的悬浮固体浓度，g/m³。

（2）溶气罐。在选定过流密度 I 后，溶气罐直径 D 可按式（4-86）计算，即

$$D=\sqrt{\frac{4Q_R}{\pi I}} \qquad (4-86)$$

一般对于空罐 I 选用 1000～2000m³/(m²·d)，对填料罐 I 选用 2000～5000m³/(m²·d)。

溶气罐高度 h 为

$$h=2h_1+h_2+h_3+h_4 \qquad (4-87)$$

式中　h_1——罐顶、底封头高度，m；

h_2——布水区高度，一般取 0.2～0.3m；

h_3——储水区高度，一般取 1.0m；

h_4——填料层高度，一般取 1.0～1.3m。

（3）气浮池。接触室表面积 A_c，选定接触室中水流的上升速度 u_c 后，按式（4-88）计算，即

$$A_c=\frac{Q+Q_R}{u_c} \qquad (4-88)$$

式中　Q——气浮处理的废水量，m³/h；

Q_R——回流加压水量，m³/h；

u_c——接触室水流的上升速度，m/h。

接触室容积一般按停留时间大于 60s 进行复核。

分离室表面积 A_s：

1）根据表面负荷计算，即

$$A_s=\frac{Q}{q} \qquad (4-89)$$

式中　Q——气浮处理的废水量，m^3/h；

　　q——分离室表面负荷，$m^3/(m^2 \cdot h)$，一般取 $6 \sim 8 m^3/(m^2 \cdot h)$。

2）按分离速度 u_s 计算，即

$$A_s = \frac{Q + Q_R}{u_s} \qquad\qquad (4-90)$$

式中　Q——气浮处理的废水量，m^3/h；

　Q_R——回流加压水量，m^3/h；

　u_s——分离速度，m/h。

对矩形气浮池分离室的长宽比一般取 $1:1 \sim 2:1$。

气浮池的净容积 V：

选定池的平均水深 H（分离室水深），按式（4-91）计算，即

$$V = (A_s + A_c)H \qquad\qquad (4-91)$$

同时以池内水力停留时间 t 进行校核，一般要求 t 为 $10 \sim 20min$。

习   题

1. 试说明沉淀的类型有哪些，各有什么特点。

2. 试叙述理想沉淀池的原理和假设条件，并分析其沉淀去除效率和哪些因素有关。

3. 简述平流式沉淀池的构造，其进水和出水方式常用的都有哪些。

4. 试叙辐流式沉淀池、竖流式沉淀池和平流式沉淀池的区别及其各自主要适用场合。

5. 简述斜板（管）沉淀池的原理及分类。

6. 在水处理过程中设置沉砂池的作用是什么？曝气沉砂池和平流式沉砂池的区别是什么？

7. 澄清池的作用及原理是什么？

8. 气浮的原理是什么？气浮技术的分类及适用场合是什么？

9. 在水处理技术中沉淀、澄清和气浮的区别是什么？

10. 如何改进和提高沉淀和气浮效果？

第 5 章 过 滤

5.1 过 滤 概 述

在常规水处理过程中，过滤一般是指以石英砂等粒状滤料层截留水中悬浮杂质，从而使水获得澄清的工艺过程。滤池通常置于沉淀池或澄清池之后。进水浊度一般在 10 度以下。滤出水浊度必须达到饮用水标准。当原水浊度较低（一般在 100 度以下）且水质较好时，也可采用原水直接过滤。过滤的功效，不仅在于进一步降低水的浊度，而且水中有机物、细菌乃至病毒等将随水的浊度降低而被部分去除。至于残留于滤后水中的细菌、病毒等在失去浑浊物的保护或依附时，在滤后消毒过程中也将容易被杀灭，这就为滤后消毒创造了良好条件。在饮用水的净化工艺中，有时沉淀池或澄清池可省略，但过滤是不可缺少的，它是保证饮用水卫生安全的重要措施。

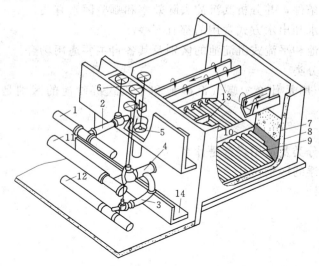

图 5-1 普通快滤池构造剖视图
（箭头表示冲洗水流方向）

1—进水总管；2—进水支管；3—清水支管；4—冲洗水支管；5—排水阀；6—浑水渠；7—滤料层；8—承托层；9—配水支管；10—配水干管；11—冲洗水总管；12—清水总管；13—冲洗排水槽；14—废水渠

滤池有多种形式。以石英砂作为滤料的普通快滤池使用历史最久。在此基础上，人们从不同的工艺角度发展了其他形式快滤池。为充分发挥滤料层截留杂质能力，出现了滤料粒径循水流方向减小或不变的过滤层，如双层、多层及均质滤料滤池以及上向流和双向流滤池等。为了减少滤池阀门，出现了虹吸滤池、无阀滤池、移动冲洗罩滤池以及其他水力自动冲洗滤池等。在冲洗方式上，有单纯水冲洗和气水反冲洗两种。虽然滤池形式各异，但过滤原理基本一样，基本工作过程也相同，即过滤和冲洗交错进行。下面以普通快滤池为例（图 5-1），介绍快滤池工作过程。

（1）过滤。过滤时，开启进水支管 2 与清水支管 3 的阀门。关闭冲洗水支管 4 阀门与排水阀 5。浑水就经进水总管 1、支管 2 从浑水渠 6 进入滤池。经过滤料层 7、承托层 8 后，由配水系统的配水支管 9 汇集起来，再经配水干管 10、清水支管、清水总管 12 流往清水池。浑水流经滤料层时，水中杂质即被截留。随着滤层中杂质截留量的逐渐增加，滤料层中水头损失也相应增加。一般当水头损失增至一定程度以至滤池产水量减少，或由于滤过水质不符合要求时，滤池便须停止过滤进行冲洗。

（2）冲洗。冲洗时，关闭进水支管 2 与清水支管 3 阀门。开启排水阀 5 与冲洗水支管 4 阀门。冲洗水即由冲洗水总管 11、支管 4，经配水系统的干管、支管及支管上的许多孔眼流出，自下而上穿过承托层及滤料层，均匀地分布于整个滤池平面上。滤料层在自下而上均匀分布的水流中处于悬浮状态，滤料得到清洗。冲洗废水流入冲洗排水槽 13，再经浑水渠 6、排水管和废水渠 14 进入下水道。冲洗一直进行到滤料基本洗干净为止。冲洗结束后，过滤重新开始。从过滤开始到冲洗结束的一段时间称为快滤池工作周期；从过滤开始至过滤结束称为过滤周期。

快滤池的产水量决定于滤速（以 m/h 计）。滤速相当于滤池负荷。滤池负荷以单位时间、单位过滤面积上的过滤水量计，单位为 $m^3/(m^2 \cdot h)$。按设计规范，单层砂滤池的滤速为 8～10m/h，双层滤料滤速为 10～14m/h，多层滤料滤速一般可用 18～20m/h。工作周期也直接影响滤池产水量。因为工作周期长短涉及滤池实际工作时间和冲洗水量的消耗。周期过短，滤池日产水量减少。一般地，工作周期为 12～24h。

5.2 过 滤 理 论

5.2.1 过滤机理

首先以单层砂滤池为例，其滤料粒径通常为 0.5～1.2mm，滤层厚度一般为 70cm。经反冲洗水力分选后，滤料粒径自上而下大致按由细到粗依次排列，称滤料的水力分级，滤层中孔隙尺寸也因此自上而下逐渐增大。设表层细砂粒径为 0.5mm，以球体计，滤料颗粒之间的孔隙尺寸约 80μm。但是，进入滤池的悬浮物颗粒尺寸大部分小于 30μm，仍然能被滤层截留下来，而且在滤层深处（孔隙大于 80μm）也会被截留，说明过滤显然不是机械筛滤作用的结果。经过众多学者的研究，认为过滤主要是悬浮颗粒与滤料颗粒之间黏附作用的结果。

水流中的悬浮颗粒能够黏附于滤料颗粒表面，涉及两个问题。首先，被水流挟带的颗粒如何与滤料颗粒表面接近或接触，这就涉及颗粒脱离水流流线而向滤料颗粒表面靠近的迁移机理；其次，当颗粒与滤粒表面接触或接近时，依靠哪些力的作用使得它们黏附于滤粒表面，这就涉及黏附机理。

1. 颗粒迁移

在过滤过程中，滤层孔隙中的水流一般属层流状态。被水流挟带的颗粒将随着水流流线运动。它之所以会脱离流线而与滤粒表面接近，完全是一种物理—力学作用。一般认为由以下几种作用引起，即拦截、沉淀、惯性、扩散和水动力作用等。图 5-2 所示为上述几种迁移机理的示意图。颗粒尺寸较大时，处于流线中的颗粒会直接碰到滤料表面产生拦截作用；颗粒沉速较大时会在重力作用下脱离流线，产生沉淀作用；颗粒具有较大惯性时也可以脱离流线与滤料表面接触（惯性作用）；颗粒较小、布朗运动较剧烈时会扩散至滤粒表面（扩散作用）；在滤粒表面附近存在速度梯度，非球体颗粒由于在速度梯度作用下，会产生转动而脱离流线与颗粒表面接触（水动力作用）。对于上述迁移机理，目前只能定性描述，其相对作用大小尚无法定量估算。虽然也有某些数学模式，但还不能解决实际问题。可能几种机理同时存在，也可能只有其中某些机理起作用。例如，进入滤池的凝聚颗粒尺寸一般较大，扩散作用几乎无足轻重。这些迁移机理所受影响因素较复杂，如滤料尺寸、形状、滤速、水温、水中颗粒尺寸、形状和密度等。

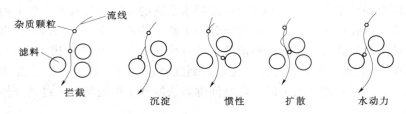

图 5-2　颗粒迁移机理示意

2. 颗粒黏附

黏附作用是一种物理、化学作用。当水中杂质颗粒迁移到滤料表面时，则在范德华引力和静电力相互作用下，以及某些化学键和某些特殊的化学吸附力下，被黏附于滤料颗粒表面，或者黏附在滤粒表面原先黏附的颗粒上。此外，絮凝颗粒的架桥作用也会存在。黏附过程与澄清池中的泥渣所起的黏附作用基本类似，不同的是滤料为固定介质，排列紧密，效果更好。因此，黏附作用主要决定于滤料和水中颗粒的表面物理、化学性质。未经脱稳的悬浮物颗粒，过滤效果很差，这就是证明。不过，在过滤过程中，特别是过滤后期，当滤层中孔隙尺寸逐渐减小时，表层滤料的筛滤作用也不能完全排除，但这种现象并不希望发生。

3. 滤层内杂质分布规律

与颗粒黏附的同时，还存在由于孔隙中水流剪力作用而导致颗粒从滤料表面脱落的趋势。黏附力和水流剪力相对大小，决定了颗粒黏附和脱落的程度。图 5-3 所示为颗粒黏附力和平均水流剪力示意图。图中 F_{a1} 表示颗粒 1 与滤料表面的黏附力；F_{a2} 表示颗料 2 与颗粒 1 之间的黏附力；F_{s1} 表示颗粒 1 所受到的平均水流剪力；F_{s2} 表示颗粒 2 所受到的平均水流剪力；F_1、F_2 和 F_3 均表示合力。过滤初期，滤料较干净，孔隙率较大，孔隙流速较小，水流剪力 F_{s1} 较小，因而黏附作用占优势。随着过滤时间的延长，滤层中杂质逐渐增多，孔隙率逐渐减小，水流剪力逐渐增大，以至最后黏附上的颗粒（图 5-3 中颗粒 3）将首先脱落下来，或者被水流挟带的后续颗粒不再有黏附现象，于是，悬浮颗粒便向下层推移，下层滤料截留作用渐次得到发挥。

然而，往往是下层滤料截留悬浮颗粒作用远未得到充分发挥时，过滤就得停止。这是因为滤料经反冲洗后，滤层因膨胀而分层，表层滤料粒径最小，黏附比表面积最大，截留悬浮颗粒量最多，而孔隙尺寸又最小，因而，过滤到一定时间后，表层滤料间孔隙将逐渐被堵塞，甚至产生筛滤作用而形成泥膜，使过滤阻力剧增。其结果，在一定过滤水头下滤速减小（或在一定滤速下水头损失达到极限值），或者因滤层表面受力不均匀而使泥膜产生裂缝时，大量水流将自裂缝中流出，以至悬浮杂质穿过滤层而使出水水质恶化。当上述两种情况之一出现时，过滤将被迫停止。当过滤周期结束后，滤层中所截留的悬浮颗粒量在滤层深度方向变化很大，见图 5-4 中曲线。图中滤层含污量系指单位体积滤层中所截留的杂质量。在一个过滤周期内，如果按整个滤层计，单位体积滤料中的平均含污量称为滤层含污能力，单位仍以 g/cm^3 或 kg/m^3 计。图 5-4 中曲线与坐标轴所包围的面积除以滤层总厚度即为滤层含污能力。在滤层厚度一定下，此面积越大，滤层含污能力越大。很显然，如果悬浮颗粒量在滤层深度方向变化越大，表明下层滤料截污作用越小，就整个滤层而言，含污能力越小；反之亦然。

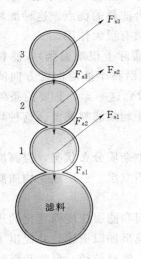

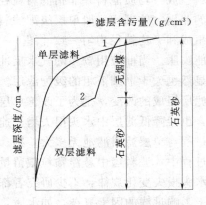

图 5-3　颗粒黏附和脱附力示意　　　　　图 5-4　滤料层含污量变化

　　为了改变上细下粗的滤层中杂质分布严重的不均匀现象，提高滤层含污能力，便出现了双层滤料、三层滤料或混合滤料及均质滤料等滤层组成，见图 5-5。

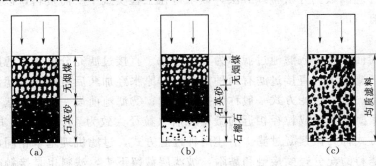

图 5-5　几种滤料组成示意

　　双层滤料组成：上层采用密度较小、粒径较大的轻质滤料（如无烟煤）；下层采用密度较大、粒径较小的重质滤料（如石英砂）。由于两种滤料密度差，在一定反冲洗强度下，反冲后轻质滤料仍在上层，重质滤料位于下层，见图 5-5（a）。虽然每层滤料粒径仍自上而下递增，但就整个滤层而言，上层平均粒径总是大于下层平均粒径。实践证明，双层滤料含污能力较单层滤料约高 1 倍以上。在相同滤速下，过滤周期增长；在相同过滤周期下，滤速可提高。图 5-4 中曲线 2（双层滤料）与坐标轴所包围的面积大于曲线 1（单层滤料），表明在滤层厚度相同、滤速相同下，前者含污能力大于后者，间接表明前者过滤周期长于后者。

　　3 层滤料组成：上层为大粒径、小密度的轻质滤料（如无烟煤）；中层为中等粒径、中等密度的滤料（如石英砂）；下层为小粒径、大密度的重质滤料（如石榴石），见图 5-5（b）。各层滤料平均粒径自上而下递减。如果 3 种滤料经反冲洗后在整个滤层中适当混杂，即滤层的每一横断面上均有煤、砂、重质矿石 3 种滤料存在，则称混合滤料。尽管称之为混合滤料，但绝非 3 种滤料在整个滤层内完全均匀地混合在一起，上层仍以煤粒为主，掺有少

111

量砂、石；中层仍以砂粒为主，掺有少量煤、石；下层仍以重质矿石为主，掺有少量砂、煤。平均粒径仍自上而下递减；否则就完全失去3层或混合滤料的优点。这种滤料组成不仅含污能力大，且因下层重质滤料粒径很小，对保证滤后水质有很大作用。

均质滤料组成：均质滤料并非指滤料粒径完全相同（实际上很难做到），滤料粒径仍存在一定程度的差别（差别比一般单层级配滤料小），而是指沿整个滤层深度方向的任一横断面上，滤料组成和平均粒径均匀一致［图5-5（c）］。要做到这一点，必要的条件是反冲洗时滤料层不能膨胀。当前应用较多的气水反冲滤池大多属于均质滤料滤池。这种均质滤料层的含污能力显然也大于上细下粗的级配滤层。

总之，滤层组成的改变，是为了改善单层级配滤料层中杂质分布状况，提高滤层含污能力，相应地，也会降低滤层中水头损失增长速率。无论采用双层、三层还是均质滤料，滤池构造和工作过程与单层滤料滤池无多大差别。

在过滤过程中，滤料层中悬浮颗粒截留量随着过滤时间和滤层深度而变化的规律，以及由此导致的水头损失变化规律，不少研究者都试图用数学模型加以描述，并提出了多种过滤方程，但由于影响过滤的因素复杂，如水质，水温，滤速，滤料粒径、形状和级配，悬浮物的表面性质、尺寸和强度等，都对过滤产生影响。因此，不同研究者所提出的过滤方程往往差异很大。目前在设计和操作中，基本上仍需根据试验或经验。不过，已有的研究成果对于指导试验或提供合理的数据分析整理方法，以求得在工程实践中所需资料，以及为进一步的理论研究，都是有益的。

4. 直接过滤

原水不经沉淀而直接进入滤池过滤称为直接过滤。直接过滤充分体现了滤层中特别是深层滤料中的接触絮凝作用。直接过滤有两种方式：①原水经加药后直接进入滤池过滤，滤前不设任何絮凝设备。这种过滤方式一般称为接触过滤；②滤池前设一简易微絮凝池，原水加药混合后先经微絮凝池，形成粒径相近的微絮粒后（粒径大致为40~60μm）即刻进入滤池过滤。这种过滤方式称为微絮凝过滤。上述两种过滤方式，过滤机理基本相同，即通过脱稳颗粒或微絮粒与滤料的充分碰撞接触和黏附，被滤层截留下来，滤料也是接触凝聚介质。不过前者往往因投药点和混合条件不同而不易控制进入滤层的微絮粒尺寸，后者可加以控制。之所以称之为微絮凝池，系指絮凝条件和要求不同于一般絮凝池。前者要求形成的絮凝体尺寸较小，便于深入滤层深处以提高滤层含污能力；后者要求絮凝体尺寸越大越好，以便于在沉淀池内下沉。故微絮凝时间一般较短，通常在几分钟之内。

采用直接过滤工艺必须注意以下几点：

（1）原水浊度和色度较低且水质变化较小。一般要求常年原水浊度低于50度。若对原水水质变化及今后发展趋势无充分把握，不应轻易采用直接过滤方法。根据现有工程实例以及运行安全，实际建议水厂设计中不采用直接过滤法。

（2）通常采用双层、3层或均质滤料。滤料粒径和厚度适当增大；否则滤层表面孔隙易被堵塞。

（3）原水进入滤池前，无论是接触过滤还是微絮凝过滤，均不应形成大的絮凝体，以免很快堵塞滤层表面孔隙。为提高微絮粒强度和黏附力，有时需投加高分子助凝剂（如活化硅酸及聚丙烯酰胺等）以发挥高分子在滤层中吸附架桥作用，使黏附在滤料上的杂质不易脱落而穿透滤层。助凝剂应投加在混凝剂投加点之后，滤池进口附近。

（4）滤速应根据原水水质决定。浊度偏高时应采用较低滤速；反之亦然。由于滤前无混凝沉淀的缓冲作用，设计滤速应偏于安全。原水浊度通常在 50 度以上时，滤速一般在 5m/h 左右。最好通过试验决定滤速。

直接过滤工艺简单，混凝剂用量较少。在处理湖泊、水库等低浊度原水方面已有较多应用，也适宜于处理低温低浊水。至于滤前是否需设置微絮凝池，目前还有不同看法，应根据具体水质条件决定。

5.2.2 过滤水力学

在过滤过程中，滤层中悬浮颗粒量不断增加，必然导致过滤过程中水力条件的改变。过滤水力学所阐述的即是过滤时水流通过滤层的水头损失变化及滤速的变化。

1. 清洁滤层水头损失

过滤开始时，滤层是干净的。水流通过干净滤层的水头损失称为清洁滤层水头损失或称起始水头损失。就砂滤池而言，滤速为 8～10m/h 时，该水头损失 30～40cm。

在通常所采用的滤速范围内，清洁滤层中的水流属层流状态。在层流状态下，水头损失与滤速一次方成正比。诸多专家提出了不同形式的水头损失计算公式。虽然公式中有关常数或公式形式有所不同，但公式所包括的基本因素之间关系基本上是一致的，计算结果相差有限。这里仅介绍卡曼—康采尼（Carman - Kozony）公式，即

$$h_0 = 180 \frac{\upsilon}{g} \cdot \frac{(1 - m_0)^2}{m_0^3} \left(\frac{1}{\varphi \cdot d_0} \right)^2 L_0 \upsilon \qquad (5-1)$$

式中　h_0——水流通过清洁滤层水头损失，cm；

　　　υ——水的运动黏度，cm^2/s；

　　　g——重力加速度，$981cm/s^2$；

　　　m_0——滤料孔隙率；

　　　d_0——与滤料体积相同的球体直径，cm；

　　　L_0——滤层厚度，cm；

　　　υ——滤速，以 cm/s 计；

　　　φ——滤料颗粒球度系数，见 5.3 节。

实际滤层是非均匀滤料。计算非均匀滤料层水头损失，可按筛分曲线（图 5-11）分成若干层，取相邻两筛子的筛孔孔径的平均值作为各层的计算粒径，则各层水头损失之和即为整个滤层总水头损失。设粒径为 d_i 的滤料重量占全部滤料重量之比为 p_i，则清洁滤层总水头损失为

$$H_0 = \sum h_0 = 180 \frac{\upsilon}{g} \cdot \frac{(1 - m_0)^2}{m_0^3} \left(\frac{1}{\varphi} \right)^2 L_0 \upsilon \cdot \sum_{i=1}^{n} \left(\frac{p_i}{d_i^2} \right) \qquad (5-2)$$

分层数 n 越多，计算精确度越高。

随着过滤时间的延长，滤层中截留的悬浮物量逐渐增多，滤层孔隙率逐渐减小。由式（5-2）可知，当滤料粒径、形状、滤层级配和厚度以及水温已定时，如果孔隙率减小，则在水头损失保持不变的条件下，将引起滤速的减小；反之，在滤速保持不变时，将引起水头损失的增加。这样就产生了等速过滤和变速过滤两种基本过滤方式。

2. 等速过滤中的水头损失变化

当滤池过滤速度保持不变，亦即滤池流量保持不变时，称为等速过滤。虹吸滤池和无阀

滤池即属等速过滤的滤池。在等速过滤状态下，水头损失随时间而逐渐增加，滤池中水位逐渐上升，见图 5-6。当水位上升至最高允许水位时，过滤停止等待冲洗。

冲洗后刚开始过滤时，滤层水头损失为 H_0。当过滤时间为 t 时，滤层中水头损失增加 ΔH_t，于是过滤时滤池的总水头损失为

$$H_t = H_0 + h + \Delta H_t \tag{5-3}$$

式中　H_0——清洁滤层水头损失，cm；

　　　　h——配水系统、承托层及管（渠）水头损失之和，cm；

　　　　ΔH_t——在时间为 t 时的水头损失增值，cm。

式中 H_0 和 h 在整个过滤过程中保持不变。ΔH_t 则随 t 增加而增大。ΔH_t 与 t 的关系实际上反映了滤层截留杂质量与过滤时间的关系，亦即滤层孔隙率的变化与时间的关系。由于过滤情况很复杂，目前虽然不少学者提出了一些数学公式，但与生产实际都有相当大差距。根据试验，ΔH_t 与 t 一般成直线关系，见图 5-7。图中 H_{max} 为水头损失增值为最大时的过滤水头损失。设计时应根据技术经济条件决定，一般为 1.5~2.0m。图中 T 为过滤周期。如果不出现滤后水质恶化等情况，过滤周期不仅决定于最大允许水头损失，还与滤速有关。设滤速 $v'>v$，一方面 $H_0'>H_0$，同时单位时间内被滤层截留的杂质量较多，水头损失增加也较快，即 $\tan\alpha'>\tan\alpha$，因而，过滤周期 $T'<T$。其中已忽略了承托层及配水系统、管（渠）等水头损失的微小变化。

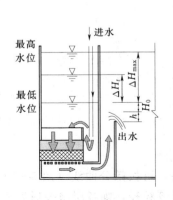
图 5-6　等速过滤

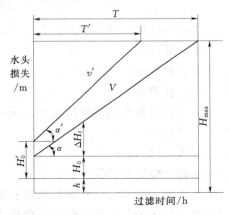
图 5-7　水头损失与过滤时间关系

以上仅讨论整个滤层水头损失的变化情况。至于自上而下逐层滤料水头损失的变化情况就比较复杂。鉴于上层滤料截污量多，越往下层越少，因而水头损失增值也自上而下逐渐减小。如果图 5-6 中出水堰口低于滤料层，则各层滤料水头损失的不均匀有时将会导致某一深度出现负水头现象，详见下文。

3. 变速过滤中的滤速变化

滤速随过滤时间而逐渐减小的过滤称为变速过滤或减速过滤。移动罩滤池即属变速过滤的滤池。普通快滤池可以设计成变速过滤，也可设计成等速过滤，而且采用不同的操作方式，滤速变化规律也不相同。

在过滤过程中，如果过滤水头损失始终保持不变，由式（5-2）可知，滤层孔隙率的逐渐减小，必然使滤速逐渐减小，这种情况称为等水头变速过滤。这种变速过滤方式，在普通

快滤池中一般不可能出现。因为，一级泵站流量基本不变，即滤池进水总流量基本不变，因而，尽管水厂内设有多座滤池，根据水流进、出平衡关系，要保持每座滤池水位恒定而又要保持总的进、出流量平衡当然不可能。不过在分格数很多的移动冲洗罩滤池中，有可能达到近似的等水头变速过滤状态。

当快滤池进水渠相互连通，且每座滤池进水阀均处于滤池最低水位以下（图5-8），则减速过滤将按以下方式进行。设4座滤池组成一个滤池组，进入滤池组的总流量不变。由于进水渠相互连通，4座滤池内的水位或总水头损失在任何时间内基本上都是相等的，见图5-8。因此，最干净的滤池滤速最大，截污最多的滤池滤速最小。4座滤池按截污量由少到多依次排列，它们的滤速则由高到低依次排列。但在整个过滤过程中，4座滤池的平均滤速始终不变以保持总的进、出流量平衡。对某一座滤池而言，其滤速则随着过滤时间的延续而逐渐降低。最大滤速发生在该座滤池刚冲洗完毕投入运行阶段，而后滤速呈阶梯形下降（图5-9）而非连续下降。图中表示一组4座滤池中某一座滤池的滤速变化。滤速的突变是另一座滤池刚冲洗完毕投入过滤时引起的。如果4座滤池均处于过滤状态，每座滤池虽滤速各不相同，但同一座滤池仍按等速过滤方式运行，各座滤池水位稍有升高。一旦某座滤池冲洗完毕投入过滤，由于该座滤池滤料干净，滤速突然增大，则其他3座滤池的一部分水量即由该座滤池分担，从而其他3座滤池均按各自原滤速下降一级，相应地4座滤池水位也突然下降一些。折线的每一突变，表明其中某座滤池刚冲洗干净投入过滤。由此可知，如果一组滤池的滤池数很多，则相邻两座滤池冲洗间隙时间很短，阶梯式下降折线将变为近似连续下降曲线。例如，移动冲洗罩滤池每组分格数多达十几乃至几十格，几乎连续地逐格依次冲洗，因而，对任一格滤池而言，滤速的下降接近连续曲线。

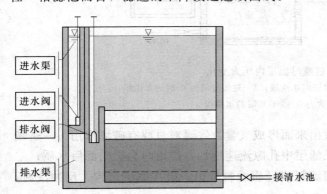

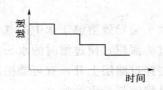

图5-8 减速过滤（一组4座滤池）　　　　图5-9 一座滤池滤速变化（一组共4座滤池）

应当指出，在变速过滤中，当某一格滤池刚冲洗完毕投入运行时，因该格滤层干净，滤速往往过高。为防止滤后水质恶化，往往在出水管上装设流量控制设备，保证过滤周期内的滤速比较均匀，从而也就可以控制清洁滤池的起始滤速。因此，在实际操作中，滤速变化较上述分析还要复杂些。

克里斯比（J. L. Cleasby）等人对这种减速过滤进行了较深入的研究后认为，与等速过滤相比，在平均滤速相同情况下，减速过滤的滤后水质较好，而且，在相同过滤周期内，过滤水头损失也较小。这是因为，当滤料干净时，滤层孔隙率较大，虽然滤速较其他滤池要高（当然在允许范围内），但孔隙中流速并非按滤速增高倍数而增大；相反，滤层内截留杂质量较多时，虽然滤速降低，但因滤层孔隙率减小，孔隙流速并未过多减小。因而，过滤初期，滤速较大可使悬浮杂质深入下层滤料；过滤后期滤速减小，可防止悬浮颗粒穿透滤层。等速过滤则不具备这种自然调节功能。

4. 滤层中的负水头

在过滤过程中，当滤层截留了大量杂质以至砂面以下某一深度处的水头损失超过该处水深时，便出现负水头现象。由于上层滤料截留杂质最多，故负水头往往出现在上层滤料中。图 5－10 表示过滤时滤层中的压力变化。直线 1 为静水压力线，曲线 2 为清洁滤料过滤时压力线。曲线 3 为过滤到某一时间后的水压线。曲线 4 为滤层截留了大量杂质时的水压线。各水压线与静水压力线之间的水平距离表示过滤时滤层中的水头损失。图中测压管水头表示曲线 4 状态下 b 处和 c 处的水头。由曲线 4 可知，在砂面以下 c 处（a 处与之相同），水流通过 c 处以上砂面的水头损失恰好等于 c 处以上的水深（a 处亦相同），而在 a 处和 c 处之间，水头损失则大于各相应位置的水深，于是在 a－c 范围内出现负水头现象。

在砂面以下 25cm 的 b 处，水头损失 h_b 大于 b 处以上水深 15cm，即测压管水头低于 b 处 15cm，该处出现最大负水头，其值即为 $-15cmH_2O$。

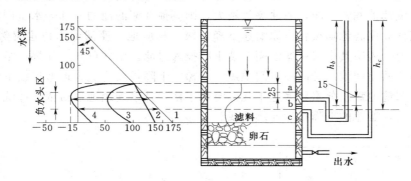

图 5－10　过滤时滤层内压力变化

1—静水压力线；2—清洁滤料过滤时水压线；3—过滤时间为 t_1 时的水压线；
4—过滤时间为 t_2（$t_2 > t_1$）时的水压线

负水头会导致溶解于水中的气体释放出来而形成气囊。气囊对过滤有破坏作用：一是减少有效过滤面积，使过滤时的水头损失及滤层中孔隙流速增加，严重时会影响滤后水质；二是气囊会穿过滤层上升，有可能把部分细滤料或轻质滤料带出，破坏滤层结构。反冲洗时，气囊更易将滤料带出滤池。

避免出现负水头的方法是增加砂面上水深，或令滤池出口位置等于或高于滤层表面，虹吸滤池和无阀滤池之所以不会出现负水头现象即是这个原因。

5.3　滤料和承托层

5.3.1　滤料

给水处理所用的滤料，必须符合以下要求：

（1）具有足够的机械强度，以防冲洗时滤料产生磨损和破碎现象。

（2）具有足够的化学稳定性，以免滤料与水产生化学反应而恶化水质。尤其不能含有对人类健康和生产有害的物质。

（3）具有一定的颗粒级配和适当的空隙率。

此外，滤料应尽量就地取材，货源充足，价廉。

石英砂是使用最广泛的滤料。在双层和多层滤料中，常用的还有无烟煤、石榴石、钛铁矿、磁铁矿、金刚砂等。在轻质滤料中，有聚苯乙烯及陶粒等。

1. 滤料粒径级配

滤料粒径级配是指滤料中各种粒径颗粒所占的重量比例。粒径是指正好可通过某一筛孔的孔径。粒径级配一般采用以下两种表示方法：

（1）有效粒径和不均匀系数法。以滤料有效粒径 d_{10} 和不均匀系数 K_{80} 表示滤料粒径级配，有

$$K_{80} = \frac{d_{80}}{d_{10}} \tag{5-4}$$

式中　d_{10}——通过滤料重量 10% 的筛孔孔径；

　　　d_{80}——通过滤料重量 80% 的筛孔孔径。

其中 d_{10} 反映细颗粒尺寸；d_{80} 反映粗颗粒尺寸。K_{80} 越大，表示粗细颗粒尺寸相差越大，颗粒越不均匀，这对过滤和冲洗都很不利。因为 K_{80} 较大时，过滤时滤层含污能力减小；反冲洗时，为满足粗颗粒膨胀要求，细颗粒可能被冲出滤池，若为满足细颗粒膨胀要求，粗颗粒将得不到很好清洗。如果 K_{80} 越接近于1，滤料越均匀，过滤和反冲洗效果越好，但滤料价格提高。

生产上也有用 $K_{60} = d_{60}/d_{10}$ 来表示滤料不均匀系数。d_{60} 的含义与 d_{80} 或 d_{10} 相同。

（2）最大粒径、最小粒径和不均匀系数法。采用最大粒径 d_{max}、最小粒径 d_{min} 和不均匀系数 K_{80} 来控制滤料粒径分布，这是我国规范中所采用的滤料粒径级配法，见表 5-3。严格地说，表中 K_{80} 有一个数值幅度，即上、下限值。因为在 d_{max} 和 d_{min} 已定条件下，从理论上说，如果 K_{80} 趋近于1，则 d_{10} 和 d_{80} 将有一系列不同选择。整个滤层的滤料粒径可以趋近于 d_{min}，也可趋近于 d_{max}，这在滤层厚度、滤速和反冲洗强度一定的条件下，对过滤和反冲洗都将带来不可预期的影响。

2. 滤料筛选方法

采用有效粒径法筛选滤料，可作筛分试验，举例如下。

取某天然河砂砂样 300g，洗净后置于 105℃恒温箱中烘干，待冷却后称取 100g，用一组筛子过筛，最后称出留在各个筛子上的砂量，填入表 5-1 中，并据表绘成图 5-11 所示曲线。从筛分曲线上求得 $d_{10} = 0.4$mm，$d_{80} = 1.34$，因此 $K_{80} = 1.34/0.4 = 3.37$。

表 5-1　　　　　　　　　　　　　　筛 分 试 验 记 录

筛孔 /mm	留在筛上的沙量		通过该号筛的沙量	
	质量/g	占比/%	质量/g	占比/%
2.362	0.1	0.1	99.9	99.9
1.651	9.3	9.3	90.6	90.6
0.991	21.7	21.7	68.9	68.9
0.589	46.6	46.6	22.3	22.3

续表

筛孔 /mm	留在筛上的沙量		通过该号筛的沙量	
	质量/g	占比/%	质量/g	占比/%
0.246	20.6	20.6	1.7	1.7
0.208	1.5	1.5	0.2	0.2
筛底盘	0.2	0.2	—	—
合计	100.0	100.0%		

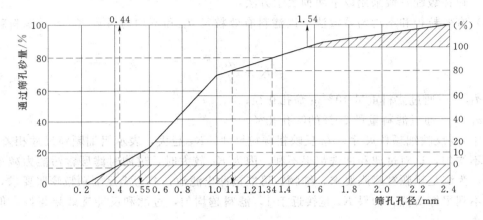

图 5-11 滤料筛分曲线

上述河砂不均匀系数较大。设根据设计要求：$d_{10}=0.55\text{mm}$，$K_{80}=2.0$，则 $d_{80}=2\times0.55=1.1\text{mm}$。按此要求筛选滤料，方法如下：

自横坐标 0.55mm 和 1.1mm 两点，分别作垂线与筛分曲线相交。自两交点作平行线与右边纵坐标轴相交，并以此交点作为 10% 和 80%，在 10%～80% 之间分成 7 等分，则每等分为 10% 的砂量，以此向上下两端延伸，即得 0 和 100% 之点，如图 5-11 右侧纵坐标所示，以此作为新坐标。再自新坐标原点和 100% 作平行线与筛分曲线相交，在此两点以内即为所选滤料，余下部分应全部筛除。由图 5-11 知，大粒径（$d>1.54\text{mm}$）颗粒约筛除 13%，小粒径（$d<0.44\text{mm}$）颗粒约筛除 13%，共筛除 26% 左右。

上述确定滤料粒径的方法已能满足生产要求。但用于研究时，仍存在以下缺点：一是筛孔尺寸未必精确；二是未反映出滤料颗粒形状因素。为此，常需求出滤料等体积球体直径，求法是：将滤料样品倾入某一筛子过筛后，将筛子上的砂全部倒掉，将筛盖好。再将筛用力振动几下，将卡在筛孔中的那部分砂振动下来。从此中取出几粒在分析天平上称重，按以下公式可求出等体积球体直径 d_0 为

$$d_0=\sqrt[3]{\frac{6G}{\pi n\rho}} \tag{5-5}$$

式中　G——颗粒重量，g；

　　　n——颗粒数；

　　　ρ——颗粒密度，g/cm³。

3. 滤料孔隙率的测定

取一定量的滤料，在 105℃ 下烘干称重，并用比重瓶测出密度。然后放入过滤筒中，用

清水过滤一段时间后，量出滤层体积，按式（5-6）可求出滤料孔隙率 m，即

$$m = 1 - \frac{G}{\rho V} \quad\quad (5-6)$$

式中　G——烘干的砂重，g；

　　　ρ——砂子密度，g/cm³；

　　　V——滤层体积，cm³。

滤料层孔隙率与滤料颗粒形状、均匀程度以及压实程度等有关。均匀粒径和不规则形状的滤料，孔隙率大。一般所用石英砂滤料孔隙率在 0.42 左右。

4. 滤料形状

滤料颗粒形状影响滤层中水头损失和滤层孔隙率。迄今还没有一种令人满意的方法可以确定不规则形状颗粒的形状系数。各种方法只能反映颗粒大致形状。这里仅介绍颗粒球度概念。球度系数 φ 定义为

$$\varphi = \frac{\text{同体积球体表面积}}{\text{颗粒实际表面积}} \quad\quad (5-7)$$

表 5-2 列出几种不同形状颗粒的球度系数。图 5-12 所示为相应的形状示意。

根据实际测定滤料形状，对过滤和反冲洗水力学特性的影响得出，天然砂滤料的球度系数一般宜采用 0.75~0.80。

表 5-2　　　　　　　　　　　　　　　滤料颗粒球形度及孔隙率

序号	形状描述	球度系数 φ	孔隙率 m
1	圆球形	1.0	0.38
2	圆形	0.98	0.38
3	已磨蚀的	0.94	0.39
4	带锐角的	0.81	0.40
5	有角的	0.78	0.43

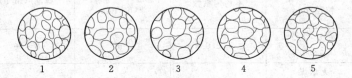

图 5-12　滤料颗粒形状

5. 双层及多层滤料级配

在选择双层或多层滤料级配时，有两个问题值得讨论：一是如何预示不同种类滤料的相互混杂程度；二是滤料混杂对过滤有何影响。

以煤、砂双层滤料为例。铺设滤料时，粒径小、密度大的砂粒位于滤层下部；粒径大、密度小的煤粒位于滤层上部。但在反冲洗以后，就有可能出现 3 种情况：一是分层正常，即上层为煤，下层为砂；二是煤砂相互混杂，可能部分混杂（在煤—砂交界面上），也可能完全混杂；三是煤、砂分层颠倒，即上层为砂、下层为煤。这 3 种情况的出现，主要决定于煤、砂的密度差、粒径差及煤和砂的粒径级配、滤料形状、水温及反冲洗强度等因素。许多人曾对滤料混杂做了研究。但提出的各种理论都存在缺陷，都不能准确预示实际滤料混杂状况。目前仍然根据相邻两滤料层之间粒径之比和密度之比的经验数据来确定双层滤料级配。

我国常用的粒径级配见表 5-3。在煤-砂交界面上，粒径之比为 1.8/0.5＝3.6，而在水中的密度之比为 (2.65－1)/(1.4－1)＝4 或(2.65－1)/(1.6－1)＝2.8。这样的粒径级配，在反冲洗强度为 13～16L/s·m^2 时，不会产生严重混杂状况。但必须指出，根据经验所确定的粒径和密度之比，并不能在任何水温或反冲洗强度下都能保持分层正常。因此，在反冲洗操作中必须十分小心。必要时，应通过试验来制订反冲洗操作要求。至于 3 层滤料是否混杂，可参照上述原则。

滤料混杂对过滤影响如何，有两种不同观点：一种意见认为，煤-砂交界面上适度混杂，可避免交界面上积聚过多杂质而使水头损失增加较快，故适度混杂是有益的；另一种意见认为，煤-砂交界面不应有混杂现象。因为煤层起截留大量杂质作用，砂层则起精滤作用，而界面分层清晰，起始水头损失将较小。实际上，煤-砂交界面上不同程度的混杂是很难避免的。生产经验表明，煤-砂交界面混杂厚度在 5cm 左右，对过滤有益无害。

另外，选用无烟煤时，应注意煤粒流失问题。这是生产上经常出现的问题。煤粒流失原因较多，如粒径级配和密度选用不当以及冲洗操作不当等。此外，煤的机械强度不够，经多次反冲洗后破碎，这也是煤粒流失原因之一。

关于多层滤料混杂对过滤效果的影响，同样存在不同看法。一般认为要尽量避免滤料混杂，或者在相邻两层界面处可允许少量混杂。另一种意见认为，不仅在相邻两层界面处允许混杂，甚至 3 种滤料可在整个滤层内适度混杂，如本章 5.2 节所述，在滤层的任一水平面上都有煤、砂和重质矿石 3 种滤料存在。但上层仍然以煤粒为主，中层以砂为主，下层以重质矿石为主。平均滤料粒径仍自上而下逐渐减少。这种滤层结构的优点是，从整体上说，滤层孔隙尺寸自上而下是均匀递减的，不存在界限分明的分界面。这种滤料既增加滤层含污能力且滤后水质较好，又可减缓水头损失增长速度，但起始水头损失较大。

表 5-3 滤料级配及滤速

类别	滤料组成			滤池/(m/h)	强制滤速/(m/h)
	粒径/mm	不均匀系数 K_{80}	厚度/mm		
单层石英砂滤料	$d_{max}=1.2$ $d_{min}=0.5$	<2.0	700	8～10	10～14
双层滤料	无烟煤 $d_{max}=1.8$ $d_{min}=0.8$	<2.0	300～400	10～14	14～18
	石英砂 $d_{max}=1.2$ $d_{min}=0.5$	<2.0	400	10～14	14～18
3 层滤料	无烟煤 $d_{max}=1.6$ $d_{min}=0.8$	<1.7	450	18～20	20～25
	石英砂 $d_{max}=0.8$ $d_{min}=0.5$	<1.5	230		
	重质矿石 $d_{max}=0.5$ $d_{min}=0.25$	<1.7	70		

注 滤料密度一般为：石英砂 2.60～2.65g/cm^3；无烟煤 1.40～1.60g/cm^3；重质矿石 4.7～5.0g/cm^3。

5.3.2 承托层

承托层的作用主要是防止滤料从配水系统中流失，同时对均布冲洗水也有一定作用。单层或双层滤料滤池采用大阻力配水系统时（参见 5.4 节），承托层采用天然卵石或砾石，其粒径和厚度见表 5-4。

表 5-4 快滤池大阻力配水系统承托层粒径和厚度

层次（自上而下）	粒径/mm	厚度/mm
1	2～4	100
2	4～8	100
3	8～16	100
4	16～32	本层顶面高度至少应高出配水系统孔眼 100

3 层滤料滤池，由于下层滤料粒径小而重度大，承托层必须与之相适应，即上层应采用重质矿石，以免反冲洗时承托层移动，见表 5-5。

表 5-5 3 层滤料滤池承托层材料、粒径与厚度

层次（自上而下）	材　料	粒径/mm	厚度/mm
1	重质矿石（如石榴石、磁铁矿等）	0.5～1.0	50
2	重质矿石（如石榴石、磁铁矿等）	1～2	50
3	重质矿石（如石榴石、磁铁矿等）	2～4	50
4	重质矿石（如石榴石、磁铁矿等）	4～8	50
5	砾石	8～16	100
6	砾石	16～32	本层顶面高度至少应高出配水系统孔眼 100mm

注　配水系统如用滤砖且孔径为 4mm 时，第 6 层可不设。

为了防止反冲洗时承托层移动，美国对单层和双层滤料滤池也有采用粗—细—粗的砾石分层方式。上层粗砾石用以防止中层细砾石在反冲洗过程中向上移动；中层细砾石用以防止砂滤料流失；下层粗砾石则用以支撑中层细砾石。这种分层方式也可应用于 3 层滤料滤池。具体粒径级配和厚度，应根据配水系统类型和滤料级配确定。例如，设承托层共分 7 层，则第 1 层和第 7 层粒径相同，粒径最大。第 2 层和第 6 层、第 3 层和第 5 层等粒径也对应相等，但依次减小，而中间第 4 层粒径最小。这种级配分层方式，承托层总厚度不一定增加，而是将每层厚度适当减小。

如果采用小阻力配水系统（参见 5.4 节），承托层可以不设，或者适当铺设一些粗砂或细砾石，视配水系统具体情况而定。

5.4 滤 池 冲 洗

冲洗目的是清除滤层中所截留的污物，使滤池恢复过滤能力。快滤池冲洗方法有以下几种：高速水流反冲洗；气、水反冲洗；表面助冲加高速水流反冲洗。

5.4.1 高速水流反冲洗

高速水流反冲洗简称高速反冲洗。利用流速较大的反向水流冲洗滤料层，使整个滤层达

到流态化状态，且具有一定的膨胀度。截留于滤层中的污物，在水流剪力和滤料颗粒碰撞摩擦双重作用下，从滤料表面脱落下来，然后被冲洗水带出滤池，冲洗效果决定于冲洗流速。冲洗流速过小，滤层孔隙中水流剪力小；冲洗流速过大，滤层膨胀度过大，滤层孔隙中水流剪力也会降低，且由于滤料颗粒过于离散，碰撞摩擦概率也减小。故冲洗流速过大或过小冲洗效果均会降低。

高速反冲洗方法操作方便，池子结构和设备简单，是当前我国广泛采用的一种冲洗方法，故在此重点介绍。

1. 冲洗强度、滤层膨胀度和冲洗时间

（1）冲洗强度。以 cm/s 计的反冲洗流速，换算成单位面积滤层所通过的冲洗流量，称为冲洗强度，以 L/(s·m²) 计。1cm/s＝10L/(s·m²)。

（2）滤层膨胀度。反冲洗时，滤层膨胀后所增加的厚度与膨胀前厚度之比，称为滤层膨胀度，用公式表示为

$$e=\frac{L-L_0}{L_0}\times100\%\qquad\qquad(5-8)$$

式中　e——滤层膨胀度，%；

　　　L_0——滤层膨胀前厚度，cm；

　　　L——滤层膨胀后厚度，cm。

由于滤层膨胀前、后单位面积上滤料体积不变，于是有

$$L(1-m)=L_0(1-m_0)\qquad\qquad(5-9)$$

将式（5-9）代入式（5-8）得

$$e=\frac{m-m_0}{1-m}\times100\%$$

式中　m_0——滤层膨胀前孔隙率；

　　　m——滤层膨胀后孔隙率。

（3）冲洗时间。当冲洗强度或滤层膨胀度符合要求但若冲洗时间不足时，也不能充分地清洗掉包裹在滤料表面上的污泥，同时，冲洗废水也排除不尽而导致污泥重返滤层。如此长期下去，滤层表面将形成泥膜。因此，必要的冲洗时间应当保证。根据生产经验，冲洗时间可按表 5-6 采用。实际操作中，冲洗时间也可根据冲洗废水的允许浊度决定。

生产上，冲洗强度、滤层膨胀度和冲洗时间根据滤料层不同按表 5-6 确定。

表 5-6　　　　　　　　　　　　冲洗强度、滤层膨胀度和冲洗时间

序号	滤层	冲洗强度 /[L/(s·m²)]	滤层膨胀度 /%	冲洗时间/min
1	石英砂滤料	12～15	45	7～5
2	双层滤料	13～16	50	8～6
3	3 层滤料	16～17	55	7～5

注　1. 设计水温按 20℃计，水温每增减 1℃，冲洗强度相应增减 1%。

　　2. 由于全年水温、水质有变化，应考虑有适当调整冲洗强度的可能。

　　3. 选择冲洗强度应考虑所用混凝剂品种的因素。

　　4. 无阀滤池冲洗时间可采用低限。

　　5. 滤层膨胀度数值仅作设计计算用。

2. 冲洗强度与滤层膨胀度关系

为便于理解，首先假设滤料层的滤料粒径是均匀的。对于均匀滤料，冲洗时，如果滤层未膨胀，则水流通过滤料层的水头损失可用欧根（Ergun）公式计算，即

$$h = \frac{150\upsilon}{g} \cdot \frac{(1-m_0)^2}{m_0^3}\left(\frac{1}{\varphi d_0}\right)^2 L_0 v + 1.75\frac{1}{g\varphi d_0}\frac{1-m_0}{m_0^3}L_0 v^2 \qquad (5-10)$$

式中　　m_0——滤层孔隙率；

　　　　L_0——滤层厚度，cm；

　　　　d_0——滤料同体积球体直径，cm；

　　　　φ——滤料球度系数；

　　　　v——冲洗流速，cm/s；

　　　　h——水头损失，cm；

　　　　υ——水的运动黏度，cm²/s；

　　　　g——重力加速度，981cm/s²。

式（5-10）与式（5-1）的差别在于：公式右边多了紊流项（第二项），而层流项（第一项）的常数值稍小。故该式适用于层流、过渡区和紊流区。

当滤层膨胀起来以后，处于悬浮状态下的滤料对冲洗水流的阻力，等于它们在水中的重量（单位面积上），有

$$\rho g h = (\rho_s g - \rho g)(1-m)L \qquad (5-11)$$

$$h = \frac{\rho_s - \rho}{\rho}(1-m)L \qquad (5-12)$$

式中　　ρ_s，ρ——滤料和水的密度，g/cm³；

　　　　其余符号含义同前。

按式（5-9），式（5-12）也可表达为

$$h = \frac{\rho_s - \rho}{\rho}(1-m_0)L_0 \qquad (5-13)$$

当滤料粒径、形状、密度、滤层厚度和孔隙率以及水温等已知时，将式（5-11）和式（5-13）绘成水头损失和冲洗流速关系图，得图5-13。图中 v_{mf} 是反冲洗时滤料刚刚开始流态化的冲洗流速，称为最小流态化冲洗流速。按理想情况，v_{mf} 即为式（5-11）和式（5-13）所表达的两条线交点处的冲洗流速。滤料粒径、形状和密度不同时，v_{mf} 值也不同。粒径大，v_{mf} 值大；反之亦然。

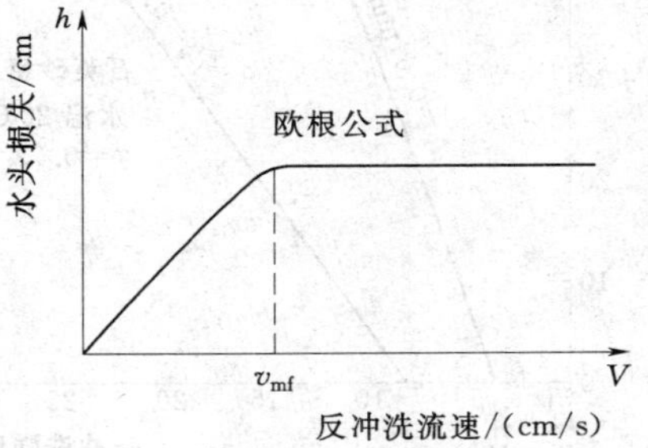

当冲洗流速超过 v_{mf} 以后，滤层中水头损失不变（图5-13），但滤层膨胀起来。冲洗强度越大，膨胀度

图5-13　水头损失和冲洗流速的关系

越大。将式（5-12）代入式（5-11），经整理后可得冲洗流速和膨胀后滤层孔隙率关系为

$$\frac{1.75\rho}{(\rho_s-\rho)g} \cdot \frac{1}{\varphi d_0} - \frac{1}{m^3}v^2 + \frac{150\upsilon\rho}{(\rho_s-\rho)g}\left(\frac{1}{\varphi d_0}\right)^2\frac{1-m}{m^3}v = 1 \qquad (5-14)$$

由式（5-14）可知，当滤料粒径、形状、密度及水温已知时，冲洗流速仅与膨胀后滤层孔隙率 m 有关。将膨胀后的滤层孔隙率按式（5-10）关系换算成膨胀度，并将冲洗流速以冲洗强度代替，则得冲洗强度和膨胀度关系，但公式解比较复杂。

敏茨和舒别尔特通过试验研究提出下列公式，即

$$q = 29.4 \frac{d_0^{1.31}}{\mu^{0.54}} \cdot \frac{(e+m_0)^{2.31}}{(1+e)^{1.77}(1-m_0)^{0.54}} \tag{5-15}$$

式中　μ——水的动力黏度，$Pa \cdot s$；

　　　q——冲洗强度，$L/(s \cdot m^2)$；

　　其余符号同前。

该式适用于滤料密度为 $2.62g/cm^3$、水的密度为 $1g/cm^3$ 的条件。滤料形状因素已包括在常数值内。

理查逊（J. F. Richardson）和赞基（W. N. Zaki）提出下列公式，可用于冲洗的计算，即

$$m = \left(\frac{v}{v_1} \right)^{1/\alpha} \tag{5-16}$$

式中　v_1——使滤料颗粒达到自由沉淀状态时的冲洗流速，cm/s。在一定水温下，对于给定滤料，v_1 为常数；

　　　α——指数，决定于雷诺数；

　　　v——冲洗流速，cm/s。

将式（5-10）代入式（5-16）可得

$$v = \left(\frac{m_0 + e}{1+e} \right)^{\alpha} v_1 \tag{5-17}$$

式中 v_1 和 α 值的计算，这里不作深入讨论。当砂的粒径为 $0.5 \sim 1.2mm$ 时，在 $20℃$ 水温下，α 值为 $3 \sim 4$。粒径小则 α 值大；反之亦然。

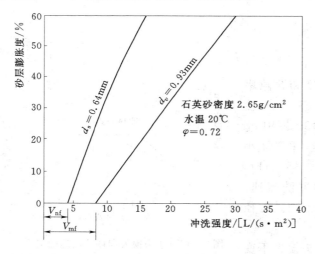

图 5-14　冲洗强度和均匀滤层膨胀度关系

按式（5-17）所求的冲洗强度和滤层膨胀度关系见图 5-14。由图 5-13 和图 5-14 可知，当冲洗流速超过最小流态化冲洗流速 v_{mf} 时，增大冲洗流速只是使滤层膨胀度增大，而水头损失保持不变。

3. 冲洗强度的确定和非均匀滤料膨胀度的计算

（1）冲洗强度的确定。对于非均匀滤料，在一定冲洗流速下，粒径小的滤料膨胀度大，粒径大的滤料膨胀度小。因此，要同时满足粗、细滤料膨胀度要求是不可能的。鉴于上层滤料截留污物较多，宜尽量满足上层滤料膨胀度要求，即膨胀度不宜过大。实践证明，下层粒径最大的滤料，也必须达到最小流态化程度，即刚刚开始膨胀，才能获得较好的冲洗效果。因此，设计或操作中，可以将最粗滤料刚开始膨胀作为确定冲洗强度的依据。如果由此导致上层细滤料膨胀度过大甚至引起滤料流失，滤料级配应加以调整。

考虑到其他影响因素，设计冲洗强度可按式（5-18）确定，即

$$q = 10k v_{mf} \tag{5-18}$$

式中　q——冲洗强度，L/(s·m²)；

　　　v_{mf}——最大粒径滤料的最小流态化流速，cm/s；

　　　k——安全系数。

式中 k 值主要决定于滤料粒径均匀程度，一般取 $k=1.1\sim1.3$。滤料粒径不均匀程度较大者，k 值宜取低限，否则冲洗强度过大引起上层细滤料膨胀度过大甚至被冲出滤池；反之则取高限。按我国所用滤料规格，通常取 $k=1.3$。式中 v_{mf} 可通过试验确定，也可通过计算确定。例如，在 20℃水温下，粒径为 1.2mm、密度为 2.65g/cm³ 的石英砂，求得 $v_{mf}=1.0\sim1.2$cm/s。

式（5-18）适用于单层砂滤料。对于双层或 3 层滤料，尚应考虑各层滤料的清洗效果及滤料混杂等问题，情况较为复杂。对单层砂滤料而言，表 5-6 中数值基本上符合式（5-18）所计算的数值。但应注意，如果滤料级配与规范所订的相差较大，则应通过计算并参考类似情况下的生产经验确定。这一点往往易被忽视，因而也往往造成冲洗效果不良。

（2）非均匀滤料的膨胀度计算。对于非均匀滤料，为计算整个滤层冲洗时总的膨胀度，可将滤层分成若干层，每层按均匀滤料考虑。各层膨胀度之和即为整个滤层膨胀度。

设第 i 层滤料重量与整个滤层的滤料总重量之比为 p_i，则膨胀前 i 滤层厚 $l_0 = p_i L_0$；膨胀后的厚度为 $l_i = p_i L_0 (1+e_i)$，经运算可得整个滤层膨胀度为

$$e = \left[\sum_{i=1}^{n} p_i (1+e_i) - 1 \right] \times 100\% \tag{5-19}$$

式中　n——滤料分层数；

　　　e_i——第 i 层滤料膨胀度，可用 i 层滤料粒径代入式（5-14）并与式（5-10）联立求得，或直接代入式（5-15）或式（5-17）求得。

滤料分层的简单方法是取相邻两筛的筛孔孔径的平均值作为该层滤料计算粒径。分层数越多，计算精确度越高。

另一种计算整个滤层膨胀度的近似方法是，以滤料当量粒径 d_{eq} 代替式（5-14）或式（5-15）中的 d_0，则所求膨胀度近似等于整个滤层膨胀度。此法较分层计算 e_i 后再用式（5-19）求精度稍差。当量粒径按式（5-20）求得，即

$$\frac{1}{d_{eq}} = \sum_{i=1}^{n} \frac{p_i}{\dfrac{d'_i + d''_i}{2}} \tag{5-20}$$

式中　d_{eq}——当量粒径，cm；

　　d'_i，d''_i——相邻两个筛子的筛孔孔径，cm；

　　　p_i——截留在筛孔为 d'_i 和 d''_i 的筛子之间的滤料重量占滤料总重量百分数；

　　　n——滤料分层数。

由以上讨论可知，膨胀度决定于反冲洗强度；或者由滤层膨胀度反求冲洗强度。在表 5-6 所规定的单层砂滤料冲洗强度下，根据计算并通过试验表明，砂层膨胀度通常小于 45%，约在 35% 左右（20℃水温下）。

5.4.2　气、水反冲洗

高速水流反冲洗虽然操作方便，池子和设备较简单，但冲洗耗水量大，冲洗结束后，滤

料上细下粗分层明显。采用气、水反冲洗方法既提高冲洗效果，又节省冲洗水量。同时，冲洗时滤层不一定需要膨胀或仅有轻微膨胀，冲洗结束后，滤层不产生或不明显产生上细下粗分层现象，即保持原来滤层结构，从而提高滤层含污能力。但气、水反冲洗需增加气冲设备（鼓风机或空气压缩机和储气罐），池子结构及冲洗操作也较复杂。国外采用气、水反冲比较普遍，我国近年来气、水反冲也日益增多。

气、水反冲效果在于：利用上升空气气泡的振动可有效地将附着于滤料表面污物擦洗下来使之悬浮于水中，然后再用水反冲把污物排出池外。因为气泡能有效地使滤料表面污物破碎、脱落，故水冲强度可降低，即可采用低速反冲。气、水反冲操作方式有以下几种：

（1）先用空气反冲，然后再用水反冲。

（2）先用气、水同时反冲，然后再用水反冲。

（3）先用空气反冲，然后用气、水同时反冲，最后再用水反冲（或漂洗）。

冲洗程序、冲洗强度及冲洗时间的选用，需根据滤料种类、密度、粒径级配及水质水温等因素确定，也与滤池构造形式有关。一般地，气冲强度（包括单独气冲和气，水同时反冲时的气冲强度）在 $10 \sim 20 L/(s \cdot m^2)$ 之间。水冲强度根据操作方式而异：气、水同时反冲时，水冲强度一般在 $3 \sim 4 L/(s \cdot m^2)$ 之间；单独水冲时，有的采用低速反冲，反冲强度在 $4 \sim 6 L/(s \cdot m^2)$ 之间，有的采用较高冲洗强度，为 $6 \sim 10 L/(s \cdot m^2)$。采用较高冲洗强度者往往属第一种操作方式。反冲时间与操作方式也有关。总的反冲时间一般在 $6 \sim 10 min$ 之内。例如，某水厂的 V 形滤池，采用均质滤料（$d_{10} = 0.94mm$，$d_{60} = 1.34$，$K_{60} = 1.42$），其冲洗程序、强度和时间如下（第 3 种冲洗方式）：

气冲强度约 $15 L/(s \cdot m^2)$，冲洗时间约 4min；气、水同时反冲时，气冲强度不变，水冲强度约 $4 L/(s \cdot m^2)$，冲洗时间约 4min；最后水冲（漂洗）强度仍为 $4 L/(s \cdot m^2)$ 左右，漂洗时间约 2min。总的反冲时间约为 10min。

有关气、水反冲洗的参数和要求，参照《室外给水设计规范》（GB 50013—2014）最新版本。

5.4.3 配水系统

配水系统的作用在于使冲洗水在整个滤池面积上均匀分布。配水均匀性对冲洗效果影响很大。配水不均匀，部分滤层膨胀不足，而部分滤层膨胀过甚，甚至会招致局部承托层发生移动，造成漏砂现象。

配水系统有大阻力配水系统和小阻力配水系统两种基本形式，还有中阻力配水系统。

1. 大阻力配水系统

快滤池中常用的是穿孔管大阻力配水系统，见图 5-15。中间是一根干管或干渠，干管两侧接出若干根相互平行的支管。支管下方开两排小孔，与中心线成 45°角交错排列，见图 5-16。冲洗时，水流自干管起端进入后流入各支管，

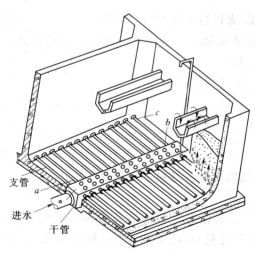

图 5-15 穿孔管大阻力配水系统

由支管孔口流出，再经承托层和滤料层流入排水槽。

为了便于讨论配水系统工作原理，首先分析沿途泄流穿孔管中的压力变化。

（1）沿途泄流穿孔管中压力变化。大阻力配水系统中的干管和支管，均可近似看作沿途均匀泄流管道，见图 5-17。设管道进口流速为 v，压力水头（以下均简称压头）为 H_1；管道末端流速为零，压力水头为 H_2。由于自管道起端至末端流速逐渐减小，因而，管道中的流速水头逐渐减小，而压力水头逐渐增高。至管道末端，流速水头为零。所增加的压力水头就是由流速水头转变而来，简称压头恢复。管道中的水头线见图 5-17。由图可知，有

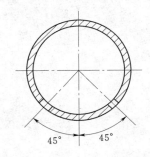

图 5-16　穿孔支管孔口位置

$$H_2 = H_1 + \alpha \frac{v^2}{2g} - h \tag{5-21}$$

式中　h——穿孔管中水头损失，m；

v——管道进口流速，m/s；

g——重力加速度，9.81m/s²；

α——压头恢复系数，其值取 1。

从水力学可知，沿途均匀泄流管道中水头损失为 $h = \frac{1}{3} aLQ^2$，代入式（5-21）得

$$H_2 = H_1 + \frac{v^2}{2g} - \frac{1}{3} aLQ^2 \tag{5-22}$$

式中　a——管道的比阻；

Q——管道起端流量；

L——管道长度。

式（5-22）均以起端流速 v(m/s) 表示，且以 $a = \frac{64}{\pi^2 D^5 C^2}$，$C = \frac{1}{n} R^{1/6}$，$R = D/4$，代入式（5-22）并经整理，可得以下近似公式，即

$$H_2 = H_1 + \left(1 - 41.5 \frac{n^2 L}{D^{1.33}} \right) \frac{v^2}{2g} \tag{5-23}$$

式中　n——管道粗糙系数；

D——管道直径。

由式（5-23）可以看出，当 $\left(1 - 41.5 n^2 \frac{L}{D^{1.33}} \right) > 0$ 时，穿孔管末端压头大于起端压头。设管道粗糙系数 $n = 0.012$，得沿途泄流管道在 $H_2 > H_1$ 条件下的直径和长度关系为

$$D > \sqrt[1.33]{0.006L} \tag{5-24}$$

在快滤池大阻力配水系统中，干管和支管的直径和长度均符合式（5-24）条件，因而，末端压头通常大于起端压头，如图 5-17 所示。

在图 5-15 所示的配水系统中，支管中压头相差最大的是 a 孔和 c 孔两点。根据以上分析，可绘出图 5-15 中干管和 b-c 支管的水头线，并可求得 a 孔和 c 孔内的压头，见图 5-18。图中符号含义如下：

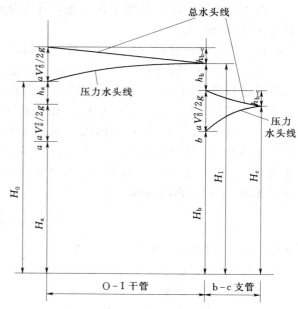

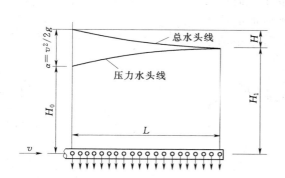

图5-17 沿途均匀泄流管内压力变化

图5-18 配水系统中的能量变化

H_0——干管起端 O 点压头；

H_1——干管末端压头；

H_a——支管 a 点压头；

H_b——支管 b 点压头；

H_c——支管 c 点压头；

H_a——起端支管进口局部水头损失；

h_b——末端支管进口局部水头损失；

h_{OI}——干管 O-I 沿程水头损失；

h_b——支管 b-c 沿程水头损失；

v_0——干管进口流速；

v_a——起端支管进口流速；

v_b——末端支管进口流速。

图5-18实际上即为配水系统中能量转换示意图。假定干管和支管沿程水头损失忽略不计，即令 $h_{OI} \approx 0$，$h_{bc} \approx 0$，同时各支管进口局部水头损失基本相等，即 $h_a \approx h_b$，并取 $a=1$，于是，按图5-18可得a孔和c孔处的压头关系为

$$H_c = H_a + \frac{1}{2g}(v_0^2 + v_a^2) \tag{5-25}$$

由式（5-25）算出的 H_c 值是偏于安全的，因为实际上干管 O-I 和支管 b-c 的沿程水头损失不会等于零。图5-18所表示的a孔和c孔压力差，比式（5-25）的计算值要小一些。式（5-25）右边第2项，即是水流自干管起端流至支管c点时的压头恢复。

（2）大阻力配水系统原理。图5-15所示配水系统中，如果孔口内压头相差最大的a孔和c孔出流量相等，则可认为整个滤池布水是均匀的。由于排水槽上缘水平，可认为冲洗时水流自各孔口流出后的终点水头在同一水平面上，这一水平面相当于排水槽的水位。孔口内

压头与孔口流出后的终点水头之差，即为水流经孔口、承托层和滤料层的总水头损失，分别以 H_a' 和 H_c' 表示。式（5-25）中，H_a 和 H_c 均减去同一终点水头，可得

$$H_c' = H_a' + \frac{1}{2g}(v_0^2 + v_a^2) \qquad (5-26)$$

设上述各项水头损失均与流量平方成正比，则有

$$H_a' = (S_1 + S_2')Q_a^2$$
$$H_c' = (S_1 + S_2'')Q_c^2$$

式中　Q_a——孔口 a 出流量；

　　　Q_c——孔口 c 出流量；

　　　S_1——孔口阻力系数。当孔口尺寸和加工精度相同时，各孔口 S_1 均相同；

　S_2'，S_2''——分别为孔口 a 和 c 处承托层及滤料层阻力系数之和。

将上式代入式（5-26）可得

$$Q_c = \sqrt{\frac{S_1 + S_2'}{S_1 + S_2''}Q_a^2 + \frac{1}{S_1 + S_2''} \cdot \frac{v_0^2 + v_a^2}{2g}} \qquad (5-27)$$

由式（5-27）可知，两孔口出流量不可能相等。但使 Q_a 尽量接近 Q_c 是可能的。其措施之一就是减小孔口总面积以增大孔口阻力系数 S_1。增大 S_1 就削弱了承托层、滤料层阻力系数及配水系统压力不均匀的影响，这就是"大阻力"一词的含义。

（3）穿孔管大阻力配水系统设计。滤池冲洗时，承托层和滤料层对布水均匀性影响较小，实践证明。当配水系统配水均匀性符合要求时，基本上可达到均匀反冲洗目的。

图 5-15 中 a 孔和 c 孔出流量在不考虑承托层和滤料层的阻力影响时，按孔口出流公式计算，即

$$Q_a = \mu w \sqrt{2gH_a}$$
$$Q_c = \mu w \sqrt{2gH_c}$$

两孔口流量之比为

$$\frac{Q_a}{Q_c} = \frac{\sqrt{H_a}}{\sqrt{H_c}}$$

式中　Q_a，Q_c——分别为 a 孔和 c 孔出流量；

　　　H_a，H_c——分别为 a 孔和 c 孔压力水头；

　　　　　μ——孔口流量系数；

　　　　　w——孔口面积；

　　　　　g——重力加速度。

按式（5-25）关系，上式可写成

$$\frac{Q_a}{Q_c} = \frac{\sqrt{H_a}}{\sqrt{H_a + \frac{1}{2g}(v_0^2 + v_a^2)}} \qquad (5-28)$$

由式（5-28）可知，H_a 越大，亦即孔口水头损失越大，Q_a/Q_c 越接近于 1，配水越均匀，这是"大阻力"含义的又一体现。

设配水均匀性要求在 95% 以上，即令 $Q_a/Q_c \geqslant 0.95$，则

$$\frac{\sqrt{H_a}}{\sqrt{H_a + \frac{1}{2g}(v_0^2 + v_a^2)}} \geqslant 0.95$$

经整理得

$$H_a \geqslant 9 \frac{v_0^2 + v_a^2}{2g} \qquad (5-29)$$

式中　v_0——干管起端流速；

　　　v_a——支管起端流速。

为简化计算，设 H_a 以孔口平均水头计，则当冲洗强度已定时，H_a 为

$$H_a = \left(\frac{qF \times 10^{-3}}{\mu f} \right)^2 \frac{1}{2g} \qquad (5-30)$$

式中　q——冲洗强度，$L/(s \cdot m^2)$；

　　　F——滤池面积，m^2；

　　　f——配水系统孔口总面积，m^2；

　　　μ——孔口流量系数；

　　　g——重力加速度，$9.81 m/s^2$。

干管和支管起端流速分别为

$$\begin{cases} v_0 = \dfrac{qF \times 10^{-3}}{w_0} \\[3mm] v_a = \dfrac{qF \times 10^{-3}}{n w_a} \end{cases} \qquad (5-31)$$

式中　w_0——干管截面积，m^2；

　　　w_a——支管截面积，m^2；

　　　n——支管根数。

将式（5-31）和式（5-30）代入式（5-29），得

$$\frac{1}{2g} \left(\frac{qF \times 10^{-3}}{\mu f} \right)^2 \geqslant 9 \cdot \frac{1}{2g} \left[\left(\frac{qF \times 10^{-3}}{w_0} \right)^2 + \left(\frac{qF \times 10^{-3}}{n w_a} \right)^2 \right]$$

令 $\mu = 0.62$ 并经整理得

$$\left(\frac{f}{w_0} \right)^2 + \left(\frac{f}{n w_a} \right)^2 \leqslant 0.29 \qquad (5-32)$$

式（5-32）为计算大阻力配水系统构造尺寸的依据。可以看出，配水均匀性只与配水系统构造尺寸有关，而与冲洗强度和滤池面积无关。但滤池面积也不宜过大；否则，影响布水均匀性的其他因素，如承托层的铺设及冲洗废水的排除等不均匀程度也将对冲洗效果产生影响。单池面积一般不宜大于 $100 m^2$。

配水系统不仅是为了均布冲洗水，同时也是过滤时的集水系统，由于冲洗流速远大于过滤流速，当冲洗布水均匀时，过滤时集水均匀性便无问题。

根据式（5-32）要求和生产实践经验，大阻力配水系统设计要求汇列如下：

1) 干管起端流速取 $1.0 \sim 1.5 m/s$，支管起端流速取 $1.5 \sim 2.0 m/s$，孔口流速取 $5 \sim 6 m/s$。

2) 孔口总面积与滤池面积之比称为开孔比，其值按式（5-33）计算，即

$$a = \frac{f}{F} \times 100\% = \frac{\dfrac{Q}{v}}{\dfrac{Q}{q}} \times \frac{1}{1000} \times 100\% = \frac{q}{1000v} \times 100\% \qquad (5-33)$$

式中　a——配水系统开孔比，%；

Q——冲洗流量，m^3/s；

q——滤池的反冲洗强度，$L/(s \cdot m^2)$；

v——孔口流速，m/s。

对普通快滤池，若取 $v=5\sim6m/s$，$q=12\sim15L/(s \cdot m^2)$，则 $a=0.2\%\sim0.25\%$。

3）支管中心间距为 $0.2\sim0.3m$，支管长度与直径之比一般不大于 60。

4）孔口直径取 $9\sim12mm$。当干管直径大于 300mm 时，干管顶部也应开孔布水，并在孔口上方设置挡板。

不难看出，上列第 1）项中各速度之比即反映了式（5-32）的基本要求，是决定配水均匀性的关键参数。第 2）项给出了大阻力配水系统配水均匀性达到 95% 以上时的开孔比 a，一般在 $0.2\%\sim0.25\%$ 范围内。

【例 5-1】 设图 5-15 所示滤池平面尺寸为 $7.5m\times7.0m=52.5m^2$。设计大阻力配水系统。

【解】 冲洗强度采用 $q=14L/(s \cdot m^2)$。

冲洗流量 $Q=14\times52.5=735L/s=0.735m^3/s$。

（1）干管。采用钢筋混凝土渠道。断面尺寸为 $850mm\times850mm$，长 7500mm。起端流速 $v_0=\dfrac{0.735}{0.85\times0.85}=1$（$m/s$）。

（2）支管。支管中心距采用 0.25m。支管数 $n=\dfrac{7.5}{0.25}\times2=60$ 根（每侧 30 根）。支管长为 $(7.00-0.85-0.30)/2\approx2.93m$，取 2.9m。式中 0.30m 为考虑渠道壁厚及支管末端与池壁间距。每根支管进口流量为 $735/60=12.25L/s$，支管直径选用 80mm，支管截面积为 $5.03\times10^{-3}m^2$，查水力计算表，得支管始端流速 $v_a=2.47m/s$。

（3）孔口。孔口流速采用 5.6m/s，孔口总面积 $f=\dfrac{0.735}{5.6}=0.131$（$m^2$）。

配水系统开孔比 $a=0.131/52.5=0.25\%$。

孔口直径采用 9mm，每个孔口面积为 $6.36\times10^{-5}m^2$。孔口数 $m=0.131/(6.36\times10^{-5})=2060$ 个。考虑干管顶开两排孔，每排 40 个孔，孔口中心距 $e_1=7.5/40=0.187$（m）。

每根支管孔口数为 $(2060-80)/60=33$ 个，取 34 个孔，分两排布置，孔口向下与中垂线夹角 $45°$ 交错排列，每排 17 个孔，孔口中心距 $e_2=2.9/17=0.17$（m）。

（4）配水系统校核。

实际孔口数 $m'=34\times60+80=2120$（个）

实际孔口总面积 $f'=2120\times6.36\times10^{-5}=0.1348$（$m^2$）

实际孔口流速 $v'=0.735/0.1348\approx5.45$（$m/s$）

$$\left(\frac{f'}{w_0}\right)^2+\left(\frac{f'}{nw_0}\right)^2=\left(\frac{0.1348}{0.85\times0.85}\right)^2+\left(\frac{0.1348}{60\times5.03\times10^{-3}}\right)^2=0.25<0.29$$

$$a=\frac{q}{1000v'}=\frac{14}{1000\times5.45}=0.268\%$$

符合配水均匀性，达到 95% 以上的要求。

2. 小阻力配水系统

大阻力配水系统的优点是配水均匀性较好。但结构较复杂；孔口水头损失大，冲洗时动力消耗大；管道易结垢，增加检修困难。此外，对冲洗水头有限的虹吸滤池和无阀滤池，大阻力配水系统不能采用。小阻力配水系统可克服上述缺点。

小阻力配水系统基本原理可从大阻力配水系统原理上引申出来。在式（5-27）中如果不以增大孔口阻力系数 S_1 的方法而是减小干管和支管进口流速 v_0 和 v_a，同样可使布水趋于均匀。从式（5-27）可以看出，v_0 和 v_a 减小至一定程度，式（5-27）右边根号中第 2 项对布水均匀性的影响将大大削弱。或者说，配水系统中的压力变化对布水均匀性的影响将甚微，在此基础上可以减小孔口阻力系数以减小孔口水头损失。若滤池承托层和滤料层阻力系数对布水均匀性影响不加考虑，只考虑配水系统本身构造，则从式（5-28）中也得到同样的结论。"小阻力"一词的含义，即指配水系统中孔口阻力较小，这是相对于"大阻力"而言的。实际上，配水系统孔口阻力由大到小应是递减的，中阻力配水系统就是介于大阻力和小阻力配水系统之间。由于孔口阻力与孔口总面积或开孔比成反比，故开孔比越大，阻力越小。由此得出一般规定：$a=0.20\% \sim 0.25\%$ 为大阻力配水系统；$a=0.60\% \sim 0.80\%$ 为中阻力配水系统；$a=1.0\% \sim 1.5\%$ 为小阻力配水系统。这样的规定并不十分严格，实际上有的配水系统的开孔比会在上述数值范围之外，此间并无严格界限。也有的配水系统开孔比大于 1.5%。凡开孔比较大者，为了保证配水均匀，应十分注意以下两点：①冲洗水到达各个孔口处的流道中流速［相当于式（5-28）］中 v_0 和 v_a 应尽量低些，以消除流道中水头损失和水头变化对配水均匀性的影响；②各孔口（或滤头）阻力应力求相等，加工精度要求高。基于上述原理，小阻力和中阻力配水系统不采用穿孔管系，而是采用穿孔滤板、滤砖和滤头等。小阻力和中阻力配水系统的形式和材料多种多样，且不断有新的发展，这里仅介绍以下几种。

（1）钢筋混凝土穿孔（或缝隙）滤板。在钢筋混凝土板上开圆孔或条式缝隙。板上铺设一层或两层尼龙网。板上开孔比和尼龙孔网眼尺寸不尽一致，视滤料粒径、滤池面积等具体情况决定。图 5-19 所示为滤板安装示意图。图 5-20 所示为滤板尺寸为 980mm×980mm×100mm，每块板孔口数 168 个。板面开孔比为 11.8%，板底为 1.32%。板上铺设尼龙网一层，网眼规格可为 30～50 目。

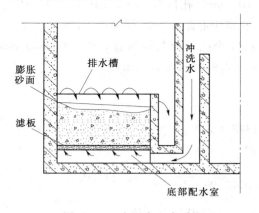

图 5-19 小阻力配水系统

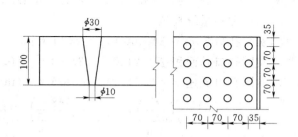

图 5-20 钢筋混凝土穿孔滤板

这种配水系统造价较低，孔口不易堵塞，配水均匀性较好，强度高，耐腐蚀。但必须注意尼龙网接缝应搭接好，且沿滤池四周应压牢，以免尼龙网被拉开。尼龙网上可适当铺设一些卵石。

（2）穿孔滤砖。图 5-21 所示为二次配水的穿孔滤砖。滤砖尺寸为 600mm×280mm×250mm，用钢筋混凝土或陶瓷制成。每平方米滤池面积上铺设 6 块。开孔比为上层 1.07%、下层 0.7%，属中阻力配水系统。

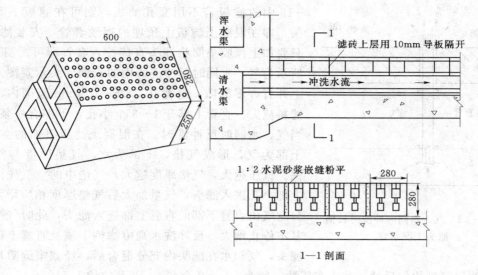

图 5-21　穿孔滤砖

　　滤砖构造分为上、下两层连成整体。铺设时，各砖的下层相互连通，起到配水渠的作用；上层各砖单独配水，用板分隔互不相通。实际上是将滤池分成像一块滤砖大小的许多小格。上层配水孔均匀布置，水流阻力基本接近，这样保证了滤池的均匀冲洗。

　　穿孔滤砖的上下层为整体，反冲洗水的上托力能自行平衡，不致使滤砖浮起，因此所需的承托层厚度不大，只需防止滤料落入配水孔即可，从而降低了滤池的高度。二次配水穿孔滤砖配水均匀性较好，但价格较高。

　　图 5-22 是另一种二次配水、配气穿孔滤砖，可称为复合气、水反冲洗滤砖。该滤砖既可单独用于水反冲，也可用于气水反冲洗。倒 V 形斜面开孔比和上层开孔比均可按要求制造，一般上层开孔比小（$a=0.5\%\sim0.8\%$），斜面开孔比稍大（$a=1.2\%\sim1.5\%$），水、气流方向见图中箭头所示。该滤砖一般可用 ABS 工程型料一次注塑成型，加工精度易控制，安装方便，配水均匀性较好，但价格较高。

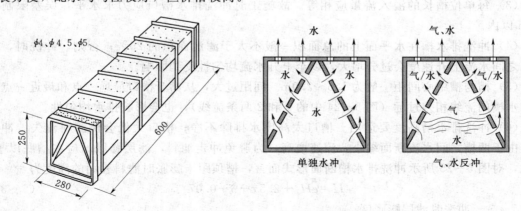

图 5-22　复合气、水反冲洗配水滤砖

　　（3）滤头。滤头由具有缝隙的滤帽和滤柄（具有外螺纹的直管）组成。短柄滤头用于单

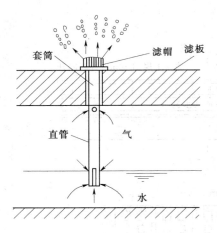

图 5 - 23　气、水同时冲洗时长柄
滤头工况示意

独水冲洗滤池，长柄滤头用于气、水反冲洗滤池。图 5 -19 中的滤板若不用穿孔滤板，则可在滤板上安装滤头，即在混凝土滤板上预埋内螺纹套管，安装滤头时，只要加上橡胶垫圈将滤头直接拧入套管即可。图 5 - 23 所示为气、水同时反冲洗所用的长柄滤头示意图。滤帽上开有许多缝隙，缝宽在 0.25～0.4mm 范围内，以防滤料流失。直管上部开 1～3 个小孔，下部有一条直缝。当气、水同时反冲洗时，在混凝土滤板下面的空间内，上部为气，形成气垫，下部为水。气垫厚度与气压有关。气压越大，气垫厚度越大。气垫中的空气先由直管上部小孔进入滤头，气量加大后气垫厚度相应增大，部分空气由直管下部的直缝上部进入滤头，此时气垫厚度基本停止增大。反冲洗水则由滤柄下端及直缝上部进入滤头，气和水在滤头内充分混合后，经滤帽缝隙均匀喷出，使滤层得到均匀反冲。滤头布置数一般为 50～60 个/m²。开孔比约 1.5%。

5.4.4　冲洗废水的排除

滤池冲洗废水从冲洗排水槽和废水渠排出。在过滤时，它们往往也是分布待滤水的设备。

冲洗时，废水由冲洗排水槽两侧溢入槽内，各条槽内的废水汇集到废水渠，再由废水渠末端排水竖管排入下水道，见图 5 - 24。

1. 冲洗排水槽

为达到及时、均匀地排出废水，冲洗排水槽设计必须符合以下要求：

（1）冲洗废水应自由跌落入冲洗排水槽。槽内水面以上一般要有 7cm 左右的保护高，以免槽内水面和滤池水面连成一片，使冲洗均匀性受到影响。

（2）冲洗排水槽内的废水，应自由跌落进入废水渠，以免废水渠干扰冲洗排水槽出流，引起壅水现象。为此，废水渠水面应比排水槽低。

（3）每单位槽长的溢入流量应相等。故施工时冲洗排水槽口应力求水平，误差限制在 2mm 以内。

（4）冲洗排水槽在水平面上的总面积一般不大于滤池面积的 25%；否则，冲洗时，槽与槽之间水流上升速度会过分增大，以至上升水流均匀性受到影响。

（5）槽与槽中心间距一般为 1.5～2.0m。间距过大，从离开槽口最远一点和最近一点流入排水槽的流线相差过远（图 5 - 24 中的 1 和 2 两条流线），也会影响排水均匀性。

（6）冲洗排水槽高度要适当。槽口太高废水排除不净；槽口太低会使滤料流失。冲洗时，由于两槽之间水流断面缩小，流速增高，为避免冲走滤料，滤层膨胀面应在槽底以下。据此，对图 5 - 25 所示冲洗排水槽断面形式而言，槽顶距未膨胀时滤料表面的高度为

$$H = eH_2 + 2.5x + \delta + 0.07 \tag{5-34}$$

式中　e——冲洗时滤层膨胀度；

　　　H_2——滤料层厚度，m；

　　　x——冲洗排水槽断面模数，m；

δ——冲洗排水槽底厚度，m；

0.07——冲洗排水槽保护高，m。

常用的冲洗排水槽断面形状除了图 5-25 以外，也有矩形断面或半圆形槽底断面的。

为施工方便，冲洗排水槽底可以水平，即起端和末端断面相同；也可使起端深度等于末端深度的一半，即槽底具有一定坡度。图 5-25 所示冲洗排水槽断面模数 x 用动量定理求得近似公式为

$$x = 0.45 Q_1^{0.4} \tag{5-35}$$

式中 Q_1——冲洗排水槽出口流量，m^3/s。

【例 5-2】 设图 5-24 所示滤池平面尺寸为 $L=4m$，$B=3m$，$F=12m^2$。滤层厚度 H_2 =70cm，冲洗强度采用 $q=14L/(s \cdot m^2)$。滤层膨胀度 $e=45\%$。试设计冲洗排水槽断面尺寸和冲洗排水槽高度 H。

【解】 每个滤池设两条冲洗排水槽，槽长 $l=B=3m$，中心距为 $4/2=2m$。

每槽排水流量 $Q=0.5qF=0.5 \times 14 \times 12=84L/s=0.084m^3/s$。

冲洗排水槽端面采用图 5-25 所示形状。按式（5-35）求断面模数：

$$H = eH_2 + 2.5x + \delta + 0.07 = 0.45 \times 0.7 + 2.5 \times 0.17 + 0.05 + 0.07 = 0.86(m)$$

校核：冲洗排水槽总面积与滤池面积之比 $=2 \times l \times 2x/F=2 \times 3 \times 2 \times 0.17/12=0.17<0.25$，符合要求。

2. 排水渠

排水渠的布置形式视滤池面积大小而定。一般情况下，沿池壁一边布置，见图 5-24。当滤池面积很大时，排水渠也可布置在滤池中间以使排水均匀。

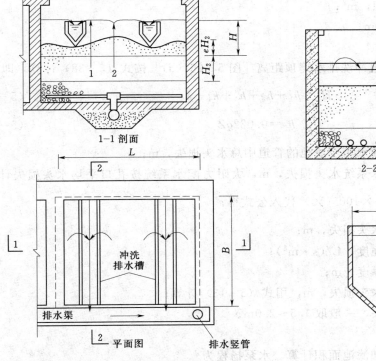

图 5-24 冲洗废水的排除

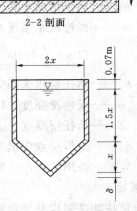

图 5-25 冲洗排水槽剖面

135

排水渠为矩形断面。渠底距排水槽底高度 H_c（图 5-25）按式（5-36）计算，即

$$H_c = 1.73 \sqrt[3]{\frac{Q^2}{gB^2}} + 0.2 \qquad (5-36)$$

式中　Q——滤池冲洗流量，m^3/s；

　　　　B——渠宽，m；

　　　　g——重力加速度，$9.81 m/s^2$；

　　　0.2——保证冲洗排水槽排水通畅而使排水渠起端水面低于冲洗排水槽底的高度，m。

以上是普通快滤池一般所采用的冲洗废水排除系统组成、布置和设计要求，对于其他形式的滤池，冲洗废水排除系统则取决于滤池构造。

5.4.5　冲洗水的供给

供给冲洗水的方式有两种，即冲洗水泵和冲洗水塔或冲洗水箱。前者投资省，但操作较麻烦，在冲洗的短时间内耗电量大，往往会使厂区内供电电网负荷陡然骤增；后者造价较高，但操作简单，允许在较长时间内向水塔或水箱输水，专用水泵小，耗电较均匀。如有地形或其他条件可利用时，建造冲洗水塔较好。

1. 冲洗水塔或冲洗水箱

冲洗水塔与滤池分建。冲洗水箱与滤池合建，通常置于滤池操作室屋顶上，见图 5-26。

水塔或水箱中的水深不宜超过 3m，以免冲洗初期和末期的冲洗强度相差过大。水塔或水箱应在冲洗间歇时间内充满，容积按单个滤池冲洗水量的 1.5 倍计算，即

$$V = \frac{1.5qFt \times 60}{1000} = 0.09qFt \qquad (5-37)$$

式中　V——水塔或水箱容积，m^3；

　　　　F——单格滤池面积，m^2；

　　　　t——冲洗历时，min；

其余符号含义同前。

水塔或水箱底高出滤池冲洗排水槽顶距离 [图 5-26（d）] 按式（5-38）计算，即

$$H_0 = h_1 + h_2 + h_3 + h_4 + h_5 \qquad (5-38)$$

$$h_3 = 0.022qZ \qquad (5-39)$$

式中　h_1——从水塔或水箱至滤池的管道中总水头损失，m；

　　　　h_2——滤池配水系统水头损失，m，大阻力配水系统按孔口平均水头损失计算，

　　　　　　　以 $\alpha = \frac{f}{F} \times 100$（％）代入公式得；

　　　　h_3——承托层水头损失，m；

　　　　q——反冲洗强度，$L/(s \cdot m^2)$；

　　　　Z——承托层厚度，m；

　　　　h_4——滤料层水头损失，m，用式（5-13）计算；

　　　　h_5——备用水头，一般取 1.5~2.0m。

2. 水泵冲洗

水泵流量按冲洗强度和滤池面积计算。水泵扬程为

$$H=H_0+h_1+h_2+h_3+h_4+h_5 \tag{5-40}$$

式中　H_0——排水槽顶与清水池最低水位之差，m；

　　　h_1——从清水池至滤池的冲洗管道中总水头损失，m；

其余符号含义同前。

5.5　普通快滤池

普通快滤池通常指图5-26（a）、（b）、（c）所示的具有4个阀门的快滤池。为减少阀门，可以用虹吸管代替进水和排水阀门，习惯上称为双阀滤池，见图5-26（d）。实际上它与4阀滤池构造和工艺过程完全相同，仅仅以两个虹吸管代替两个阀门而已，故本书仍称之为普通快滤池。

5.5.1　单池面积和滤池深度

根据设计流量和滤速求出所需滤池总面积以后，便需确定滤池个数和单池面积。个数多，单池面积小；反之亦然。滤池个数直接涉及滤池造价、冲洗效果和运行管理。个数多则冲洗效果好，运转灵活，强制滤速低（强制滤速是指1个或2个滤池停产检修时，其余滤池在超过正常负荷下的滤速），但滤池总造价将会增加，操作管理较麻烦；反之，若滤池个数过少，一旦1个滤池停产检修时，对水厂生产影响则较大。从冲洗布水均匀性上考虑，单池面积过大，冲洗效果欠佳。目前，我国已建的单池面积最大达130m²。设计中，滤池个数应通过技术经济比较确定，并需考虑水厂内其他处理构筑物及水厂总体布局等有关问题。但在任何情况下，滤池个数不得少于两个。

单池平面可为正方形或矩形。滤池长宽比决定于处理构筑物总体布置，同时与造价也有关系，应通过技术经济比较确定。

滤池深度包括：保护高，0.25～0.3m；滤层表面以上水深，1.5～2.0m；滤层厚度，见表5-3；承托层厚度，见表5-4和表5-5。

据此，滤池总深度一般为3.0～3.5m。单层砂滤池深度一般稍小；双层和3层滤料滤池深度稍大。

5.5.2　管廊布置

集中布置滤池的管渠、配件及阀门的场所称为管廊。管廊中的管道一般用金属材料，也可用钢筋混凝土渠道。管廊布置应力求紧凑、简捷；要留有设备及管配件安装、维修的必要空间；要有良好的防水、排水及通风、照明设备；要便于与滤池操作室联系。设计中，往往根据具体情况提出几种布置方案经比较后决定。

滤池数少于5个者，宜采用单行排列，管廊位于滤池一侧。超过5个者，宜用双行排列，管廊位于两排滤池中间。后者布置较紧凑，但管廊通风、采光不如前者，检修也不太方便。

管廊布置有多种形式，列举以下几种供参考。

（1）进水、清水、冲洗水和排水渠，全部布置于管廊内，见图5-26（a）。这样布置的优点是渠道结构简单、施工方便、管渠集中紧凑；但管廊内管件较多，通行和检修不太方便。

（2）冲洗水和清水渠布置于管廊内，进水和排水以渠道形式布置于滤池另一侧，见图5-26（b）。这种布置可节省金属管件及阀门，管廊内管件简单，施工和检修方便；但造价稍高。

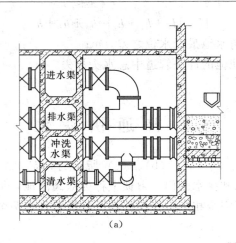

(a)

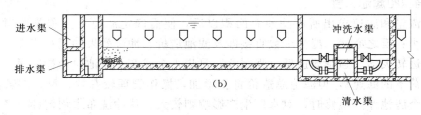

(b)

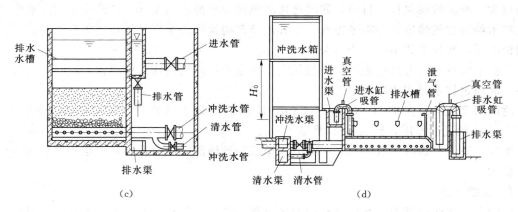

（c）　　　　　　　　　　　　　　　（d）

图 5-26　快滤池管廊布置

（3）进水、冲洗水及清水管均采用金属管道，排水渠单独设置，见图 5-26（c）。这种布置通常用于小水厂或滤池单行排列。

（4）对于较大型滤池，为节约阀门可以用虹吸管代替排水和进水支管；冲洗水管和清水管仍用阀门，见图 5-26（d）。虹吸管通水或断水以真空系统控制。

5.5.3　管渠设计流速

快滤池管渠断面应按下列流速确定。若考虑到今后水量有增大的可能时，流速宜取低限。

进水管（渠）：0.8~1.2m/s。

清水管（渠）：1.0~1.5m/s。

冲洗水管（渠）：2.0~2.5m/s。

排水管（渠）：1.0～1.5m/s。

5.5.4 设计中的注意事项

（1）滤池底部应设排空管，其入口处设栅罩，池底坡度约为 0.005，坡向排空管。

（2）每个滤池宜装设水头损失计及取样管。

（3）各种密封渠道上应设人孔，以便检修。

（4）滤池壁与砂层接触处应拉毛成锯齿状，以免过滤水在该处形成"短路"而影响水质。

普通快滤池运转效果良好，首先是冲洗效果得到保证。适用任何规模的水厂。主要缺点是管配件及阀门较多，操作较其他滤池稍复杂。

5.6 无 阀 滤 池

无阀滤池有重力式和压力式两种。前者使用较广泛。后者仅用于小型、分散性给水工程，常供一次净化用。这里仅介绍重力式无阀滤池。

5.6.1 重力式无阀滤池的构造和工作原理

无阀滤池的构造见图 5-27。过滤时的工作情况是：浑水经进水分配槽 1，由进水管 2 进入虹吸上升管 3，再经伞形顶盖 4 下面的挡板 5 后，均匀地分布在滤料层 6 上，通过承托层 7、小阻力配水系统 8 进入底部配水区 9。滤后水从底部配水区经连通渠（管）10 上升到冲洗水箱 11。当水箱水位达到出水渠 12 的溢流堰顶后，溢入渠内，最后流入清水池。水流方向如图中箭头所示。

开始过滤时，虹吸上升管与冲洗水箱中的水位差 H_0 为过滤起始水头损失。随着过滤时间的延续，滤料层水头损失逐渐增加，虹吸上升管中水位相应逐渐升高。管内原存空气受到压缩，一部分空气将从虹吸下降管出口端穿过水封进入大气。当水位上升到虹吸辅助管 13 的管口时，水从辅助管流下，依靠下降水流在管中形成的真空和水流的挟气作用，抽气管 14 不断将虹吸管中空气抽出，使虹吸管中真空度逐渐增大。其结果，一方面虹吸上升管中水位升高。同时，虹吸下降管 15 将排水水封井中的水吸上至一定高度。当上升管中的水越过虹吸管顶端而下落时，管中真空度急剧增加，达到一定程度时，下落水流与下降管中上升水柱汇成一股冲出管口，把管中残留空气全部带走，形成连续虹吸水流。

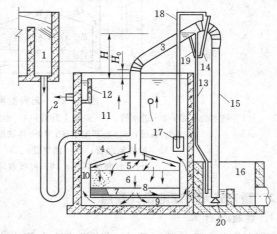

图 5-27 无阀滤过滤过程

1—进水分配槽；2—进水管；3—虹吸上升管；4—伞形顶盖；
5—挡板；6—滤料层；7—承托层；8—配水系统；
9—底部配水区；10—连通渠；11—冲洗水箱；
12—出水渠；13—虹吸辅助管；14—抽气管；
15—虹吸下降管；16—水封井；17—虹吸
破坏斗；18—虹吸破坏管；19—强制
冲洗管；20—冲洗强度调节器

这时，由于滤层上部压力骤降，促使冲洗水箱内的水循着过滤时的相反方向进入虹吸管，滤料层因而受到反冲洗。冲洗废水由排水水封井 16 排出。冲洗时水流方向如图 5-28 中箭头所示。

在冲洗过程中，水箱内水位逐渐下降。当水位下降到虹吸破坏斗 17 以下时，虹吸破坏管 18 把小斗中的水吸完。管口与大气相通，虹吸破坏，冲洗结束，过滤重新开始。

从过滤开始至虹吸上升管中水位升至辅助管口这段时间，为无阀滤池过滤周期。因为当水从辅助管下流时，仅需数分钟便进入冲洗阶段。故辅助管口至冲洗水箱最高水位差即为期终允许水头损失值 H。一般采用 $H=1.5\sim2.0\text{m}$。

如果在滤层水头损失还未达到最大允许值而因某种原因（如出水水质不符要求）需要冲洗时，可进行人工强制冲洗。强制冲洗设备是在辅助管与抽气管相连接的三通上部，接一根压力水管 19，称为强制冲洗管。打开强制冲洗管阀门，在抽气管与虹吸辅助管连接三通处的高速水流便产生强烈的抽气作用，使虹吸很快形成。

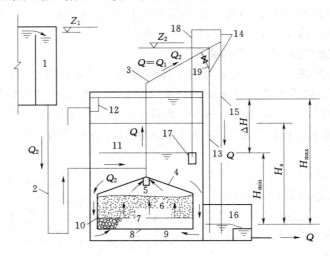

图 5-28 无阀滤池冲洗过程

1—进水分配槽；2—进水管；3—虹吸上升管；4—伞形顶盖；5—挡板；6—滤料层；7—承托层；
8—配水系统；9—底部配水区；10—连通渠；11—冲洗水箱；12—出水渠；
13—虹吸辅助管；14—抽气管；15—虹吸下降管；16—水封井；
17—虹吸破坏斗；18—虹吸破坏管；19—强制冲洗管

5.6.2 重力式无阀滤池设计要点

1. 虹吸管计算

无阀滤池在反冲洗过程中，随着冲洗水箱内水位不断下降，冲洗水头（水箱水位与排水水封井堰口水位差，亦即虹吸水位差）也不断降低，从而使冲洗强度不断减小。设计中，通常以最大冲洗水头 H_{max} 与最小冲洗水头 H_{min} 的平均值作为计算依据，称为平均冲洗水头 H_0（图 5-28）。所选定的冲洗强度，是按在 H_a 作用下所能达到的计算值，称为平均冲洗强度 q_a。由 q_a 计算所得的冲洗流量称为平均冲洗流量，以 Q_1 表示。冲洗时，若滤池继续以原进水流量（以 Q_2 表示）进入滤池，则虹吸管中的计算流量应为平均冲洗流量与进水流量之和（$Q=Q_1+Q_2$）。其余部分（包括连通渠、配水系统、承托层、滤料层）所通过的计算流量为冲洗流量 Q_1。

冲洗水头即为水流在整个流程中（包括连通渠、配水系统、承托层、滤料层、挡水板及虹吸管等）的水头损失之和。按平均冲洗水头和计算流量即可求得虹吸管管径。管径一般采用试算法确定，即初步选定管径，算出总水头损失 $\sum h$，当 $\sum h$ 接近于 H_a 时，所选管径适合；否则重新计算。总水头损失为

$$\sum h = h_1 + h_2 + h_3 + h_4 + h_5 + h_6 \tag{5-41}$$

式中 h_1——水头损失，m，沿程水头损失可按水力学中谢才公式 $i = \dfrac{Q_1^2}{A^2 C^2 R}$ 计算；进口局部阻力系数取 0.5，出口局部阻力系数取 1；

h_2——小阻力配水系统水头损失，m，视所选配水系统形式而定；

h_3——承托层水头损失，m，按式（5-39）计算；

h_4——滤料层水头损失，m，按式（5-13）计算；

h_5——挡板水头损失，一般取 0.05m；

h_6——虹吸管沿程和局部水头损失之和，m。

在上述各项水头损失中，当滤池构造和平均冲洗强度已定时，$h_1 \sim h_5$ 便已确定，虹吸管径的大小则决定于冲洗水头 H_a。因此，在有地形可利用的情况下（如丘陵、山地），降低排水水封井堰口标高以增加可资利用的冲洗水头，可以减小虹吸管管径以节省建设费用。由于管径规格限制，管径应适当选择大些，以使 $\sum h < H_a$。其差值消耗于虹吸下降管出口管端的冲洗强度调节器 20 中。冲洗强度调节器由锥形挡板和螺杆组成。后者可使锥形挡板上、下移动以控制出口开启度。

2. 冲洗水箱

重力式无阀滤池冲洗水箱与滤池整体浇制，位于滤池上部。水箱容积按冲洗一次所需水量确定，即

$$V = 0.06qFt \tag{5-42}$$

式中 V——冲洗水箱容积，m^3；

q——冲洗强度，$L/(s \cdot m^2)$，采用上述平均冲洗强度 q_a；

F——滤池面积，m^2；

t——冲洗时间，min，一般取 $4 \sim 6$min。

如果平均冲洗强度采用式（5-18）的计算值时，则当冲洗水头大于平均冲洗水头 H_a 时，整个滤层将全部膨胀起来。若冲洗水箱水深 ΔH 较大时，在冲洗初期的最大冲洗水头 H_{max} 下，有可能将上层部分细滤料冲出滤池。当冲洗水头小于平均冲洗水头 H_a 时，下层部分粗滤料将下沉而不再悬浮。因此，减小冲洗水箱水深，可减小冲洗强度的不均匀程度，从而避免上述现象的发生。两格以上滤池合用一个冲洗水箱可收到以上效果。

设 n 格滤池合用一个冲洗水箱，则水箱平面面积应等于单格滤池面积的 n 倍。水箱有效深度 ΔH 为

$$\Delta H = \frac{V}{nF} = \frac{0.06qFt}{nF} = \frac{0.06}{n}qt \tag{5-43}$$

式（5-43）并未考虑一格滤池冲洗时其余 $n-1$ 格滤池继续向水箱供给冲洗水的情况，所求水箱容积偏于安全。若考虑上述因素，水箱容积可以减小。如果冲洗时该格滤池继续进水（随冲洗水排出）而其余各格滤池仍保持原来滤速过滤，则减小的容积即为 $n-1$ 格滤池

在冲洗时间 t 内以原滤速过滤的水量。

由以上可知，合用一个冲洗水箱的滤池数越多，冲洗水箱深度越小，滤池总高度得以降低。这样，不仅降低造价，也有利于与滤前处理构筑物在高程上的衔接。冲洗强度的不均匀程度也可减小。一般地，合用冲洗水箱的滤池数 $n＝2～3$，而以 2 格合用冲洗水箱者居多。因为合用冲洗水箱滤池数过多时，将会造成不正常冲洗现象。例如，某一格滤池的冲洗行将结束时，虹吸破坏管刚露出水面，由于其余数格滤池不断向冲洗水箱大量供水，管口很快又被水封，致使虹吸破坏不彻底，造成该格滤池时断时续地不停冲洗。

3. 进水管 U 形存水弯

进水管设置 U 形存水弯的作用是防止滤池冲洗时，空气通过进水管进入虹吸管从而破坏虹吸。当滤池反冲洗时，如果进水管停止进水，U 形存水弯即相当于一根测压管，存水弯中的水位将在虹吸管与进水管连接三通的标高以下。这说明此处有强烈的抽吸作用。如果不设 U 形存水弯，无论进水管停止进水还是继续进水，都会将空气吸入虹吸管。为安装方便，同时也为了水封更加安全，常将存水弯底部置于水封井的水面以下。

4. 进水分配槽

进水分配槽的作用是通过槽内堰顶溢流使各格滤池独立进水，并保持进水流量相等。分配槽堰顶标高 Z_1 应等于虹吸辅助管和虹吸管连接处的管口标高 Z_2 加进水管水头损失，再加 $10～15cm$ 富余高度以保证堰顶自由跌水。槽底标高力求降低以便于气、水分离。若槽底标高较高，当进水管中水位低于槽底时，水流由分配槽落入进水管中的过程中将会挟带大量空气。由于进水管流速较大，空气不易从水中分离出去，挟气水流进入虹吸管中以后，一部分空气可上逸并通过虹吸管出口端排出池外，一部分空气将进入滤池并在伞顶盖下聚集且受压缩。受压空气会时断时续地膨胀并将虹吸管中的水顶出池外，影响正常过滤。此外，反冲洗时，如果滤池继续进水且进水挟气量很大时，虽然大部分空气可随冲洗水流排出池外，但总有一部分空气会在虹吸管顶端聚集，以致虹吸有可能提前破坏。但是在虹吸管顶端聚集的空气量毕竟有限，因此虹吸破坏往往并不彻底。如果顶盖下再有一股受压空气把虹吸管中水柱顶出池外而使真空度增大，就可能再次形成虹吸，于是产生连续冲洗现象。为避免上述现象发生，简单的措施就是降低分配槽槽底标高或另设气、水分离器。因为进水分配槽水平断面尺寸较大，断面流速较小，空气易从水中分离出去。通常，将槽底标高降至滤池出水渠堰顶以下约 $0.5m$，就可以保证过滤期间空气不会进入滤池。因为进水管入口端始终处于淹没状态。如果条件许可，将槽底降至冲洗水箱最低水位以下，对防止进水挟气效果更好，但需综合考虑其他有关因素合理确定。

无阀滤池多用于中、小型给水工程。单池平面积一般不大于 $16m^2$。少数也有达 $25m^2$ 以上的。主要优点是：节省大型阀门，造价较低；冲洗完全自动，因而操作管理较方便。缺点是：池体结构较复杂；滤料处于封闭结构中；装、卸困难；冲洗水箱位于滤池上部，出水标高较高，相应抬高了滤前处理构筑物如沉淀或澄清池的标高，从而给水厂处理构筑物的总体高程布置往往带来困难。

5.7 其 他 形 式 滤 池

滤池形式较多，下面仅介绍 4 种滤池的基本构造、工作原理和特点。

5.7.1 虹吸滤池

虹吸滤池一般是由 6～8 格滤池组成一个整体，通称一组滤池或一座滤池。根据水量大小，水厂可建一组滤池或多组滤池。一组滤池平面形状可以是圆形、矩形或多边形，而以矩形为多。因为矩形滤池施工较方便，反冲洗水力条件也较圆形或多边形好，但为了便于说明虹吸滤池的基本构造和工作原理，现以圆形平面为例。图 5-29 所示为由 6 格滤池组成的、平面形状为圆形的一组滤池剖面图，中心部分为冲洗废水排水井，6 格滤池构成外环。图 5-29 的右半部分表示过滤情况，左半部分表示反冲洗情况。

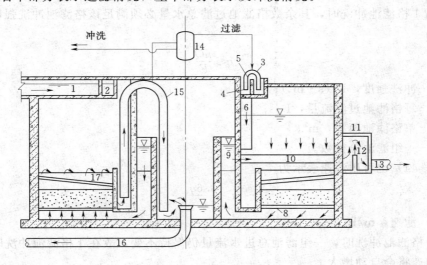

图 5-29 虹吸滤池的构造

1—进水槽；2—配水槽；3—进水虹吸管；4—单格滤池进水槽；5—进水堰；6—布水管；7—滤层；8—配水系统；9—集水槽；10—出水管；11—出水井；12—出水堰；13—清水管；14—真空罐；15—冲洗虹吸管；16—冲洗排水管；17—冲洗排水槽

1. 过滤过程

待滤水通过进水槽 1 进入环形配水槽 2，经进水虹吸管 3 流入单格滤池进水槽 4，再从进水堰 5 溢流进入布水管 6 进入滤池。进水堰 5 起调节单格滤池流量作用。进入滤池的水顺次通过滤层 7、配水系统 8 进入环形集水槽 9，再由出水管 10 流到出水井 11，最后经出水堰12、清水管 13 流入清水池。

随着过滤水头损失逐渐增大，由于各格滤池进、出水量不变，滤池内水位将不断上升。当某格滤池水位上升到最高设计水位时，便需停止过滤进行反冲洗。滤池内最高水位与出水堰 12 堰顶高差，即为最大过滤水头，亦即期终允许水头损失值（一般采用 1.5～2.0m）。

2. 反冲洗过程

反冲洗时，先破坏该格滤池进水虹吸管 3 的真空，使该格滤池停止进水，滤池水位逐渐下降，滤速逐渐降低。当滤池内水位下降速度显著变慢时，利用真空罐 14 抽出冲洗虹吸管15 的空气使之形成虹吸。开始阶段，滤池内的剩余水通过冲洗虹吸管 15 抽入池中心下部，再由冲洗排水管 16 排出。当滤池水位低于集水槽 9 的水位时，反冲洗开始。当滤池内水面降至冲洗排水槽 17 顶端时，反冲洗强度达到最大值。此时，其他 5 格池的全部过滤水量，都通过集水槽 9 源源不断地供给被冲洗滤格。当滤料冲洗干净后，破坏冲洗虹吸管 15 的真空，冲洗停止，然后再用真空系统使进水虹吸管 3 恢复工作，过滤重新开始。6 格滤池将轮流进行反冲洗。运行中应避免 2 格以上滤池同时冲洗。

冲洗水头一般采用 1.0～1.2m，是由集水槽 9 的水位与冲洗排水槽 17 的槽顶高差决定。冲洗强度和历时与普通快滤池相同。由于冲洗水头较小，故虹吸滤池总是采用小阻力配水系统。

3. 滤池分格数

虹吸滤池所需冲洗水来自本组滤池其他数格滤池的过滤水，因此，一组滤池的分格数必须满足：当 1 格滤池冲洗时，其余数格滤池过滤总水量必须满足该格滤池冲洗强度要求，用公式表示为

$$q \leqslant \frac{nQ}{F} \tag{5-44}$$

式中　q——冲洗强度，$L/(s \cdot m^2)$；

　　　Q——每格滤池过滤流量，L/s；

　　　F——单格滤池面积，m^2；

　　　n——一组滤池分格数。

式（5-44）也可用滤速表示为

$$n \geqslant \frac{3.6q}{v} \tag{5-45}$$

式中　v——滤速，m/h。

由于 1 格滤池冲洗时，一组滤池总进水流量仍保持不变，故在 1 格滤池冲洗时，其余数格滤池的滤速将会自动增大。

虹吸滤池的主要优点是：无需大型阀门及相应的开闭控制设备；无需冲洗水塔（箱）或冲洗水泵；由于出水堰顶高于滤料层，故过滤时不会出现负水头现象。主要缺点是：由于滤池构造特点，池深比普通快滤池大，一般在 5m 左右；冲洗强度受其余几格滤池的过滤水量影响，故冲洗效果不像普通快滤池那样稳定。

5.7.2　移动罩滤池

移动罩滤池是由许多滤格为一组构成的滤池，利用一个可移动的冲洗罩轮流对各滤格进行冲洗。某滤格的冲洗水来自本组其他滤格的滤后水，这方面吸取了虹吸滤池的优点。移动冲洗罩的作用与无阀滤池伞形顶盖相同，冲洗时，使滤格处于封闭状态。因此，移动罩滤池具有虹吸滤池和无阀滤池的某些特点。图 5-30 所示为一座由 24 格组成、双行排列的虹吸式移动罩滤池示意图。为检修需要，水厂内的滤池座数不得少于 2。滤料层上部相互连通，滤池底部配水区也相互连通。故一座滤池仅有一个进口和出口。

1. 过滤过程

过滤时，待滤水由进水管 1 经穿孔配水墙 2 及消力栅 3 进入滤池，通过滤层过滤后由底部配水室 5 流入钟罩式虹吸管的中心管 6。当虹吸中心管内水位上升到管顶且溢流时，带走虹吸管钟罩 7 和中心管间的空气，达到一定真空度时，虹吸形成，滤后水便从钟罩 7 和中心管间的空间流出，经出水堰 8 流入清水池。滤池内水面标高 Z_1 和出水堰上水位标高 Z_2 之差即为过滤水头，一般取 1.2～1.5m。

2. 冲洗过程

当某一格滤池需要冲洗时，冲洗罩 10 由桁车 12 带动移至该滤格上面就位，并封住滤格

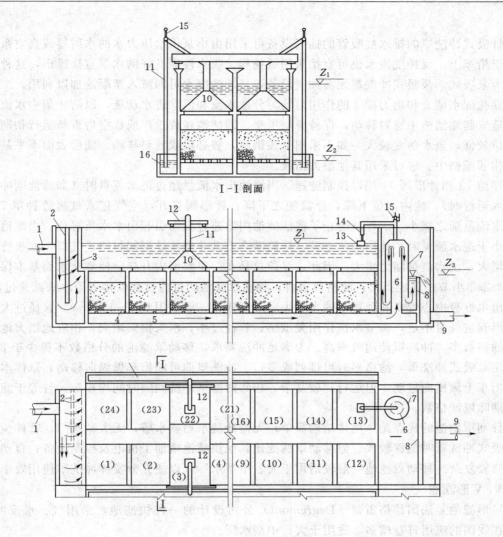

图 5-30 移动罩滤池

1—进水管；2—穿孔配水墙；3—消力栅；4—小阻力配水系统的配水孔；5—配水系统的配水室；6—出水虹吸中心管；
7—出水虹吸管钟罩；8—出水堰；9—出水管；10—冲洗罩；11—排水虹吸管；12—桁车；13—浮筒；
14—针形阀；15—抽气管；16—排水渠

顶部，同时用抽气设备抽出排水虹吸管 11 中的空气。当排水虹吸管真空度达到一定值时，虹吸形成（因此这种冲洗罩称为虹吸式），冲洗开始。冲洗水由其余滤格滤后水经小阻力配水系统的配水室 5、配水孔 4 进入滤池，通过承托层和滤料层后，冲洗废水由排水虹吸管 11 排入排水渠 16。出水堰顶水位 Z_2 和排水渠中水封井上的水位 Z_3 之差即为冲洗水头，一般取 1.0～1.2m。当滤格数较多时，在一格滤池冲洗期间，滤池组仍可继续向清水池供水。冲洗完毕，冲洗罩移至下一滤格，再准备对下一滤格进行冲洗。

冲洗罩移动、定位和密封是滤池正常运行的关键。移动速度、停车定位和定位后密封时间等，均根据设计要求用程序控制或机电控制。密封可借弹性良好的橡皮翼板的贴附作用或者能够升降的罩体本身的压实作用。设计中务求罩体定位准确、密封良好、控制设备安全

145

可靠。

虹吸式冲洗罩的排水虹吸管的抽气设备可采用由小泵供给压力水的水射器或真空泵，设备置于桁车上。反冲洗废水也可直接采用低扬程、吸水性能良好的水泵直接排出，这种冲洗罩称为泵吸式。泵吸式冲洗罩无需抽气设备，且冲洗废水可回流入絮凝池加以利用。

穿孔配水墙 2 和消力栅 3 的作用是均匀分散水流和消除进水动能，以防止集中水流的冲击力造成起端滤格中滤料移动，保持滤层平整。因滤池建成投产或放空后重新运行初期，池内水位较低，进水落差较大，如不采用上述措施，势必造成滤料移动、滤层表面不平甚至被冲入相邻滤格中。也可采用其他消力措施。

浮筒 13 和针形阀 14 用以控制滤速。当滤池出水流量超过进水流量时（如滤池刚冲洗完毕投入运行时），池内水位下降，浮筒随之下降，针形阀打开，空气进入虹吸管钟罩 7，于是出水流量随之减小。这样就防止了清洁滤池内滤速过高而引起出水水质恶化。当滤池出水流量小于进水流量时，池内水位上升，浮筒随之上升并促使针形阀封闭进气口，虹吸管中真空度增大，出水流量随之增大。因此，浮筒总是在一定幅度内升降，使滤池水面基本保持一定。5.2.2 小节中曾经指出，滤格数多时，移动罩滤池的过滤过程就接近等水头减速过滤。

出水虹吸中心管 6 和钟罩 7 的大小决定于流速，一般采用 0.6～1.0m/s。管径过大，会使针形阀进气量不足，调节水位作用欠敏感；管径过小，水头损失增大，相应地增大池深。

滤格数多，冲洗罩使用效率高。为满足冲洗要求，移动罩滤池的分格数不得少于 8。如果采用泵吸式冲洗罩，滤格多时可排列成多行。冲洗罩即可随桁车做纵向移动，罩体本身也可在桁车上做横向移动，但运行比较复杂。相邻两滤格冲洗间隔时间均相等，且等于滤池工作周期除以滤格数。

移动罩滤池的优点是：池体结构简单；无需冲洗水箱盛水塔；无大型阀门，管件少；采用泵吸式冲洗罩时池深较浅。但移动罩滤池比其他快滤池增加了机电及控制设备；自动控制和维修较复杂。移动罩滤池一般较适用于大、中型水厂，以便充分发挥冲洗罩使用效率。

5.7.3　V 形滤池

V 形滤池是法国德格雷蒙（Degremont）公司设计的一种快滤池，采用气、水反冲洗，目前在我国的应用日益增多，适用于大、中型水厂。

V 形滤池因两侧（或一侧也可）进水槽设计成 V 形而得名。图 5-31 所示为一座 V 形滤池构造简图。通常一组滤池由数只滤池组成。每只滤池中间为双层中央渠道，将滤池分成左、右两格。渠道上层是排水渠 7 供冲洗排污用；下层是气、水分配渠 8，过滤时汇集滤后清水，冲洗时分配气和水。渠 8 上部设有一排配气小孔 10，下部设有一排配水方孔 9。V 形槽底设有一排小孔 6，既可作过滤时进水用，冲洗时又可供横向扫洗布水用，这是 V 形滤池的一个特点。滤板上均匀布置长柄滤头，每平方米布置 50～60 个。滤板下部是底部空间 11。

1. 过滤过程

待滤水由进水总渠经进水气动隔膜阀 1 和方孔 2 后，溢过堰口 3 再经侧孔 4 进入 V 形槽 5。待滤水通过 V 形槽底小孔 6 和槽顶溢流，均匀进入滤池，而后通过砂滤层和长柄滤头流入底部空间 11，再经配水方孔 9 汇入中央气、水分配渠 8 内，最后由管廊中的水封井 12、出水堰 13、清水渠 14 流入清水池。滤速可在 7～20m/h 范围内选用，视原水水质、滤料组成等决定。滤速可根据滤池水位变化自动调节出心形蝶阀开启度来实现等速过滤。

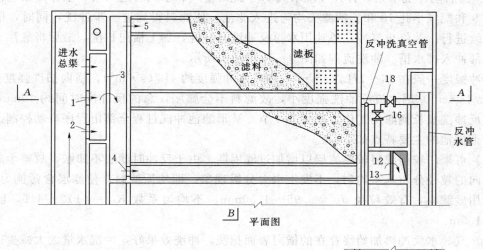

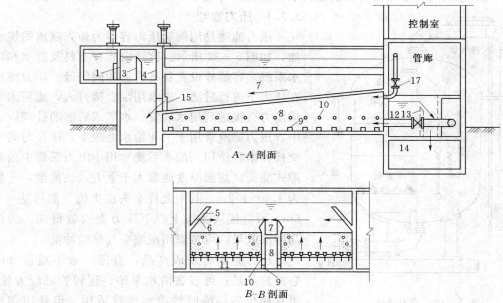

图 5-31 V 形滤池构造简图

1—进水气动隔膜阀；2—方孔；3—堰口；4—侧孔；5—V 形槽；6—小孔；7—排水渠；8—气、水分配渠；
9—配水方孔；10—配气小孔；11—底部空间；12—水封井；13—出水堰；14—清水渠；15—排水阀；
16—清水阀；17—进气阀；18—冲洗水阀

2. 冲洗过程

首先关闭进水气动隔膜阀 1，但两侧方孔 2 常开，故仍有一部分水继续进入 V 形槽并经槽底小孔 6 进入滤池。而后开启排水阀 15 将池面水从排水渠中排出直至滤池水面与 V 形槽顶相平。冲洗操作可采用：气冲→气、水同时反冲→水冲 3 步；也可采用气、水同时反冲→水冲两步。3 步冲洗过程为：①启动鼓风机，打开进气阀 17，空气经气、水分配渠 8 的上部小孔 10 均匀进入滤池底部，由长柄滤头喷出，将滤料表面杂质擦洗下来并悬浮于水中。由于 V 形槽底小孔 6 继续进水,在滤池中产生横向水流,形同表面扫洗,将杂质推向中央排水渠 7。②启动冲洗水泵,打开冲洗水阀 18,此时空气和水同时进入气、水分配渠,再经配水方孔 9 和配气小孔 10 和长柄滤头均匀进入滤池,使滤料得到进一步冲洗,同时,横向冲洗仍继续进行。③停止气冲,单独用水再反冲洗几分钟,加上横向扫洗,最后将悬浮于水中杂质全部冲入排水槽。冲洗流程如图 5-31 中箭头所示。

气冲强度一般在 $14\sim17 L/(s\cdot m^2)$ 内,水冲强度约 $4L/(s\cdot m^2)$,横向扫洗强度为 $1.4\sim2.0L/(s\cdot m^2)$。因水流反冲洗强度小,故滤料不会膨胀,总的反冲洗时间约 10min。气、水同时反冲洗及长柄滤头工作情况见 5.4 节。V 形滤池冲洗过程全部由程序自动控制。

V 形滤池的主要特点如下:

(1) 可采用较粗滤料较厚滤层以增加过滤周期。由于反冲时滤层不膨胀,故整个滤层在深度方向的粒径分布基本均匀,不发生水力分级现象,即均质滤料,使滤层含污能力提高。一般采用砂滤料,有效粒径 $d_{10}=0.95\sim1.50mm$,不均匀系数 $K_{60}=(1)2\sim1.5$,滤层厚 $0.95\sim1.5m$。

(2) 气、水反冲再加始终存在的横向表面扫洗,冲洗效果好,冲洗水量大大减少。

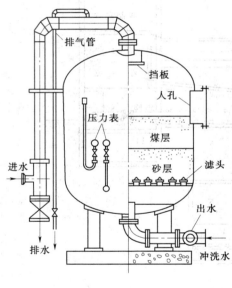

图 5-32　压力滤池

5.7.4　压力滤池

压力滤池是用钢制压力容器为外壳制成的快滤池,如图 5-32 所示。容器内装有滤料及进水和配水系统。容器外设置各种管道和阀门等。压力滤池在压力下进行过滤。进水用泵直接打入,滤后水常借压力直接送到用水装置、水塔或后面的处理设备中。压力滤池常用于工业给水处理中,往往与离子交换器串联使用。配水系统常用小阻力系统中的缝隙式滤头。滤层厚度通常大于重力式快滤池,一般为 $1.0\sim1.2m$。其中允许水头损失值一般可达 $5\sim6m$,可直接从滤层上、下压力表读数得知。为提高冲洗效果,可考虑用压缩空气辅助冲洗。

压力滤池有现成产品,直径一般不超过 3m。它的特点是:可省去清水泵站;运转管理较方便;可移动位置,临时性给水也很适用。但耗用钢材多,滤料的装卸不方便。

5.7.5　翻板阀滤池

翻板阀滤池是反冲洗排水阀板在工作过程中来回翻转的滤池。滤池冲洗时,根据膨胀的滤料复原过程变化阀板开启度,及时排出冲洗废水。

目前,在处理微污染水源水的工艺中,常常采用轻质的颗粒活性炭滤料,较大的冲洗强度容易使滤料浮起流失,很小的冲洗强度又往往不能使滤料冲洗干净。为此,一些水厂引进了这种翻板阀滤池。据介绍,翻板阀滤池对于多层滤料或轻质滤料滤池采用不同的反冲洗强度时具有较好的控制作用。

1. 翻板阀滤池构造

翻板阀滤池构造和石英砂、无烟煤多层滤料滤池基本相同,其构造如图 5-33 所示。

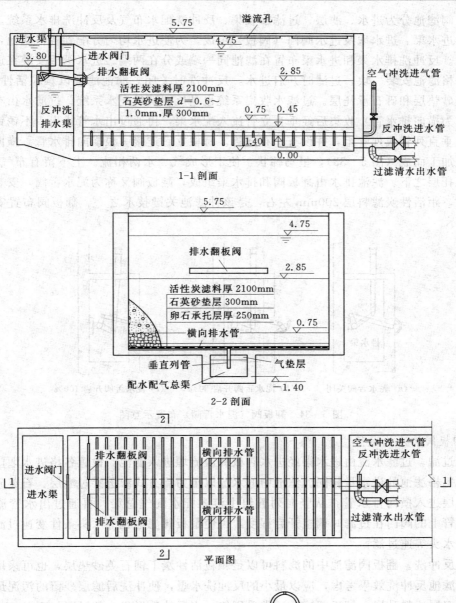

1-1 剖面

2-2 剖面

平面图

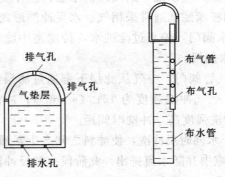

（a）横向排水管　　（b）排水列管

图 5-33　翻板阀活性炭吸附滤池示意图

翻板阀滤池分为进水、滤层、过滤水收集、反冲洗配水布气及反冲洗排水系统。进水系统一般由进水渠、进水堰及进水阀门（阀板）组成。为使进水均匀分配到各格滤池，通常设有进水渠。反冲洗排水渠和进水渠布置在滤池同一端或分在两端。进水阀板安装在进水渠侧墙上，每格滤池安装一块，过滤时开启进水，反冲洗时关闭。滤池滤料以颗粒活性炭为主，下铺石英砂垫层和砾石承托层。过滤水收集系统也是反冲洗的配水系统。过滤水由布水布气管（又称为横向排水管）收集后经垂直立管流入配水渠，再通过出水管排出。不锈钢垂直立管又称为垂直列管或列管组，并设有小布气管。每根立管连接一根横向排水管。横向排水管由塑料板加工而成（图 5-33），呈马蹄状，便于形成气、水两相流。上下留有布气配水孔，埋设在承托层之下。滤池排水由翻板阀和排水渠组成，翻板阀又称为泥水舌阀，安装在排水渠侧墙上，距活性炭滤料层 200mm 左右，是该种滤池关键技术之一。翻板阀布置安装如图 5-34 所示。

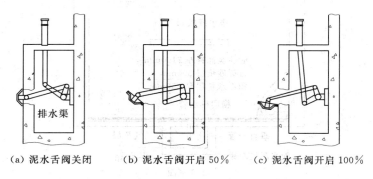

（a）泥水舌阀关闭 （b）泥水舌阀开启 50% （c）泥水舌阀开启 100%

图 5-34 翻板阀（泥水舌阀）布置示意图

2. 翻板阀滤池的运行

（1）过滤。过滤水流由进水渠经进水阀板和溢流堰进入滤池。设置各格进水堰门标高相同，使得每格滤池的进水量相同。滤池中的水流以重力流方式渗透穿过滤层、石英砂垫层和砾石承托层进入横向排水管，从竖向列管组中流入配水配气总渠，再通过出水管流入清水池。出水管上的阀门在过滤时调整开启程度，可使翻板阀滤池在等水头条件变速过滤，也可控制为变水头等速过滤。

（2）反冲洗。翻板阀滤池中的滤料可以是颗粒活性炭下铺石英砂垫层，也可采用双层滤料。按照滤池反冲洗效果考虑，应以最小的反冲洗水量，使冲洗后滤层残留的污泥最少，同时又不使双层滤料乱层。翻板阀滤池通常采用气、水反冲洗形式。其过程如下：

1）冲洗准备。关闭进水阀门，停止过滤进水，待滤池中滤料上水位下降到滤料层以下 50～100mm 时关闭过滤出水阀门。

2）空气冲洗。开启进气管阀门，空气从滤层下部通过滤层，因气流扰动滤料层，使其发生移动填补、相互摩擦。空气冲洗强度为 $16L/(s \cdot m^2)$，冲洗时间为 2～4min，比其他气、水反冲洗滤池空气反冲洗强度高，冲洗时间短。

3）气水冲洗。采用气、水同时反冲洗，使滤料之间产生强烈的相对运动发生摩擦，黏附在滤料表面的污泥脱落在缝隙中并随水流排出。此阶段空气反冲洗强度维持在 $16L/(s \cdot m^2)$ 左右，水反冲洗强度为 $4～5L/(s \cdot m^2)$，历时 4～5min。

4）后水冲洗。翻板阀滤池后水冲洗的主要目的是使滤料层膨胀起来，进一步相互摩擦，把滤料缝隙中的杂质全部冲出池外。和其他滤池一样，反冲洗供水可以是高位水箱或者反冲洗水泵输送。单独用水冲洗时的冲洗强度允许达 $15\sim16\mathrm{L}/(\mathrm{s}\cdot\mathrm{m}^2)$，滤层膨胀率在 40% 以上。

翻板阀滤池后水反冲洗的时间根据滤池反冲洗时滤层上的水位决定。当滤池滤料层上水位最低时开始反冲洗，水位到达滤池水位最大允许值时停止，经数十秒后逐渐打开排水阀板（翻板阀）排水。

5）冲洗废水排除。排水翻板阀安装在滤层以上 200mm 处，设有 50% 开启度、100% 开启度两个控制点。反冲洗开始时，冲洗水流自下而上冲起滤料层，排水阀处于关闭状态。当反冲洗水流上升到滤层以上距池顶 300mm 时，反冲洗进水阀门关闭或反冲洗水泵停泵。20~30s 后排水翻板阀逐步打开，先开启 50% 开启度，然后再开启 100% 开启度。经 60~80s 滤层上水位下降至翻板阀下缘，即淹没滤层 200mm 左右，关闭翻板阀，再开始另一次的反冲洗。

每冲洗一格滤池时，如此操作 2~3 次，即可使滤料中残余污泥小于 $0.1\mathrm{kg}/(\mathrm{m}^3$ 滤料)，并且附着在滤料上的细小气泡也会被冲出池外。

3. 翻板阀滤池的主要特点

翻板阀滤池用气或水反冲洗时允许有较大的反冲洗强度，水冲强度可达 $15\mathrm{L}/(\mathrm{s}\cdot\mathrm{m}^2)$ 以上。这对于含污量较高的滤层，有利于恢复过滤功能。从水流冲洗滤料所产生的剪切冲刷作用考虑，瞬间增大反冲洗速度，有利于把滤料表面的污泥冲刷下来变成滤料缝隙间污泥排出池外，同时也能冲刷掉附着在滤料表面的气泡。从滤池反冲洗时滤料膨胀后相互摩擦作用考虑，高速冲洗时，滤料层处于较小的膨胀状态下，比低速冲洗有利于发挥相互摩擦作用。根据翻板阀滤池的反冲洗状况分析，从空气冲洗开始到后水冲洗结束，滤料层从移动到膨胀最后下沉，历时 8~10min，后水高速冲洗 1~2min，滤料相互摩擦主要发生在滤料松动的开始膨胀阶段，而不是发生在后水冲洗时的滤料层膨胀阶段，但后水高速冲洗具有相辅相成的作用。

通常设计的气、水反冲洗均质滤料滤池的布水布气滤头安装在滤板上，每块滤板水平误差在 ±1mm 内，全池滤板水平误差为 ±3mm。翻板阀滤池的配水布气管为马蹄形，上部半圆形部分开直径 3~5mm 的布气孔。就布水布气系统而言，无论是土建施工还是工艺安装，其简易程度都低于一般气、水反冲洗滤池。

缓时排水、避免滤料流失是翻板阀滤池的一大特点。在反冲洗时，废水不立即排放，待反冲洗进水停止后，膨胀的滤料首先沉淀到滤料层，再开启翻板阀排水。这样，即使在较高的反冲洗强度下，滤料也不至于随反冲洗废水流出池外。

翻板阀滤池反冲洗废水排放阀设置在滤池侧壁，阀门口与滤料层相距 150~200mm。当一次反冲洗进水结束后，部分滤料和被冲洗下来的污泥一并悬浮起来，因滤料粒径或密度大于冲洗下来的污泥颗粒的粒径、密度，先行下沉复位，随即打开排水阀，能使含泥废水几乎在 60s 以内完全排出。这种反冲洗缓时排水方法，允许有较高的反冲洗强度，又可避免排放废水时引起滤料流失。

活性炭轻质滤料滤池，滤层厚度为 1.5~2.0m。表面滋生的菌落脱落物及截留的细小颗粒容易穿透到深层。往往因为反冲洗强度不足冲洗不干净，或者反冲洗强度过大滤料流失而影响过滤效果。翻板阀滤池延时排放废水的特点可有效克服上述矛盾。所以该种滤池有利于发挥滤料深层截污的特点，提高滤后水质，延长过滤周期。

4. 翻板阀滤池设计要点

（1）滤料组成。

1）单层滤料：石英砂滤料 $d=0.9\sim1.20$mm，厚 1200mm；

活性炭滤料 $d=2.5$mm，厚 $1500\sim2000$mm。

2）双层滤料：石英砂滤料 $d=0.7\sim1.20$mm，厚 800mm；

无烟煤滤料 $d=1.6\sim2.5$mm，厚 700mm。

（2）设计滤速。滤池滤速大小主要考虑进出水水质特点，当进水浊度小于 10NTU、出水浊度小于 0.5NTU 时，设计滤速取 $6\sim10$m/h。

（3）过滤水头损失 2.00m。

（4）气、水反冲洗。空气冲洗：冲洗强度为 $16\sim17$L/（s·m²），历时 $3\sim4$min；气、水同时冲洗：空气冲洗强度为 $16\sim17$L/（s·m²），水冲洗强度 $4\sim5$L/（s·m²），历时 $4\sim5$min；后水冲洗：冲洗强度 $15\sim16$L/（s·m²），历时 1min。

5.7.6　连续过滤滤池

连续过滤滤池是一类滤池，它在清洗滤料时仍能继续过滤。

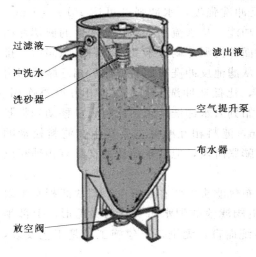

图 5-35　连续过滤滤池示意图

图 5-35 所示为一种连续过滤滤池，又称流砂过滤器，是一种创新的设计独特的高科技环保产品。这种过滤设备可以有效地去除原水（或废水）中悬浮物和胶体物。在水处理及污水净化时，通过砂床过滤除去固体悬浮物和其他杂质是最经济有效的解决方案。该过滤设备巧妙地将过滤和洗砂过程在不同的部位同时单独进行，无需配置清水池和大功率反冲洗水泵，使过滤操作得以连续稳定地运行。其运行可分为原水过滤和滤料清洗再生两个相对独立又同时进行的过程。二者在同一过滤器的不同位置完成，前者动力依靠高位差或泵的提升，而后者则通过压缩空气完成。

（1）源水过滤。当原水由高位水槽自流或提升泵泵入过滤器底部的配水环，经导流槽和锥形分配器均匀向上逐渐逆流经过滤床，原水中的杂质被不断截留、吸附，最终滤液从过滤器顶部的溢堰流排放，完成过滤过程。

（2）滤料清洗和再生。当过滤不断进行时，原水中的杂质也不断地被累积和截留在滤料表面，而滤污量最大的是底部的滤料。设在过滤器底部的压缩空气提砂装置首先将此部分滤料通过特殊材质的洗砂管分批定量提送至顶部的三相（水、气和砂）分离器中，空气排放，水和砂再进入相连的洗砂器中清洗，洗砂水由单独的管道排放，洗干净的砂又重新散落分布到整个滤床表面，实现了滤料的清洗和循环流动的过程。

整个过滤过程中，滤料（砂子）向下循环流动，而原水则向上流动，使原水和石英砂充分接触，截留悬浮物质。该滤池具有以下特点：

（1）结构紧凑。该设备集混凝反应、过滤、连续清洗于一体，简化了水处理工艺流程、占地面积小、结构简单、安装操作灵活方便；降低了原水处理工艺多环节的能耗和人工管理费用，减轻了操作难度。

（2）混凝反应效果明显。应用混凝反应机理和沉降机理，有效地去除水中的悬浮物和胶体物质，有利于在砂滤区进一步降低出水浊度。

（3）连续自清洗过滤。过滤介质自动循环，连续清洗，无需停机进行反冲洗，无需专门的反冲洗设备。

（4）降低原水的悬浮物（SS）含量。配合微絮凝装置，进水最高 SS≤mg/L 的各种工业用水、城市生活污水、工业用水作为回用水，去除率不小于 90%，达到完美过滤效果。

（5）独特的洗净装置只需少量的清洗水就能达到完全的滤料洗净效果。

（6）操作灵活方便，可自由调节空气输送量和压力。

（7）特殊的锥形砂子分布器使滤床中的沙子均匀下降，不会出现滤层堵塞现象，使滤料始终保持干净状态，提高了过滤效率。

（8）运行费用低，动力消耗只有原水泵和空压机。不需高扬程、大流量的反冲洗泵，降低运行费用。

（9）维护费用低，活性砂过滤器在运行过程中除石英砂滤料外没有任何转动部件，故障率低，维护费用省。

（10）水头损失小，由于采用了单级滤料且滤料清洁及时，因此活性砂过滤器水头损失很小，约 0.5m。

连续流过滤滤池由于在过滤过程中滤床不断下移，所以对过滤水质会有一些影响，出水水质不如固定床滤池好，但它不用定期频繁进行冲洗，操作简单，故可用于对水质要求较低的工业用水处理中，也可用于预处理、污水的深度处理及工业和城市污水的回用处理。

当原水中有机物和氨氮含量较高时，在滤池表面会生长生物膜，对水中有机物有降解作用，并能去除氨氮，所以可作为生物滤池使用。当水中有机物特别是氨氮含量较高时，为使生物氧化能在好氧状态下进行，可在滤池下部进水布水器周围设气管，不断向池中补充空气。

上述连续过滤滤池的滤砂是在池内进行循环清洗的。有的则将滤砂的循环清洗设于滤池外，有的使滤砂的循环清洗间歇进行等。构造与工作方式多种多样。

5.7.7 纤维过滤滤池

以长纤维作为过滤材料的滤池，称为纤维过滤滤池，如图 5-36 所示。

纤维为有机高分子材料，直径在 $50\mu m$ 左右，纤维长超过 1m，纤维下端固定在出水孔板上，上端固定在一构件上，纤维装填孔隙率为 90% 左右。上端固定构件可以上下移动。当水流自上而下通过纤维层时，在水头阻力作用下，纤维承受向下的纵向压力，且越往下纤维所受的向下压力越大。由于纤维纵向刚度很小，当纵向压力足够大时就会产生弯曲，进而纤维层会整体下移，最下部纤维首先弯曲并被压缩，此弯曲、压缩的过程逐渐上移，直至纤维层的支撑力与纤维层的水头阻力平衡（压缩过程需 3~5min）。由于纤维层所受的纵向压力沿水流方向依次递增，所以纤维层沿水流方向被压缩弯曲的程度也依次增大，滤层孔隙率和过滤孔径沿水流方向由大到小分布，这样就达到了高效截流悬浮物的理想床层状态。

由于纤维材料滤层的表面积大、孔隙率高、含污能力高，所以可以用很高的滤速过滤。一般滤速不大于 50m/h，进水浊度不大于 20NTU 时，出水浊度不大于 1NTU，滤层含污能

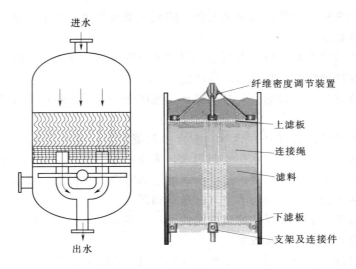

图 5-36 纤维过滤滤池

力可达 $15kg/m^3$。

当滤层堵塞后，需对滤层进行反冲洗。当水自下而上对滤层进行反冲洗时，纤维滤层向上伸展膨胀。需用水与空气联合冲洗，才能将纤维滤层的积泥冲洗干净。

纤维滤池常做成压力式的。纤维滤池目前在火力发电系统的净水站中应用较多。

习　题

1. 水中杂质被截留在滤料层中的原理是什么？
2. 水中杂质在滤层中穿透深度和哪些因素有关？
3. 滤层含污能力的大小和哪些因素有关？
4. 多层滤料提高过滤效果的原因是什么？气、水反冲洗滤池具有较好过滤效果的原因是什么？
5. 直接过滤有哪些方式？如何优化设计直接过滤滤池？
6. 变水头过滤的滤池水头损失变化的原因是什么？
7. 等水头过滤和变水头过滤的过滤周期有什么不同？
8. 过滤过程中出现"负水头"过滤的原因是什么？如何避免这一现象的出现？
9. 滤料粒径表示方法有哪些？不均匀系数过大对过滤和反冲洗有什么影响？
10. 滤料承托层的作用是什么？在什么情况下可设计成较小的厚度？
11. 滤池单水反冲洗的原理是什么？气、水反冲洗的原理是什么？
12. 什么是滤层的最小流态化冲洗速度？当反冲洗速度大于最小流态化冲洗速度时，如何计算滤层水头损失？
13. 滤池反冲洗强度如何计算？增大反冲洗强度对冲洗效果有什么影响？
14. 大阻力配水系统的原理是什么？设计要求有哪些？
15. 小阻力配水系统有哪些形式？大、小阻力配水系统的主要差别是什么？
16. 大阻力配水系统的反冲洗水塔或高位水箱的容积、高度如何确定？
17. 气、水反冲洗的冲洗水泵如何选型？

18. 什么是滤池的强制滤速？普通快滤池分格要求是什么？

19. 普通快滤池的冲洗排水槽设计应符合哪些要求？

20. V 形滤池中 V 形槽的作用是什么？其断面尺寸如何确定？

21. 均质滤料滤池和普通快滤池的反冲洗过程有什么不同？

22. 均质滤料气、水反冲洗滤池和普通快滤池的分格要求有什么不同？

23. 虹吸滤池的分格要求是什么？虹吸滤池较深的原因是什么？

24. 无阀滤池的分格要求和虹吸滤池有什么不同？无阀滤池水箱容积如何确定？

25. 无阀滤池进水分配槽水面标高和反冲洗排水水封井堰口标高有什么关系？

第6章 消　毒

为了防止通过饮用水传播疾病，在生活饮用水处理中，消毒是必不可少的。消毒并非要把水中的微生物全部消灭，只是消除水中致病微生物的致病作用。致病微生物包括病菌、病毒及原生动物胞囊等。

水的消毒方法有很多种，包括氯及氯化物消毒、漂白粉消毒、紫外线消毒，臭氧消毒等。其中，氯氧化与消毒是水处理中应用最广的化学氧化方法，主要用于水的消毒，至今仍广泛地应用于给水、游泳池循环水和各种污水处理中。但由于氯具有很强的取代作用，在消毒的同时还会与水中有机物进行取代反应，生成一些对人体健康具有潜在危害的卤代副产物（如二卤甲烷、卤乙酸等和三卤甲烷等），因此，人们开始重视了其他消毒剂和消毒方法的研究，如近年来人们对二氧化氯消毒日益重视。但不能认为氯消毒会被淘汰。一方面，对于不受有机物污染的水源或在消毒前通过前处理把形成氯消毒副产物的前期物如腐殖酸和富里酸等预先去除，氯消毒仍是安全、经济、有效的方法；另一方面，除氯以外其他各种消毒剂的副产物以及残留于水中的消毒剂本身对人体健康的影响，仍需进行全面、深入地研究。因此，就目前来说，氯消毒仍是应用最广泛的一种消毒方法。

6.1 液 氯 消 毒

6.1.1 氯消毒的原理

氯气是一种黄色气体，有刺激性，密度为 $3.2kg/m^3$，极易被压缩成琥珀色的氯。液氯常温常压下极易气化，气化时需要吸热，常采用淋水管喷水供能。氯气易溶解于水，在 $20℃$、$98kPa$ 时，溶解度为 $7160mg/L$。当氯溶解在水中时很快会发生下列两个反应，即

$$Cl_2 + H_2O \rightleftharpoons HOCl + HCl \tag{6-1}$$

$$HOCl \rightleftharpoons H^+ + OCl^- \tag{6-2}$$

通常认为，起消毒作用的主要是 HOCl。反应式（6-1）和式（6-2）会受到温度和 pH 值的影响，其平衡常数为

$$K_i = \frac{[H^+][OCl^-]}{[HOCl]} \tag{6-3}$$

在不同温度下次氯酸离解平衡常数见表 6-1。

表 6-1　　　　　　　　　　不同温度下次氯酸离解平衡常数

温度/℃	0	5	10	15	20	25
$K_i \times 10^{-8}$ /(mol/L)	2.0	2.3	2.6	3.0.	3.3	3.7

因此，HOCl 与 OCl^- 的相对比例取决于温度与 pH 值。图 6-1 表示在 $0℃$ 和 $20℃$ 时，不同 pH 值时 HOCl 与 OCl^- 的比例。pH 值高时，OCl^- 较多。当 pH>9 时，OCl^- 接近

100％；pH 低时，HOCl 所占的比例较大。当 pH <6 时，HOCl 浓度接近于 100％。当 pH＝7.54 时，HOCl 与 OCl⁻ 大致相等。

一般认为，氯消毒过程中主要通过次氯酸 HOCl 起消毒作用，HOCl 为很小的中性分子，只有它才能扩散到带负电的细菌表面，并通过细菌的细胞壁穿透到细菌内部。当 HOCl 分子到达细菌内部时，与有机体发生氧化作用而使细菌死亡。OCl⁻ 虽然也具有氧化性，但由于静电斥力难以接近带负电的细菌，因而在消毒过程中作用有限。生产实践表明，pH 值越低则消毒作用越强，从而证明了 HOCl 是起消毒作用的主要成分（图 6-1）。由于在很多受污染的地表水源中含有一定的氨氮，氯加入含有氨氮的水中后会产生以下反应，即

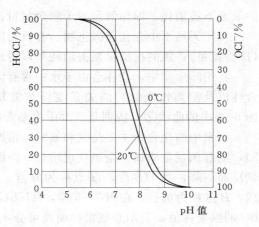

图 6-1 不同 pH 值和水温时水中 HOCl 与 OCl⁻ 的比例

$$NH_3 + HOCl \Longleftrightarrow NH_2Cl + H_2O \qquad (6-4)$$
$$NH_2Cl + HOCl \Longleftrightarrow NHCl_2 + H_2O \qquad (6-5)$$
$$NHCl_2 + HOCl \Longleftrightarrow NCl_3 + H_2O \qquad (6-6)$$

因此，在水中同时存在次氯酸（HOCl）、一氯胺（NH_2Cl）、二氯胺（$NHCl_2$）和三氯胺（NCl_3），这些反应的平衡状态以及物质含量比例取决于氯与氨的相对浓度、pH 值和温度。一般来讲，当 pH>9 时，一氯胺占优势；当 pH＝7.0 时，一氯胺和二氯胺同时存在，近似相等；当 pH<6.5 时，主要是二氯胺；而三氯胺只有在 pH<4.5 时才存在。

在各组分占不同比例的混合物中，其消毒效果有不同的表现。简单地说，主要的消毒作用来自于次氯酸，氯胺的消毒作用来自于上述反应中维持平衡所不断释放出来的次氯酸，因此，氯胺的消毒效果慢而持续。试验证明，用氯消毒，5min 内可杀灭细菌达 99％以上；而用氯胺时，相同条件下，5min 内仅达 60％，需要将水与氯胺的接触时间延长到十几小时，才能达到 99％以上的灭菌效果，

比较 3 种氯胺的消毒效果，二氯胺要胜过一氯胺，但前者有臭味。当 pH 低时二氯胺所占的比例大，消毒效果好。三氯胺消毒作用极差，且具有恶臭味。

当水中所含的氯以氯胺形式存在时，称为化合性氯，为此，可以将氯消毒分为两大类，即自由性氯消毒（即 Cl_2、HOCl 与 OCl⁻）和化合性氯消毒。自由性氯的消毒效果比化合性氯高得多，但是自由性氯消毒的持续性不如化合性氯，后者的持续消毒效果好。

6.1.2 折点加氯法

水中加氯量可以分为两部分，即需氯量和余氯。需氯量指用于灭活水中微生物、氧化有机物和无机还原性物质等所消耗的氯。为了抑制水中残余的病原微生物的再度繁殖，管网中尚需维持少量的剩余氯。当水中余氯为游离性余氯时，消毒过程迅速，并能同时除臭和脱色，但有氯味残留；当余氯为化合性氯时，消毒作用缓慢但持久，氯味较轻。

加氯量与剩余氯量之间的关系如下：

（1）理想状况下，水中不存在消耗氯的微生物、有机物和还原性物质时，所有加入水中

的氯都不被消耗，即加氯量等于剩余氯量。如图 6-2 中所示的虚线①。

（2）天然水中存在着微生物、有机物以及还原性无机物质。投氯后，有一部分氯被消耗（即需氯量），氯的投加量减去消耗量即得到余氯。如图 6-2 中的实线②。

在实际生产中，往往会由于水中含有大量可以与氯反应的物质使加氯量、余氯（包括化合性以及游离性余氯）的关系变得非常复杂。在生产中为了控制加氯量，往往需要测量图 6-2 中的曲线②，特别是当水中主要含有氨和氮化合物时。

当水中的化合物主要是氨和氮时，情况比较复杂。当起始的需氯量 OA 满足以后（图 6-3），随着加氯量增加，余氯量也增加（曲线 AH 段）。超过 H 点后，虽然加氯量增加，余氯量反而下降，如 HB 段，H 点称为峰点。此后随着加氯量的增加，余氯量又上升，如 BC 段，B 点称为折点。在图 7-5 中，$AHBC$ 与斜虚线间的纵坐标值 b 表示需氯量；曲线 AH-BC 的纵坐标值 a 表示余氯量。曲线可分 4 个区域：

在第一区域，即 OA 段，表示水中杂质把氯耗尽，余氯量为零，需氯量为 b_1，这时由于氯被杂质消耗，因此消毒效果不能保证。

在第二区域，即曲线 AH。加氯后，氯与氨发生反应，有余氯存在，所以有一定消毒效果，但余氯为化合性氯，其主要成分为一氯胺。

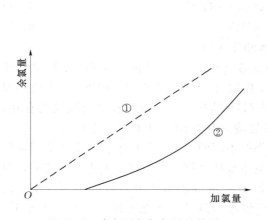

图 6-2　余氯量与加氯量的关系

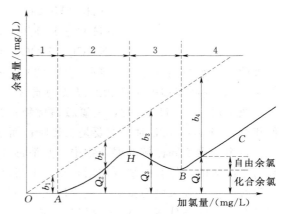

图 6-3　折点加氯示意

在第三区域，即 HB 段，仍然产生化合性余氯，加氯量继续增加，开始发生下列氧化还原反应，即

$$2NH_2Cl + HOCl \longrightarrow N_2\uparrow + 3HCl + H_2O \qquad (6-7)$$

反应结果使氯胺被氧化成一些不起消毒作用的化合物，余氯反而逐渐减少，最后到达折点 B。

第四区域，即曲线 BC 段。至此，消耗氯的物质已经基本反应完全，余氯基本为游离性余氯。该区消毒效果最好。

从整个曲线看，到达峰点日时，余氯最高，但这是化合性余氯而非自由性余氯。到达折点时，余氯最低。如继续加氯，余氯增加，此时所增加的氯是自由性余氯。加氯量超过折点需要量时称为折点氯化。

上述曲线的测定应结合生产实际进行。考虑到消毒效果和经济性，当水中的氨含量比较少时，可以将加氯量控制在折点以后。当水中氨含量比较高时，加氯量可以控制在折点以前。加氯实践表明，当原水游离氨在 0.3mg/L 以下时，通常加氯量控制在折点后；原水游离氨在 0.5mg/L 以上时，峰点以前的化合性余氯量已够消毒，加氯量可控制在峰点前以节约加氯量；原水游离氨在 0.3～0.5mg/L 范围内，加氯量难以掌握，如控制在峰点前，往往化合性余氯减少，有时达不到要求；控制在折点后则不经济。

6.1.3 加氯点

从图 6-3 可知，加氯点可能有 3 种选择，但通常意义上的消毒，往往是在滤后出水加氯。由于消耗氯的物质已经大部分被去除，所以加氯量很少，效果也很好，是饮用水处理的最后一步。加氯点设在滤池到清水池的管道上，或清水池的进口处，以保证充分混合在过滤之后加氯，因消耗氯的物质已经大部分被去除，所以加氯量很少。滤后消毒为饮用水处理的最后一步。

在加混凝剂时加氯，可氧化水中的有机物，提高混凝效果。如用硫酸亚铁作为混凝剂时，可以同时加氯，将亚铁氧化成 3 价铁，促进硫酸亚铁的凝聚作用。这些氯化法称为氯前氯化或预氯化。预氯化还能防止水厂内各类构筑物中滋生青苔和延长氯胺消毒的接触时间，使加氯量维持在图 6-3 中的 AH 段，以节省加氯量。对于受污染的水源，为避免氯消毒的副产物产生，氯前加氯或预氯化应尽量取消。

当城市管网延伸很长，管网末梢的余氯难以保证时，需要在管网中途补充加氯。这样既能保持管网末梢的余氯，又不致使水厂附近管网中的余氯过高。管网中途加氯的位置一般都设在加压泵站或水库泵站内。

6.1.4 氯化消毒副产物（DBP）的形成及控制

水中消毒副产物在 500 种以上，其中大多数浓度只是 $\mu g/L$ 量级，而且很多尚未鉴定出来。三卤甲烷（THM）和卤乙酸（HAA）被认为是氯化消毒过程中形成的两大类主要副产物。THM 是一类挥发性有机物，通式为 CHX_3，其中 X 为卤素。水中的 THM 对人类的健康会产生潜在的影响，有的物质已被证明为致癌物质或可疑致癌物。THM 是在水处理过程中氯与 THM 的前体反应所产生的，THM 的前体多为天然有机物，如腐殖物质。氯仿被认为主要来自于氯与腐殖质的分解产物，如酰基化合物的反应产物，可能的形成机理为

$$R-\overset{\overset{\displaystyle O}{\|}}{C}-CH_3 \underset{OH^-}{\overset{OH^-}{\rightleftharpoons}} R-\overset{\overset{\displaystyle O^-}{\|}}{C}=CH_2 + OH^+ \tag{6-8}$$

$$R-\overset{\overset{\displaystyle O^-}{\|}}{C}=CH_2 + HOCl \longrightarrow R-\overset{\overset{\displaystyle O}{\|}}{C}-CH_2Cl + OH^- \tag{6-9}$$

$$R-\overset{\overset{\displaystyle O}{\|}}{C}-CH_2Cl \overset{OH^-}{\longrightarrow} R-\overset{\overset{\displaystyle O^-}{\|}}{C}=CHCl + H^+ \tag{6-10}$$

$$R-\overset{\overset{\displaystyle O^-}{\|}}{C}=CHCl + HOCl \longrightarrow R-\overset{\overset{\displaystyle O}{\|}}{C}-CH_2Cl + OH^- \tag{6-11}$$

$$R-\overset{\overset{\displaystyle O}{\|}}{C}-CHCl_2 \underset{OH^-}{\overset{OH^-}{\rightleftharpoons}} R-\overset{\overset{\displaystyle O^-}{\|}}{C}=CCl_2 + H^+ \tag{6-12}$$

$$R-\overset{\overset{\displaystyle O^-}{\|}}{C}=CCl_2 + HOCl \longrightarrow R-\overset{\overset{\displaystyle O}{\|}}{C}-CCl_3 + OH^- \tag{6-13}$$

$$R-C=CCl_3 + H_2O \xrightarrow{OH^-} R-C-OH + COCl_3 \tag{6-14}$$

水中的其他三卤甲烷，如 $CHCl_2Br$，$CHBr_3$ 和 $CHCl_2I$ 的形成机理与 $CHCl_3$ 类似。

HAA 是比 THM 致癌风险更高的难挥发性卤代有机副产物，包含有一氯乙酸、二氯乙酸、三氯乙酸、一溴乙酸、二溴乙酸等。HAA 的前驱物也是水中的腐殖酸和富里酸等天然大分子物质，其中腐殖酸氯化后的 HAA 产率要高于富里酸。另外，当水中含有溴化物时，随着 Br^-/Cl_2（浓度比）的增加，溴代卤乙酸的种类和浓度都有所增加，而相应的二氯乙酸和三氯乙酸生成量下降，即 HAA 在水中的分布向着溴代卤乙酸的方向转移。溴代卤乙酸的致癌风险性比氯代卤乙酸高很多，因此在消毒时要控制溴代卤乙酸的生成。

目前主要控制水中氯化消毒副产物的技术有 3 种，即强化混凝、粒状活性炭吸附及膜过滤。

（1）强化混凝。该方法目前已经被美国环保署定为第一阶段控制氯化消毒副产物的主要方法。强化混凝即通过某些手段强化传统混凝工艺对天然有机物（DBP 前驱物）的去除，从而控制后续消毒过程中氯化消毒副产物的生成量。强化混凝的方法有很多，过量投加混凝剂可以起到一定的效果，因为去除 TOC 的最优混凝剂投量一般要高于去除浊度的最优混凝剂投量。混凝剂的选择以及混凝过程中条件的控制，可以使混凝过程对天然有机物的去除达到最优。试验证明，铁盐对天然有机物的去除优于铝盐。同时，对混凝过程中的 pH 值进行调节，可以使混凝过程对 TOC 的去除率得到提高。

（2）粒状活性炭吸附。活性炭吸附同样是一种控制氯化消毒副产物的有效方法。通常，混凝过程可以有效地去除分子量相对较大的天然有机物，但对于分子量相对较小的有机物去除效果较差，剩余的这部分有机物也会导致后续消毒过程中氯化消毒副产物浓度增高。活性炭具有优良的吸附性能，活性炭吸附滤池可以有效地去除没有被混凝沉淀所去除的天然有机物和小分子有机污染物，从而能够达到通过去除氯化消毒副产物前驱物来控制其生成量的目的。

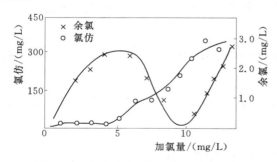

图 6-4　氯胺消毒时加氯量、余氯及氯仿生成浓度的关系曲线

（3）膜滤膜技术是一种新兴的水处理技术。水在外界作用力下通过膜层，污染物被留在膜的另一侧，从而达到了净水目的。选择合适的滤膜，可以去除有机物，也能达到控制氯化消毒副产物的目的。一些其他方法也可以用来降低 THM 的生成，如氯胺消毒，见图 6-4；峰点以后，氯仿浓度逐步上升，同样的余氯量，自由性余氯的氯仿生成量比氯胺高得多，故当原水中有氨氮存在，或加入氨采用峰点前的氯胺消毒能保证水的细菌指标时，可采用氯胺消毒，以降低氯仿量。但用氯胺消毒也会生成含氮的有害副产物，并有可能使管网内硝化菌增殖。

6.1.5　加氯设备、加氯间和氯库

人工操作的加氯设备主要包括加氯机（手动）、氯瓶和校核氯瓶重量的磅秤（校核氯重）等。近年来，自来水厂的加氯自动化发展很快，特别是新建的大、中型水厂，大多数采用自

动检测和自动加氯技术，因此，加氯设备除了加氯机（自动）和氯瓶外，还相应设置了自动检测（如余氯自动连续检测）和自动控制装置。加氯机是安全、准确地将来自氯瓶的氯输送到加氯点的设备。加氯机形式很多，可根据加氯量大小、操作要求等选用。手动加氯机往往存在加氯量调节滞后、余氯不稳定等缺点，影响水质。自动加氯机配以相应的自动检测和自动控制设备，能随着流量、氯压等变化自动调节加氯量，保证了制水质量。氯瓶是一种储氯的钢制压力容器，干燥氯气或液态氯对钢瓶无腐蚀作用，但遇水或受潮则会严重腐蚀金属，故必须严格防止水或潮湿空气进入氯瓶，氯瓶内保持一定的余压也是为了防止潮气进入氯瓶。但是，实际运行中发现，正压加氯会出现多处漏氯和加氯不稳定问题，致使加氯机运转不正常，严重影响余氯合格率，且设备腐蚀较快，经常跑氯，既污染环境又威胁人身安全。目前，国内外普遍采用真空加氯机，真空加氯可以保证系统不产生正压，从而减轻漏氯和加氯不稳定问题。

除加氯机漏氯外，氯气气源间也有可能发生漏氯气。源间有 3 处可能出现漏氯：

（1）阀门泄漏。气源间大小阀门经过长时间使用，会有杂质沉积，致使关闭不严。真空调节阀前是正压操作，易出现漏点。

（2）氯气瓶针形阀慢性泄漏。

（3）氯气瓶表体泄漏。此泄漏最为危险，在几分钟内就能使瓶内氯气大量泄出。虽然这种情况很少发生则一旦发生则后果严重。

为了解决气源间因氯气泄漏造成对环境的污染和对人体的危害问题，可在气源间设置氯气吸收装置。氯气吸收系统是将泄漏至厂房的氯气，用风机送入吸收系统，经化学物质吸收而转化为其他物质，避免氯气直接排入大气，污染环境。碱性吸收剂有 NaOH、Na_2CO_3、$Ca(OH)_2$ 等，但经常选用的吸收剂为碱性强、吸收率高的 NaOH。NaOH 与 Cl_2 的反应式为

$$2NaOH + Cl_2 \longrightarrow NaClO + NaCl + H_2O \tag{6-15}$$

氯气吸收需要备有足够量的氢氧化钠，避免氯气过量而逸出到空气中。氯气吸收系统可分为正压氯吸收系统和负压氯吸收系统两种，具体见图 6-5 和图 6-6。

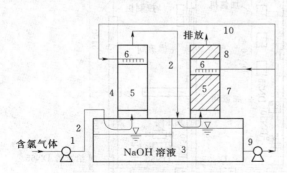

图 6-5 正压氯气吸收装置

1—离心空吸泵；2—气体管道；3—碱液槽；4——级吸收塔；
5—填料；6—喷淋装置；7—二级吸收塔；
8—除雾装置；9—碱液泵；10—碱液管道

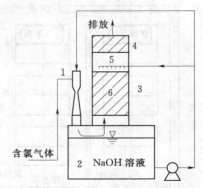

图 6-6 负压氯气吸收装置

1—文丘里管；2—碱液槽；3—吸收塔；
4—除雾器；5—喷淋装置；6—填料

加氯间是安置加氯设备的操作间。氯库是储备氯瓶的仓库。加氯间和氯库可以分建也可以合建。由于氯气是有毒气体，故加氯间和氯库位置除了靠近加氯点外，还要位于主导风向

的下风向，且需要与经常有人值班的工作间隔开。加氯间和氯库在建筑上的通风、照明、防火、保温等方面应特别注意，还应设置一系列的安全报警、事故处理设施等，具体的设计要点请参阅设计规范和有关手册。

【例 6-1】 液氯消毒工艺设计计算。

（1）已知条件

某城镇污水处理厂日处理 10 万 t，二级处理后采用液氯消毒，投氯量按 7mg/L 计，仓库储量按 15d 计算。试设计加氯系统。

（2）设计计算

1）加氯量 G。

$$G=0.001\times7\times\frac{100000}{24}=29.2(\mathrm{kg/h})$$

2）储氯量 W。

$$W=15\times24G=15\times24\times29.2=10512(\mathrm{kg})$$

3）加氯机和氯瓶。采用投加量为 0~20kg/h 加氯机 3 台，2 用 1 备，并轮换使用。液氯的储存选用容量为 1000kg 的钢瓶，共 12 只。

4）加氯间和氯库。加氯间和氯库合建。加氯间内布置 3 台加氯机及其配套投加设备，两台水加压泵。氯库中 12 只氯瓶两排布置，设 6 台称量氯瓶质量的液压磅秤。为搬运氯瓶方便，氯库内设 CD12-6D 单轨电动葫芦一个，轨道在氯瓶上方，并通到氯库大门外。

氯库外设事故池，池中长期储水，水深 1.5m。加氯系统的电控柜、自动控制系统均安装在值班控制室内。为方便观察巡视，值班与加氯间设大型观察窗及连通的门。加氯间、氯库平面布置如图 6-7 所示。

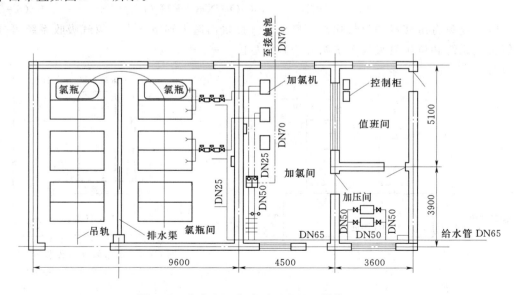

图 6-7　加氯间、氯库平面布置（单位：mm）

5）加氯间和氯库的通风设备。根据加氯间、氯库工艺设计，加氯间总容积 $V_1=4.5\times9.0\times3.6=145.8$（$\mathrm{m^3}$），氯库容积 $V_2=9.6\times9.0\times4.5=388.8$（$\mathrm{m^3}$）。为保证安全，每小

时换气 8~12 次。

加氯间每小时换气量 $G_1 = 145.8 \times 12 = 1749.6$（$m^3$）。

氯库每小时换气量 $G_1 = 388.8 \times 12 = 4665.6$（$m^3$）。

故加氯间选用一台 T30-3 通风轴流风机，配电功率为 0.25kW。

氯库选用两台 T30-3 通风轴流风机，配电功率为 0.4kW，并各安装一台漏氯探测器，位置在室内地面以上 20cm。

6.2 二氧化氯消毒

6.2.1 二氧化氯的物理、化学性质

二氧化氯（ClO_2）在常温常压下是一种黄绿色气体，沸点 11℃，凝固点 -59℃，极不稳定，气态和液态二氧化氯均易爆炸，故必须以水溶形式现场制取。具有与氯一样的臭味，比氯更刺激，毒性更大。二氧化氯易溶于水，在室温、4kPa 分压下溶解度为 2.9g/L。不与水发生反应，在水中的溶解度是氯的 5 倍。二氧化氯在常温条件下即能压缩成液体，并很容易挥发，在光线照射下将发生光化学分解，生成 ClO_2^- 与 ClO_3^-。ClO_2 溶液浓度在 10g/L 以下时没有爆炸危险，水处理中 ClO_2 的浓度远低于 10g/L。

由于二氧化氯是一种易于爆炸的气体，温度升高、暴露在光线下或与某些有机物接触摩擦，都可能引起爆炸；液体二氧化氯比气体更容易爆炸。当空气中的 ClO_2 浓度大于 10% 或水溶液中 ClO_2 浓度大于 30% 时都将发生爆炸。所以，工业上常使用空气或惰性气体稀释二氧化氯，使其浓度小于 8%~10%。

6.2.2 二氧化氯的氧化性

二氧化氯分子中有 19 个价电子，1 个未成对的价电子，这个价电子可以在氯与两个氧原子之间跳来跳去，因此它本身就像是一个游离基，氯—氧键表现出明显的双键特征，这种特殊的分子结构决定了它具有强氧化性。O—Cl—O 键的键角为 117.50，键长为 1.47×10^{-10} m，二氧化氯中的氯以正 4 价态存在，其活性为氯的 2.5 倍，即氯气的有效氯含量为 100%，而二氧化氯的有效氯含量为 263%，其计算公式为

$$ClO_2 + 2H_2O \longrightarrow Cl^- + 4OH^- - 5e \tag{6-16}$$
$$(5 \times 35.5/67.5) \times 100 = 263\%$$
$$Cl_2 + H_2O \longrightarrow HOCl + HCl - 2e \tag{6-17}$$
$$(2 \times 35.5/71) \times 100 = 100\%$$

二氧化氯在水中通常不发生水解反应，也不以二聚或多聚形态存在，这使得 ClO_2 在水中的扩散速率比氯快，渗透能力比氯强，特别是在低浓度时更为突出。

在通常水处理条件下，ClO_2 只经历单电子转移被还原成 ClO_2^-，反应式为

$$ClO_2 + e \longrightarrow ClO_2- \qquad E_0 = 0.95V \tag{6-18}$$
$$ClO_2^- + 2H_2O + 4e \longrightarrow Cl^- + 4OH^- \qquad E_0 = 0.78V \tag{6-19}$$

在酸性较强的条件下，ClO_2 具有很强的氧化性，反应式为

$$ClO_2 + 4H^+ + 5e \longrightarrow Cl^- + H_2O \qquad E_0 = 1.95V \tag{6-20}$$

并进一步生成氯酸，释放氧，氧化、降解水中的带色基团和其他有机污染物；在弱酸性条件下，二氧化氯不易分解污染物而是直接反应。因此，pH 值对处理效果影响很大。

6.2.3 二氧化氯的制备

液态二氧化氯极不稳定，光照、机械碰撞或接触有机物都会发生爆炸，故而在水处理中，通常现场制取二氧化氯使用。二氧化氯的制取是在一个内填磁环的圆柱形发生器内进行的。由加氯机出来的氯溶液和用泵抽出来的亚氯酸钠稀溶液共同进入 ClO_2 发生器，经过约 1min 的反应，便得到 ClO_2 水溶液，与加氯一样直接投入水中，发生器上设置一个透明管，通过观察，出水若成黄绿色，表明 ClO_2 生成。反应时控制混合液的 pH 值和浓度。

ClO_2 制取的方法较多，但在给水处理中，制取方法主要有两种。

（1）用亚氯酸钠（$NaClO_2$）和氯（Cl_2）制取，反应式为

$$Cl_2 + H_2O \longrightarrow HOCl + HCl \tag{6-21}$$
$$HOCl + HCl + 2NaClO_2 \longrightarrow 2ClO_2 + 2NaCl + H_2O \tag{6-22}$$
$$Cl_2 + 2NaClO_2 \longrightarrow 2ClO_2 + 2NaCl \tag{6-23}$$

根据反应式（6-22），理论上 1mol 氯和 2mol 亚氯酸钠反应可生成 2mol 氧化氯。但实际应用时，为了加快反应速度，投氯量往往超过化学计量的理论值，这样，产品中就往往含有部分自由氯。

（2）用酸与亚氯酸钠反应制取，反应式为

$$5NaClO_2 + 4HCl \longrightarrow 4ClO_2 + 5NaCl + 2H_2O \tag{6-24}$$
$$10NaClO_2 + 5H_2SO_4 \longrightarrow 8ClO_2 + 5Na_2SO_4 + 2HCl + 4H_2O \tag{6-25}$$

在用硫酸制备二氧化氯时，需注意硫酸不能与固态 $NaClO_2$ 接触；否则会发生爆炸。此外，尚需注意两种反应物的浓度控制，浓度过高，反应激烈，也会发生爆炸。这种制取方法中不会存在游离氯，故投入水中不会产生 THM。

以上两种 ClO_2 的制取方法各有优、缺点。采用强酸与亚氯酸钠制取 ClO_2，方法简便，产品中无游离氯，但 $NaClO_2$ 转化为 ClO_2 的理论转化率仅为 80%，即 5mol 的 $NaClO_2$ 产生 4mol 的 ClO_2。采用氯与亚氯酸钠制取 ClO_2，1mol 的 $NaClO_2$ 可产生 1mol 的 ClO_2，理论转化率为 100%。由于 $NaClO_2$ 价格高，采用氯制取 ClO_2 在经济上应占优势。当然，在选用生产设备时，还应考虑其他各种因素，如设备的性能、价格等。

此外，还有两种方法可以用来现场制取二氧化氯。

（1）用次氯酸钠制取，反应式为

$$NaOCl + HCl \longrightarrow NaCl + HOCl \tag{6-26}$$
$$HCl + HOCl + 2NaClO_2 \longrightarrow 2ClO_2 + 2NaCl + H_2O \tag{6-27}$$
$$NaOCl + 2HCl + 2NaClO_2 \longrightarrow 2ClO_2 + 3NaCl + H_2O \tag{6-28}$$

（2）用电解食盐溶液制取 ClO_2、Cl_2、O_3 等多种强氧化剂混合气体。

6.2.4 二氧化氯的消毒作用

根据有关专家研究，二氧化氯对细菌的细胞壁有较强的吸附和穿透能力，从而能够有效地破坏细菌内含巯基的酶，而使细菌死亡。二氧化氯具有广谱杀菌性，除对一般的细菌有灭杀作用外，对大肠杆菌、异养菌、铁细菌、硫酸盐还原菌、脊髓灰质炎病毒、肝炎病毒、兰伯氏贾第虫胞囊、尖刺贾第虫胞囊等也有很好的灭杀作用。它对一般的细菌和很多病毒的杀灭作用强于氯，且其消毒效果受 pH 的影响不大。当 pH=6.5 时，氯的灭菌效果比二氧化氯好，随着 pH 提高，二氧化氯的灭菌效果很快超过氯，当 pH=8.5 时，要达到 99% 以上的埃希氏大肠菌杀灭率，二氧化氯只需要 0.25mg/L 和 15s 接触时间，而氯需要 0.75mg/L。

二氧化氯消毒的另一显著优点是它几乎不与水中的有机物作用而生成有害的卤代有机物和三卤甲烷。有机副产物主要包括低分子量的乙醛和羧酸，含量大大低于臭氧氧化过程。这正是二氧化氯在当前水处理中受到重视的主要原因。二氧化氯消毒还有以下优点：

（1）在相同的条件下消毒能力比氯强，投加量比 Cl_2 少。

（2）ClO_2 余量在观望中能够保持很长的时间，即衰减速度比 Cl_2 慢。

（3）由于 ClO_2 不水解，故消毒效果受水的 pH 值影响极小。

【例 6-2】 二氧化氯消毒计算。

（1）已知条件。

某污水处理厂处理水量 $Q=300m^3/h$，经生物处理后，拟采用二氧化氯消毒，试设计二氧化氯消毒系统。

（2）设计计算。

1）投药量 G 按有效氯计算，每立方米水中投加 7g 的氯

$$G=0.001×7×300=2.1(kg/h)$$

2）设备选型拟采用化学制备法制备二氧化氯，即采用氯酸钠和盐酸反应生成二氧化氯和氯气的混合气体。

主反应：　　$NaClO_3+2HCl \longrightarrow ClO_2+0.5Cl_2 \uparrow +NaCl+H_2O$

副反应：　　$NaClO_3+6HCl \longrightarrow 3Cl_2 \uparrow +NaCl+3H_2O$

选用 2 台 HB-3000 型二氧化氯发生器，每台产气量 3000g/h，1 用 1 备，日常运行时交替使用。

3）耗药量及药液储槽根据设备要求，HB-3000 型二氧化氯发生器的药液配制含量：$NaClO_3$ 为 30%；HCl 为 30%。市售的氯酸钠为袋装 50kg 的纯固体粉末，盐酸为稀盐酸，浓度为 1%。理论计算产生 1g 二氧化氯需要消耗 0.65g 的 $NaClO_3$ 和 1.3g 的 HCl。但在实际运行中氯酸钠和盐酸不可能完全转化，经验数据为氯酸钠在 70% 以上，盐酸为 80% 左右。

氯酸钠消耗量 $G_{氯酸钠}=0.65×3000/70\%=2785.7(g/h)$。

盐酸消耗量 $G_{盐酸}=1.3×3000/80\%=4875(g/h)$。

配制 30% 的溶液，则药液的体积为

$$V_{氯酸钠}=2785.7/30\% × 10^{-6}=0.0093 (m^3/h)$$

$$V_{盐酸}=0.016 (m^3/h)$$

由于污水处理厂规模较小，每日消耗药量较小，所以选用两个容积为 200L 的药液储槽，每日配药 1～2 次。

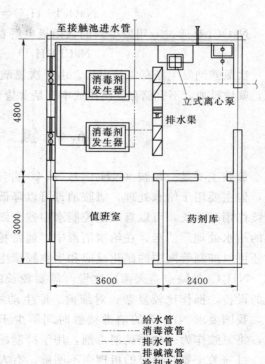

图 6-8　二氧化氯加药间平面布置（单位：cm）

4）储药量 W 按 15d 设计。

$$W_{\text{氯酸钠}} = 24 \times 2.7857 \times 15 = 1002.85(\text{kg})$$

$$W_{\text{盐酸}} = 24 \times 4.875 \times 15 = 1755(\text{kg})$$

按照市售 31% 的稀盐酸计约需要 5661kg，即 4.92m³（31% 的稀盐酸密度为 1.15t/m³）。

5）加氯间、药库平面布置见图 6-8。在加氯间低处设排风扇两台，每小时换气 8～12 次。

6.3　次 氯 酸 钠 消 毒

次氯酸钠（NaOCl）是钠的次氯酸盐，白色极不稳定固体，与有机物或还原剂混合后易爆炸。NaOCl 在酸性和弱碱性溶液中都能保持强氧化性，但次氯酸钠可以通过电解食盐水获得，其安全性高于液氯和二氧化氯。

由于 NaOCl 具有较强的氧化性，因此也可作为消毒剂，其消毒机理与 Cl_2 相同，都是依靠 HOCl 的氧化作用，对细菌和病毒进行氧化，因此其消毒效果同样受 pH 的影响。NaOCl 与有机物反应不会生成大量的消毒副产物。而且，次氯酸钠的制取设备价格相对低廉，占地面积小，节省土建投资，且其安全可靠性也高，因而在某些行业和规模的给水或污水消毒中占有一定的市场份额。但是 NaOCl 的消毒效果不如氯强，次氯酸消毒作用具体反应方程式为

$$NaOCl + H_2O \Longleftrightarrow HOCl + NaOH \qquad (6-29)$$

NaOCl 是通过专用发生器的钛阳极电解食盐水而得到，反应式为

$$NaCl + H_2O \longrightarrow NaOCl + H_2 \uparrow \qquad (6-30)$$

次氯酸钠发生器有成品出售。由于次氯酸钠易分解，故通常采用次氯酸钠发生器现场制取，就地投加，不宜储存。制作成本就是食盐和电耗费用。次氯酸钠消毒通常用于小型水厂。

6.4　氯 胺 消 毒

氯胺主要是一氯胺（NH_2Cl），从 20 世纪 30 年代开始用于消毒，到 80 年代才得到推广，但主要用于给水处理。氯胺消毒可以降低消毒副产物生成量，不产生臭味，而且余氯的持续作用时间长，可以有效地控制水中残余细菌的繁殖，一般用于水源有机物较多或管网较长的给水处理厂消毒。在给水消毒中，通常控制消毒剂以 NH_2Cl 为主，在氨氮的浓度较高时还可以抑制管网中的硝化反应和生物膜孳生。

NH_2Cl 的缺点是灭菌速度慢，需要较长的时间才能达到 Cl_2 消毒的效果；需要增加投氨的设备，操作比较复杂；对细菌、原生动物和病毒的杀灭能力弱，增强了病原传播的危险，我国要求 NH_2Cl 的消毒接触时间不少于 120min。工程应用中可以采用扬长避短的方式，将氯胺作为一种辅助消毒剂，用于抑制配水系统中的微生物繁殖以防止水质恶化。

目前关于氯胺消毒的机理尚不明确，有人认为与 Cl_2 相同，但也有观点认为氯胺破坏了病毒的蛋白质外壳。

用氯胺来消毒饮用水，预处理时加自由氯后立即加入氨盐，当水中原有的氨不足时可以

采用人工加氨，可以加液氨、硫酸铵或氯化铵。氯和氨的加入比例根据水质而定，一般为氯：氨＝3：1～6：1。

加氯后产生的 HOCl 和 NH₃ 反应生成无机氯铵，反应见式（6-30）至式（6-32）。

$$HOCl + NH_3 \longrightarrow NH_2Cl + H_2O \qquad\qquad (6-31)$$

$$HOCl + NH_3 \longrightarrow NHCl_2 + H_2O \qquad\qquad (6-32)$$

$$HOCl + NHCl_2 \longrightarrow NCl_3 + H_2O \qquad\qquad (6-33)$$

从上述可见，次氯酸（HOCl）、一氯胺（NH_2Cl）、二氯胺（$NHCl_2$）、三氯胺（NCl_3）都存在，它们在平衡状态下的含量比例决定于氯与氨的相对含量、pH 值和温度。当 pH 在 1～9 范围内时，Cl_2：N≤5：1 时可迅速产生一氯胺，一氯胺将水解产生次氯酸。

由于游离氯与有机氮化合物反应很快，生成一系列有机氯胺，它们几乎无杀菌活性。可见，有机氮化合物可干扰无机氯铵的有效消毒作用，因此粪便污染的原水不宜采用氯胺消毒。另外，由于氯胺对细菌、原生动物和病毒的消毒能力弱，会增加病原体传播的危险，对人体健康存在潜在的影响，因此用氯胺消毒应慎重。如果水厂距供水管网较近，水流在管中停留时间小于 12h，且有机卤化物含量较小，则不宜采用氯胺消毒；反之则可考虑采用。

6.5 紫 外 线 消 毒

紫外线（UV）灯发出的光线具有很强的杀菌能力，这一性质已经得到广泛的应用。废水处理中最先是美国，迄今已有 20 多年的运行历史。UV 消毒法以其对细菌的杀伤力强、设备简单和不产生有害副产物等特点，具有取代氯消毒法的吸引力。随着新型紫外灯及其附属设备的发明，紫外消毒技术也在不断发展。

6.5.1 紫外辐射的来源

紫外灯发出的射线在电磁谱中的位置标于图 6-9 中，波长为 100～400nm。根据波长将紫外线划分为以下几种类型，即长波（UVA）、中波（UVB）、短波 UVC）。紫外线具有杀毒效力的波长范围为 220～320nm。在紫外灯中，通过击出电弧来激发灯内的汞蒸气放射能量，从而发射出紫外线。根据紫外灯内部操作参数的不同，可将紫外线杀毒系统分为 3 类，即低压低强度系统、低压高强度系统、中压高强度系统。基于水力性质，也可以将紫外线杀毒系统分为明渠系统和闭合管道系统。下面将重点介绍紫外线灯的性质。但必须注意，目前紫外线灯的发展速度是相当快的。

1. 低压低强度紫外线灯

低压低强度紫外线灯发出的是波长为 254nm 的单色光。波长为 260nm 的光对微生物的杀伤力最强，而 254 nm 接近这一数值，如图 6-9 所示。通常汞—氩灯发出的为 UVC 区域的紫外线。低压低强度紫外线灯长度为 0.75～1.5m。横断面直径为 15～20mm。工作时灯的内部压力 0.007mmHg（1mmHg＝133.322Pa），灯壁的温度为 40℃，输入功率为 70～80W，输出功率为 25～27W。低压低强度紫外线灯发射出的射线中波长为 254nm 的占 85%～88%，因此，这种灯的杀毒效率很高。

2. 低压高强度紫外线灯

低压高强度紫外线灯与低压低强度紫外线灯在结构上类似，不同的是用汞—铟混合物代

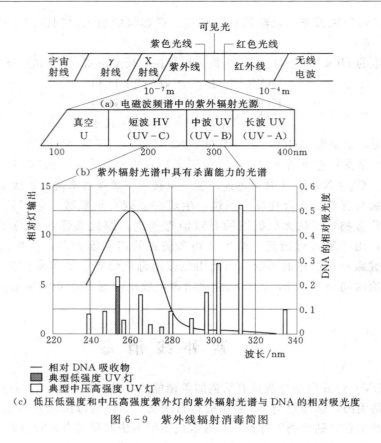

（a）电磁波频谱中的紫外辐射光源

（b）紫外辐射光谱中具有杀菌能力的光谱

—— 相对 DNA 吸收物
▨ 典型低强度 UV 灯
□ 典型中压高强度 UV 灯

（c）低压低强度和中压高强度紫外灯的紫外辐射光谱与 DNA 的相对吸光度

图 6-9 紫外线辐射消毒简图

替了汞。低压高强度紫外线灯的操作压力为 0.001～0.01mmHg，应用汞—铟合金可以产生较多的紫外线，输出量是低压低强度紫外线灯输出量的 2～4 倍。

3. 中压高强度紫外线灯

中压高强度紫外线灯的工作温度为 600～800℃，压力为 $10^2～10^4$mmHg，产生非单色光，如图 6-10 所示。中压高强度紫外线灯发射的紫外线 27%～44% 位于 UVC 波长范围内，仅有 7%～15% 的射线波长为 250nm。然而中压高强度紫外线灯的辐射量却是低压低强度紫外线灯辐射量的 50～100 倍。

6.5.2 紫外消毒系统的构成及配置

紫外消毒系统的主要组成部分包括紫外线灯、石英灯罩、支持灯和灯罩的结构、稳流器、能量提供装置。有 3 种类型的稳流器，即标准型（铁芯线圈）、高能量型（铁芯线圈）、电子型。稳流器用于控制通往紫外灯的电流。因为紫外灯要放出电弧，电弧中的电流越大电弧越不稳定。如果没有稳流器的调节，紫外灯就会自动毁坏。因此，在紫外消毒系统的设计中，紫外灯与稳流器的协调性是最重要的。并且，根据要消毒的废水在明渠或暗渠中流动，紫外消毒系统可以分为明渠和暗渠两类。

1. 明渠消毒系统

紫外线灯可与水流方向平行或水平放置，也可以与水流方向垂直或竖直放置，几条明渠中的设计流速相等。每条明渠上都有两个或更多的紫外线消毒装置平台，每个平台都由特殊数量的模块组成。但要注意，平台的使用要保证消毒系统的可靠性。每个模块包括 2、4、

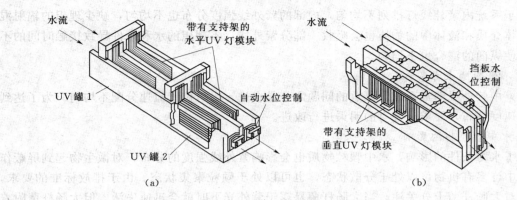

图 6-10　典型明渠紫外线消毒系统剖面图

(a) 与水流方向平行的紫外线灯；(b) 与水流方向垂直的紫外线灯

8、12 或 16 盏紫外线灯。设计者利用振动阀门、尖顶堰或者自动水位控制仪来控制通过消毒明渠的废水深度。为了克服恶化效应（流体中紫外线灯的敏感度下降），偶尔要将紫外灯取下进行清理。

2. 暗渠消毒系统

一般在暗渠中应用低压高强度和中压高强度紫外消毒系统。在大多数的设计构造中，水流的方向设计与灯垂直，如图 6-11 所示。然而，也有水流方向与灯平行的设计，如图 6-12 所示。图 6-12 所示的中压紫外线消毒系统中，紫外线灯被安装在模块中并置于安装好的杀菌反应器内。高强度紫外灯的工作温度为 $600\sim800℃$，因此，灯的输出量并不会受废水温度的影响。基本上，所有的暗渠杀毒系统都有机械清洗装置，用来清洗石英灯罩，保证紫外灯的工作效率。

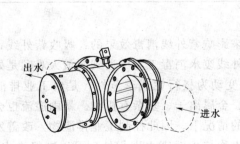

图 6-11　典型的紫外线灯与水流方向图

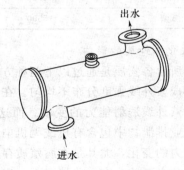

图 6-12　典型的紫外线灯与水流方向垂直的紫外线消毒系统

6.5.3　紫外辐射的杀菌效果

紫外线消毒是物理手段，不是化学手段。射线穿透微生物细胞壁被核酸吸收，阻止细胞的繁殖或导致细胞死亡。紫外线消毒效率受以下几种因素影响：紫外线消毒系统的性质、系统的水力条件、水中存在的颗粒物、微生物的性质、废水的化学性质。

1. 系统性质的影响

在规模较大的消毒反应器中，紫外线强度分布和接触时间的分布决定紫外线剂量的分布。由于系统内紫外线灯排列不均匀，内部的紫外线强度分布也不均匀，缺少理想的辐射混合，液体介质和液体中的物质也会吸收一部分紫外线。不理想的水利条件导致接触时间的不均匀，使纵向的混合也不均匀。

2. 不理想的水力条件

明渠中紫外线消毒系统最严重的问题之一是在进、出口位置流速分配不均匀。为了达到均匀的速度分布，要求时现有的明渠进行改进。

3. 水中颗粒物的影响

除了水力条件的影响，水中颗粒物质也会影响紫外线强度的分布，对微生物起到屏蔽作用。水中许多有机物可以处于分散状态，也可以处于颗粒聚集状态。由于排放标准的要求，人们能对大肠杆菌十分关注。当大肠杆菌暴露于紫外光下时就会迅速失活。但大肠杆菌附着于颗粒物上时，颗粒物质就会为大肠杆菌提供一个遮挡紫外线的屏风，避免大肠杆菌与紫外线直接接触。这样处理后的水中仍有一定浓度的大肠杆菌存在。有人预测能为细菌遮挡紫外线的最小颗粒的尺寸为 $10\mu m$。

4. 微生物的性质

对于不同微生物，紫外线的消毒效率列于表 6-2 中。随着分析方法的不断改进，紫外线消毒所需的剂量也在不断变化。

表 6-2　　　　　　　　　　　不同微生物紫外线的消毒效率

微生物名称	紫外光强度/$(\mu W \cdot s/cm^2)$	微生物名称	紫外光强度/$(\mu W \cdot s/cm^2)$
伤寒菌	7600	溶血性链球菌	5500
大肠杆菌	6100	绿色链球菌	3800
沙门菌	10000	金色葡萄球菌	6600
菌痢杆菌	4800	黄曲霉菌	9900
霍乱弧菌	5500		

5. 废水化学性质的影响

废水中所含各物质是通过以下两种方式来影响紫外线消毒效果的：吸收紫外线；污染紫外线灯，造成紫外线强度分布不均匀。在紫外线废水消毒工艺中遇到的最大难题是处理构筑物的废水中紫外线透射能力的变动。而这种变动为昼行性或季节性，是由工业排泄物引起的。通常工业排泄物中包含有机或无机染料、金属离子、复杂有机物。暴雨溢流也会引起紫外线穿透能力的变化，尤其是在腐殖质存在的情况下。因此控制工业排泄物，改善发射源的渗透性是十分必要的。在一些情况下，应用生物技术对废水进行处理可以减轻进水的变动。在一些极端情况下，紫外线消毒法是不起作用的。

6.5.4　紫外线剂量的计算

紫外线剂量定义为

$$D = It \tag{6-34}$$

式中　　D——紫外线剂量，mJ/cm^2；

　　　　I——紫外线强度，mW/cm^2；

　　　　t——消毒时间，s。

从式（6-33）中可以看出，通过改变紫外线强度和消毒时间来改变紫外线剂量。因为紫外线强度会随着石英灯罩距离的增加而减弱，因此紫外线平均强度要用数学方法进行计算。

通常平均消毒时间可以用反应器容积 V、比流量 Q 来计算，即

$$t = \frac{V}{Q} \tag{6-35}$$

确定紫外线消毒能力的核心问题是如何决定辐照剂量。

研究发现，当进水条件在：色度≤5 度，浊度≤5 度，总铁量≤0.3mg/L，总锰量≤0.1mg/L，细菌总数≤3000cfm/mL，大肠杆菌≤1000 个范围时，消毒效果达 99.9%，满足饮用水卫生标准规定值，考虑 1.5 倍的安全系数，建议采用紫外线消毒器。设计主要工艺参数：①最小辐照剂量为 $12000\mu W \cdot s/cm^2$；②最小辐照时间 5s；③最大水层厚度为 80mm。

【例 6-3】 紫外线消毒工艺计算。

（1）已知条件。某污水处理厂日处理水量 $Q=20000m^3/d$，$K=1.5$，二级处理出水拟采用紫外线消毒，试设计紫外线消毒系统。

（2）设计计算。

1）峰值流量。

$$Q_{峰} = 20000 \times 1.5 = 30000 (m^3/d)$$

2）灯管数初步选用 UV3000PLUS 紫外线消毒设备，每 3800m³/d 需 14 根灯管，故：

$n_{平} = 20000/3800 \times 14 = 74$（根）

$$n_{峰} = 30000/3800 \times 14 = 110 (根)$$

拟用 6 根灯管为一个模块，则模块数 N 为 12.33 个＜N＜18.33 个。

3）消毒渠设计按设备要求渠道深度为 129cm，设渠中水流速度为 0.3m/s。渠道过水断面积为 $A=Q/V=1.16m^2$

渠道宽度：$B=A/H=0.89m$，取 0.9m。

复合流速：$V_{峰} = Q_{峰}/A = 0.299m/s$。

$$V_{平} = Q_{平}/A = 0.199m/s$$

若灯管间距为 8.89cm，沿渠道宽度可安装 10 个模块，故选取 UV3000PLUS 系统，两个 UV 灯组，每个 UV 灯组 9 个模块。

每个模块长度为 2.46m，两个灯组间距为 1.0m，渠道出水设堰板调节。调节堰与灯组间距为 1.5m，则渠道总长 L 为：

$$L = 2 \times 2.46 + 2 \times 1.0 + 1.5 = 8.42 (m)$$

复核辐射时间：$t_{峰} = 2 \times 2.46/0.299 = 16.45$ （s）（符合要求）

$$T_{平} = 2 \times 2.46/0.199 = 24.72 (s)$$

紫外线消毒渠道布置如图 6-13 所示。

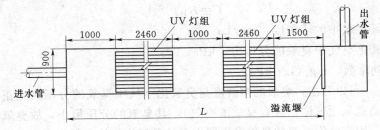

图 6-13 紫外线消毒渠道布置（单位：cm）

6.6 臭 氧 消 毒

6.6.1 臭氧的性质

1. 物理性质

臭氧又名三原子氧，因其类似鱼腥味的臭味而得名。其分子式为 O_3，分子结构如图 6-14 所示。它可在地球同温层内进光化学反应合成，但是在地平面上仅以极低浓度存在。

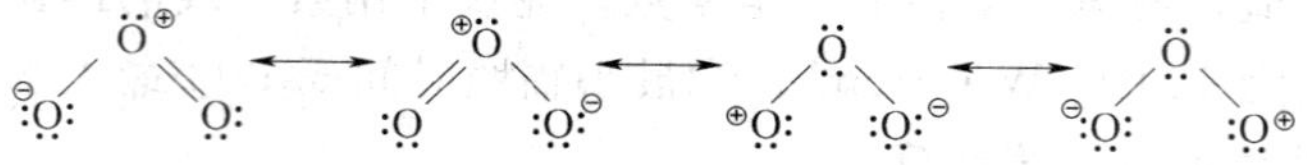

图 6-14 臭氧分子 4 种共振分子结构

臭氧是氧气的同素异形体，其主要性质见表 6-3。从表 6-3 中可以看出，与氧气相比，臭氧相对密度大，有味，有色，易溶于水，易分解。由于臭氧（O_3）是由氧分子携带一个氧原子组成，决定了它只是一种暂存形态，携带的氧原子除氧化用掉外，剩余的又组合为氧气（O_2）进入稳定状态。所以臭氧使用过程中没有二次污染产生，这是臭氧技术应用的最大优越性。

表 6-3　　　　　　　　　臭氧和氧气的主要性质

气 体	臭 氧	氧 气
分子式	O_3	O_2
分子量	48	32
气味	草腥味	无味
颜色	淡蓝色	无
1 大气压，0℃时溶解度/(mL/水)	640	49.1
稳定性	易分解	稳定
1 大气压，0℃时溶解度/(g/L)	2.144	6.429

在常温常态常压下，较低浓度的臭氧是无色气体，当浓度达到 15% 时，呈现出淡蓝色。臭氧可溶于水，在常温常态常压下臭氧在水中的溶解度比氧高约 13 倍，比空气高 25 倍。但臭氧水溶液的稳定性受水中所含杂质的影响较大，特别是有金属离子存在时，臭氧可迅速分解为氧，在纯水中分解较慢。臭氧的密度是 2.14g/L(0℃、0.1MPa)，沸点是 -111℃，熔点是 -192℃。臭氧分子结构是不稳定的，它在水中比在空气中更容易自行分解。

臭氧可溶于水，在常温常压下臭氧在水中的溶解度比氧高约 13 倍，比空气高约 25 倍。臭氧和其他气体一样，在水中的溶解度符合亨利定律，具体见式（6-35），即

$$C = K_H p \tag{6-36}$$

式中　C——臭氧在水中的溶解度，mg/L；

　　　p——臭氧化空气中臭氧的分压力，kPa；

　　　K_H——亨利常数，mg/(L·kPa)。

从式（6-35）可以看出，臭氧的溶解度与臭氧化空气中臭氧的分压力呈正比。由于实际生产中采用的多是臭氧化气体（含有臭氧的空气），其臭氧的分压很小，故臭氧在水中的溶解度也很小。例如，用空气作气源的臭氧发生器生产的臭氧化气体，臭氧只占 0.6%～1.2%（体

积比）。根据气态方程道尔顿分压定律可知，臭氧的分压也只有臭氧化空气压力的 $0.6\%\sim$ 1.2%，因此在水温为 25℃时，将这种臭氧化空气加入水中，臭氧的溶解度只有 $3\sim7mg/L$。

但是与其他气体一样，臭氧气体在水中的溶解度也受温度的影响。常压不同温度下，纯臭氧气体在水中的溶解度见表 6-4。

表 6-4 不同温度下臭氧在水中的溶解度

温度/℃	溶解度/(g/L)	温度/℃	溶解度/(g/L)
0	1.13	40	0.28
10	0.78	50	0.19
20	0.57	60	0.16
30	0.41		

2. 化学性质

臭氧很不稳定，在常温常态常压下即可分解为氧气，其反应式为

$$O_3 \rightarrow \frac{3}{2}O_2 + 144.45kJ \tag{6-37}$$

浓度为 1%以下的臭氧，在空气中的半衰期为 16h。臭氧在水中分解的半衰期与温度及pH 值有关。臭氧的分解速度随着温度的升高而加快，温度达到 100℃时，分解非常剧烈；达到 270℃时，可立即转化为氧气。常温下的半衰期为 $15\sim30min$。同时 pH 值越高，分解也越快。臭氧在去离子水中分解半衰期列于表 6-5 中。臭氧在水溶液中的分解速度比在气相中的分解速度快得多。所以臭氧不易储存，需要边生产边使用。臭氧在空气中的分解速度见图 6-15，在去离子水中的分解速度见图 6-16。

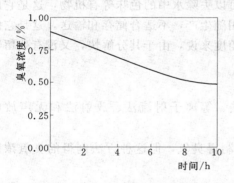

图 6-15 臭氧在空气中的分解速度（20℃）　　图 6-16 臭氧在去离子水中的分解（20℃，pH=7）

表 6-5 臭氧在去离子水中分解半衰期

pH 值	温 度	臭氧分解半衰期/min
7.6	1	1098
	10	109
	14.6	49
	19.3	22
8.5	—	10.5
9.2	14.6	4
10.5	—	1

臭氧具有极强的氧化性。臭氧的氧化作用导致不饱和的有机分子的破裂，使臭氧分子结合在有机分子的双键上，生成臭氧化物。臭氧化物的自发性分裂产生一个羰基化合物和带有酸性和碱性基的两性离子，后者是不稳定的，可分解成酸和醛。

臭氧的氧化还原电位为 2.07V，氯和过氧化氢的氧化还原电位分别为 1.36V 和 1.28V，由此可见，在常用的水处理氧化剂中，臭氧是氧化能力最强的一种。臭氧具有较高的氧化电位，因此水中的无机、有机物质易被臭氧氧化。在元素周期表的所有元素中，除铂、金、铱、氟以外，臭氧几乎可与其中的所有元素发生化学反应。例如，臭氧可与 K、Na 反应生成氧化物或过氧化物。臭氧可以将过渡金属元素氧化成较高或最高氧化态，形成更难溶的氧化物。国内外许多研究者利用此性质，去除污水中的 Fe^{2+}、Mn^{2+} 及 Pb、Ag、Cd、Hg、Ni 等重金属。此外，可燃物在臭氧中燃烧比在氧气中更加猛烈，并可获得更高的温度。

臭氧与有机物 3 种不同的方式反应：一是普通化学反应；二是生成过氧化物的反应；三是发生臭氧分解或生成臭氧化物。例如，臭氧与二甲苯发生反应生成水和二氧化碳。臭氧分解是指臭氧在与极性有机化合物的反应，是在有机化合物原来双键的位置上发生反应，把其分子分裂为二。与无机物反应相比，臭氧在水溶液中与有机物的反应极其复杂。

（1）臭氧与烯烃类化合物的反应。臭氧容易与具有双链的烯烃化合物发生反应，反应的最终产物可能是单体的、聚合的或交错的臭氧化物的混合体。臭氧化物分解成醛和酸。

（2）臭氧和芳香族化合物的反应。臭氧和芳香族化合物的反应较慢，在系列苯、萘、菲、嵌二萘、蒽中，其反应速度常数逐渐增大。

（3）对核蛋白（氨基酸）系、有机氨发生反应。臭氧在下列混合物的氧化顺序为：链烯烃→胺→酚→多环芳香烃→醇→醛→链烷烃。

由于臭氧的氧化能力极强，不但可以杀菌，还可以去除水中的色味等有机物，这是它的优点，然而它的自发分解性、性能不稳定，只能随用随生产，不适合储存和输送，这是它的缺点。当然如果从净化水、净化空气、二次污染的角度来说，由于其分解快，又没有残留物质存在，可以说成是臭氧的优点。

6.6.2　臭氧的制备

臭氧的制备方法有化学法、电解法、紫外线法、等离子射流法、放射法和无声放电法等。

化学法是利用浓 H_2SO_4 与 BaO_2 发生化学反应制得臭氧，但这种方法制得的臭氧浓度非常低且不易收集。

电解法是利用直流电源在高电流、功率下电解含氧电解质产生臭氧。该种方法可生产高浓度的臭氧，但此方法能耗高。例如，电解低温浓硫酸的能耗为 $41.45kW\cdot h/（kgO_3）$，且设备复杂，故实际生产上用得不多。

紫外线法（光化学法）是最早使用的制备臭氧的方法，实质是仿效大气层上空紫外线促使氧分子分解并聚合成臭氧的方法，即用人工产生的紫外线，产生出波长为 185nm 的紫外光谱，促使氧分子分解并聚合成臭氧的方法。此种方法产生臭氧的优点是对温度、湿度不敏感，具有很好的重复性；同时可以通过灯的功率控制臭氧浓度和产量。但是该种方法只能产生少量的臭氧，通常用于空气的除臭。

等离子射流法是氧气分子激发分解为氧原子，然后利用液氧收集而产生臭氧。该种方法制备的臭氧浓度不高，能耗较大。

放射法是利用放射线辐射含氧气流，从而激发氧气生成臭氧。其产生臭氧的热效率较高，是无声放电法的 2～3 倍；但设备复杂，投资大。适合于大规模使用臭氧的场所，如大型的污水处理厂等。

水处理中应用的多是无声放电法，其生产臭氧的原理是在两平行高压电极之间隔以一层介电体（又称诱电体，通常是特种玻璃材料），并保持一定的放电间隙（1～3mm），通入 15000～17500V 高压交流电后，在放电间隙形成均匀的蓝紫色电晕放电，经过净化和干燥的空气或氧气通过放电间隙，氧分子受高能电子激发获得能量，并相互发生碰撞聚合形成臭氧分子，其示意图见图 6-17，反应见式（6-37）至式（6-39）。

$$O_2 + e \longrightarrow 2O + e \qquad\qquad (6-38)$$

$$3O \longrightarrow O_3 \qquad\qquad (6-39)$$

$$O_2 + O \longleftrightarrow O_3 \qquad\qquad (6-40)$$

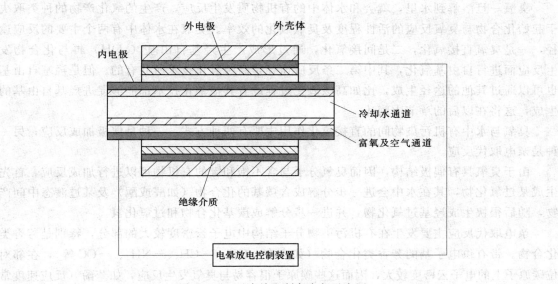

图 6-17　无声放电制备臭氧示意图

上述可逆反应表示生成的臭氧又会分解为氧气，并且分解温度随着臭氧浓度的增大和温度的升高而加快。在一定的浓度和温度下，生成的分解达到动态平衡。从该分析可知，通过该放电区域的氧气只有一部分能够变成臭氧。通过研究发现，纯净的空气通过放电区域时，生成的臭氧只占空气的 0.6%～1.2%（体积比），若以纯氧气通过放电区域，其产生也仅比空气时增加一倍。因此，该方法制备出的臭氧通常为臭氧化气体，而不是纯臭氧。

当今应用最广泛的是用臭氧发生器通过放电氧化空气或纯氧气制成臭氧。臭氧发生器的种类有很多，具体见表 6-6，国内普遍使用的是卧管式臭氧发生器。这种臭氧发生器生产 1kg 臭氧耗电 20～30kW，一般以空气或氧气为原料，空气中含有的蒸气和灰尘都会形成弧电损坏电极和降低臭氧产量，所以进入臭氧发生器的空气必须预先经过净化和干燥。利用氧气作为制造臭氧的原料时，并不是纯氧效果最好，一般氧气浓度在 92%～99% 臭氧产率最高，这可能是因为其中的杂质起到了催化剂的作用。利用氧气为原料的臭氧发生器，国外单机发生量已可达 250kg/h，这为大规模利用臭氧消毒打下了良好的基础。

表 6-6   臭氧发生器的类型、工作原理与应用范围

臭氧产生方法	工作原理	原 料	应用范围
放电式	放电电解	空气或氧气	实验室到实际工程
电化学	辐射（吸收电子）	高纯度水	需要纯水的实验室和小型工程
光化学（$\lambda < 185nm$）	辐射（吸收电子）	O_2、饮用水或高纯水	新技术适用于实验室到实际工程
辐射化学	X 光、放射线	高纯度水	不常用，仅用于实验室
热法	光电弧电离	水	不常用，仅用于实验室

6.6.3 臭氧氧化的反应机理

臭氧一旦溶解到水里，就会和水体中的有机物质发生反应，产生的氧化产物的种类取决于起始化合物与臭氧反应的活性程度及臭氧氧化的效率。臭氧在水体中有两个主要的反应途径，一是臭氧直接氧化，二是间接氧化，通过形成产生羟基自由基（.OH）再与化合物发生反应而进行自由基氧化，其中第二条反应途径是高级氧化技术所共有的。但是羟基自由基也可以通过其他的途径生成，比如高级氧化过程或者其他催化技术都能够促进羟基自由基的生成，这将在以后的章节中阐述。

臭氧与水中有机污染物间的直接氧化作用主要有两种方式：一种是偶极加成反应；另一种是亲电取代反应。

由于臭氧具有偶极结构，因而臭氧分子与含不饱和键的有机物可以进行加成反应，首先生成某过氧化物，其在水中会进一步分解成含羰基的化合物（如醛或酮）及某过渡态中间产物，随后很快生成羟基过氧化物，并进一步分解成羰基化合物和过氧化氢。

亲电取代反应主要发生在有机污染物分子结构中电子云密度较大的部分，特别是芳香类化合物。带有供电子基的芳香类化合物（如含有 $-OH$、$-CH_3$、$-NH_2$、$-OC$ 等），在邻对位碳原子上的电子云密度较大，因而这些碳原子很容易与臭氧发生反应，如苯酚（反应速度常数 $k = 1300 \pm 300L/(mol \cdot s)$）。但带有吸电子基的芳香类化合物（如含有 $-COOH$、$-NO$、$-Cl^-$ 等基团）难以与臭氧发生反应，如氯苯的反应速度常数 $k = 0.75 \pm 0.2L/(mol \cdot s)$，硝基苯的反应速度常数 $k = 0.09 \pm 0.02L/(mol \cdot s)$。在此情况下，臭氧首先与钝化程度最低的间位碳原子作用，先形成带邻对位羟基的中间产物，随后可进一步被氧化生成醌式化合物，最后生成含有羰基或羧基的脂肪类化合物。对于高稳定性的有机污染物，如农药和卤代有机污染物等，需要采用高级氧化方法。

6.6.4 影响臭氧氧化的主要因素

在臭氧氧化过程中，臭氧投加量与反应时间、溶液的 pH 值、反应温度、污染物的性质和浓度、臭氧的投加方式、溴酸盐的含量以及自由基抑制剂等都极大地影响着臭氧氧化系统的运行。

6.6.5 臭氧消毒

各种常用消毒剂的消毒效果为 $O_3 > ClO_2 > HOCl > OCl^- > NHCl_2 > NH_2Cl$。大量的研究表明，臭氧是一种光谱、高效、快速的杀菌剂，它可迅速杀灭使人和动物致病的各种病

菌、病毒及微生物。臭氧是一种氧化性极强的氧化剂，利用它的氧化性，可以在较短的时间内破坏细菌、病毒和其他微生物的生物结构，使之失去生存能力。利用氧化性来杀死微生物以达到灭菌效果的化合物有很多，如常见的氯气、高锰酸钾等。但是，这些杀菌剂不但比臭氧杀菌速度慢，而且一般的杀菌剂在杀菌的同时对人体有害。与一般的杀菌剂相比，杀菌过程中多余的臭氧可以分解成为氧气。

臭氧消毒的效果主要取决于臭氧的接触时间和浓度，pH 值、水温及水中氨量对臭氧消毒的影响较小。当臭氧的浓度达到一定的阈值后，臭氧消毒杀菌甚至可以瞬间完成。温度的提高及温度的降低可增强臭氧的消毒作用。伍学洲等用臭氧对水体中的大肠杆菌灭活，杀灭率为 100%，对金黄色葡萄球菌杀灭率为 95.9%，对绿脓杆菌杀灭率为 89.8%。白希尧等发现臭氧水溶液杀菌作用强大，且迅速极快，浓度为 0.3mg/L 的臭氧水溶液作用 4min，大肠杆菌和金黄色葡萄球菌的杀灭率均达到 100%。欧阳川等在动态试验条件下，将臭氧化气体通入到染菌井水中，臭氧浓度达 3.8~4.6mg/L 时，作用 3~10min，水中枯草杆菌黑色变种芽孢杀灭率达到 99.999%。Herbold 等报告，在 20℃水中，臭氧浓度为 0.13mg/L 时，可以 100%地灭活脊髓灰质炎病毒（PVI）。臭氧灭活病毒速度极快，当臭氧浓度分别为 0.09~0.8mg/L 时，在反应最初 5s 内，噬菌体 T2 即可被灭活 5~7 个对数值。

从以上的文献说明，臭氧几乎对所有病菌、病毒、霉菌、真菌及原虫、卵囊具有明显的灭活效果，且从灭菌时间来说，迅速无比，是氯的 300~600 倍，是紫外线的 3000 倍。

【例 6-4】 臭氧消毒工艺设计。

（1）已知条件。某污水处理厂二级处理出水采用臭氧消毒，设计水量 $Q=145\text{m}^3/\text{h}$，经试验确定其最大投加量为 3mg/L。试设计臭氧消毒系统。

（2）设计计算。

1）所需臭氧量 D

$$D=1.06aQ=1.06\times0.003\times1450=4.61(\text{kgO}_3/\text{h})$$

考虑到臭氧的实际利用率只有 70%~90%，确定需要臭氧发生器的产率＝4.61/70%＝6.59（kgO_3/h）。

2）臭氧接触池。设臭氧接触池水力停留时间 $T=10\text{min}$，则臭氧接触池容积为

$$V=QT/60=1450\times10/60=241.67(\text{m}^3)$$

采用两格串联的臭氧接触池，设计水深 4.5m、超高 0.5m，第一格、第二格池容按 6：4 分配，容积分别为 145.00m³、96.67m³，接触面积为：

$$A=V/h_1=241.67/4.5=53.7(\text{m}^3)$$

池宽取 5m、池长为 11m，则接触池容积为

$$V=11\times5.0\times4.5=247.5(\text{m}^3)>241.7(\text{m}^3)$$

臭氧接触池计算如图 6-18 所示。

3）微孔扩散器的数量 n。设臭氧发生器产生的臭氧化空气中臭氧的浓度为 20g/m³，则臭氧化空气的流量 $Q_气$ 为

$$Q_气=\frac{1000\times6.59}{20}=329.5(\text{m}^3/\text{h})$$

折算成发生器工作状态（$t=20℃$、$p=0.08\text{MPa}$）下的臭氧化气流量 $Q'_气$ 为

$$Q'_气=1000\times6.59/20=329.5(\text{m}^3/\text{h})$$

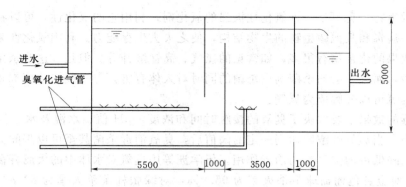

图 6-18　臭氧接触池计算图（单位：cm）

选用刚玉微孔扩散器，每个扩散器的鼓气量为 $1.2m^3/h$，则扩散器的个数 $n=/1.2=202.3/12=169$（个）。

4）臭氧发生器的工作压力 H。

a. 接触池设计水深 $h_1=4.5m$。

b. 布气装置的水头损失查表，$h_2=17.2kPa=1.72mH_2O$。

c. 臭氧化空气管路损失 h_3。根据臭氧化空气流量管径管路布置，计算管路的沿程和局部水头损失，取 $h_3=0.5m$，则

$$H \geqslant h_1+h_2+h_3=6.72(m)$$

5）设备选用 4 台卧管式臭氧发生器，3 用 1 备，每台臭氧产量为 3500g/h。

6）尾气处理采用霍加拉特催化剂分解尾气中臭氧，每 1kg 药剂可分解约 27kg 以上的臭氧，选用两个装设 15kg 催化剂的钢罐，交替使用，隔 100h 将药取出，烘干后继续使用。

习　　题

1. 理想的消毒剂应具有哪些特征？目前常用的消毒方法有哪些？

2. 水的 pH 值对氯消毒有什么影响？

3. 简述废水氯消毒过程中影响消毒效率的因素。

4. 自由性氯和化合性氯两者消毒效果有何区别？简述两者的消毒原理。

5. 试绘出折点氯化曲线，说明每一区域氯的主要形态和消毒能力，并说明其消毒特点和副产物情况。

6. 试说出常见的消毒副产物及其特性以及如何控制。

7. 什么叫折点加氯？出现折点的原因是什么？折点加氯有何利弊？

8. 试说明臭氧氧化法的原理。

9. 在常规的饮用水处理工艺中能否用其他消毒方式（紫外、臭氧）代替氯消毒，试举例说明。

10. 试比较氯消毒、二氧化氯消毒、臭氧消毒、紫外线辐射消毒技术的优缺点。